航空服务艺术与管理本科系列教材

民航概论

An Introduction to Civil Aviation

高　宏　崔祥建　亢　元◎主　编
宋薇薇　马　璐　郑大莉　周志慧◎副主编

电子工业出版社
Publishing House of Electronics Industry
北京·BEIJING

内 容 简 介

本教材主要内容包括绪论、民航组织与管理；飞机一般介绍、飞行原理与飞行控制、飞行性能与飞行安全、飞行保障系统；民用机场与运行、公共航空运输企业与运营、民航运输系统运行；通用航空简介、民航法律法规介绍。本教材以"整体概括，难易适中，力求简约"为原则，通俗易懂，由浅入深，力求为民航从业人员及民航专业在校生提供一个能够提升专业能力和培养民航专业素质的知识平台，以适应我国民航业高速发展的需求。

本教材为高等学校在校生学习民航基础知识的教材，适用于民航服务类及非民航技术类相关专业的基础教学和相关专业的通识教学，以本科层次教学为主，兼顾专科层次教学的需要。

图书在版编目（CIP）数据

民航概论/高宏，崔祥建，亢元主编. —北京：电子工业出版社，2024.4

ISBN 978-7-121-47452-1

Ⅰ. ①民… Ⅱ. ①高… ②崔… ③亢… Ⅲ. ①民航运输—概论 Ⅳ. ①F56

中国国家版本馆 CIP 数据核字（2024）第 052166 号

责任编辑：刘淑丽

印　　刷：天津千鹤文化传播有限公司

装　　订：天津千鹤文化传播有限公司

出版发行：电子工业出版社

　　　　　北京市海淀区万寿路 173 信箱　　邮编：100036

开　　本：787×1 092　1/16　印张：15.25　字数：400 千字

版　　次：2024 年 4 月第 1 版

印　　次：2024 年 4 月第 1 次印刷

定　　价：58.00 元

凡所购买电子工业出版社图书有缺损问题，请向购买书店调换。若书店售缺，请与本社发行部联系，联系及邮购电话：（010）88254888，88258888。

质量投诉请发邮件至 zlts@phei.com.cn，盗版侵权举报请发邮件至 dbqq@phei.com.cn。

本书咨询联系方式：（010）88254182，liusl@phei.com.cn。

航空服务艺术与管理本科系列教材
建设委员会

丛书总主编：

刘　永　　北京中航未来科技集团有限公司董事长

丛书总策划：

王益友　　中国东方航空集团驻国外办事处原经理，教授

丛书编委会秘书长：

胡明良　　江南影视艺术职业学院航空乘务学院副院长

丛书编委会成员：（按姓氏笔画数排序，姓氏笔画数相同者，按姓名第 2 个字笔画数排序）

刘岩松　　沈阳航空航天大学民用航空学院院长

刘　超　　华侨大学厦航学院副院长兼空乘系主任

李广春　　郑州航空工业管理学院民航学院院长

张树生　　山东交通学院航空学院原院长、山东通用航空研究院院长

陈　健　　北华航天工业学院外国语学院院长

郑步生　　南京航空航天大学金城学院航空运输与工程学院院长

宫新军　　滨州学院乘务学院院长

熊越强　　桂林航天工业学院教授

前　　言

民航业作为国民经济发展的战略性支柱产业，在我国经历了 70 余年的发展。特别是改革开放以来，我国的民航事业得到了飞速发展，取得了举世瞩目的成就，已经跨入世界民航大国之列。目前，民航业进入"十四五"高质量发展的转型阶段，将在基本实现运输大国向运输强国的历史性跨越的基础上，坚持安全发展底线和智慧民航建设主线，以绿色化、国际化、市场化、法治化发展为导向，更加注重创新驱动、质量效益、产业协同，加快构建更为安全、更高质量、更有效率、更加公平、更可持续的现代民航体系，更好服务国家发展战略，更好满足人民群众对美好生活的需求，为实现由单一民航运输强国向多领域民航强国跨越奠定坚实的基础。

民航业的发展需要人才战略的支撑，培养更多爱民航、立志为民航事业奉献青春与智慧的人，是民航业持续发展的根本保证，更是民航人才培养的责任。在民航人才培养中，通常将"民航概论"作为学科基础课程之一设置在培养方案中，是民航教育的启蒙与基础性教育的普及型课程。"民航概论"课程的教学，可以使学生全面触及民航的全貌，了解民航的来龙去脉、民航的基本知识，进而开阔视野，培养民航情怀，树立民航的整体意识，为学生成长与专业学习打下基础。

本教材以"航空服务类专业为主、兼顾民航非技术类专业需要"为定位，同时兼顾本科、专科两个层次的教学需要。在内容安排上，根据受众对象的专业需要和职业发展，对"民航概论"涉及的内容进行了结构性和逻辑性梳理，采用了分篇的形式，内容选排的思路和编写风格坚持"整体概括，难易适中，力求简约"的原则；同时，考虑到本科层次的学科属性，为学生预留更多的思考空间，引领学生自主学习。本教材框架包括四大部分：认知篇、飞机与飞行篇、民航系统运行篇和拓展篇。本教材内容涵盖绪论、民航组织与管理；飞机一般介绍、飞行原理与飞行控制、飞行性能与飞行安全、飞行保障系统；民用机场与运行、公共航空运输企业与运营、民航运输系统运行；通用航空简介、民航法律法规介绍。在具体内容的安排上，本教材既保留了传统的民航概论基本架构特点，又延伸到民航管理、机场运行、航空公司的运营及运行控制，力争在内容层次上有所提升，力求与民航发展趋势相结合、引领民航从业人员的职业发展。本教材以本科层次学生为主要服务对象，可以作为"航空服务艺术与管理"等专业学科基础课的首选教材，也可以作为专科层次民航服务类专业民航基础教育的推荐教材及相关专业民航通识教育的选用教材，还可以作为对民航感兴趣的读者的参考资料。

本教材是团队合作的结晶。高宏教授负责教材的总策划及大纲的拟定；崔祥建对大纲和编写内容提出修改意见，并参与第一章、第二章、第十一章的编写；郑大莉参与第二章、第九章的编写；宋微微参与第六章、第七章的编写；亢元参与第一章、第八章的编写；周志慧参与第十章的编写；高宏编写其余部分，并负责全书的总纂写。

　　编者在本教材的编写过程中，查阅了大量的文献、书籍及相关材料，使用了大量专业图片。为避免内容冗长，书后只列出了主要参考文献。在此，编者谨向相关作者致以诚挚的谢意。

　　受编者水平和时间所限，本教材仍会存在诸多不足之处，恳请读者给予更多关注、批评、指正和帮助，以便今后对本教材进行完善。

编　者

2023 年 11 月

目　　录

第一篇

认知篇

第一章

绪　　论

本章导读

　　飞机是人类在 20 世纪所取得的最大的科学技术成就之一。从人类最初对飞行的探索和对飞行器的研究，到航空制造技术的突飞猛进，最终成就了今天航空运输业的高速发展。在发展初期，航空仅仅是一个单一行业，而随着飞机设计、材料科学、集成制造技术等的不断进步以及经济和军事的需要，特别是飞机的心脏——航空发动机性能的飞跃发展，航空产业不断发展。到 20 世纪 20 年代，航空形成了 3 个相对独立又紧密联系的行业，即航空制造业、军事航空业和民用航空业（简称民航业）。民航业是我国经济与社会发展的重要战略产业。中华人民共和国成立以后，特别是改革开放以来，我国民航业得到了高速发展，行业规模不断扩大，服务能力逐步提升，安全水平显著提高，一跃跨入世界民航大国行列，为社会主义现代化建设和人们生活水平提高做出了巨大贡献。作为最便捷、安全的现代交通工具，由于自身的独特性，民航在交通运输体系中发挥着不可替代的作用，拉动着上下游产业的发展，同时，随着人们出行观念的转变，乘机出行已经成为商务出行和旅游出行的首选方式，支撑着经济的持续发展。

　　民航是一个庞大的系统，构成复杂，影响因素众多，运行严谨规范，安全责任重大。尽管我国在民航发展中取得了巨大的成就，但在实现建设民航强国的目标上，仍任重道远，需要民航人的不懈努力，需要更多懂民航、爱民航的人才积累。通过本章的学习，可以了解民航的概念与发展史、战略地位以及民航系统的构成，树立民航整体意识，开阔视野，拓展胸怀，也为民航知识的学习奠定基础。

学习要求

　　1. 理解航空与民用航空的概念；

　　2. 掌握民用航空的构成及不同类别；

　　3. 理解民航的特征及作用；

　　4. 了解飞机诞生历史及飞机的发展过程；

　　5. 了解民航运输的发展历程；

6.熟悉在民航发展过程中作出巨大贡献的几位航空先驱人物；

7.掌握民航飞机发展过程及典型型号的特征；

8.了解中国民航运输业发展的阶段及特征；

9.熟悉我国民航发展的现状。

第一节 航空与民用航空的认知

一、航空的概念与要素

（一）航空的概念

航空（aviation）是指飞行器在地球大气层（空气空间）中的飞行（航行）活动，以及与此相关的科研教育、工业制造、公共运输、专业作业、航空运动、国防军事、政府管理等众多领域。"航空"的英文"aviation"来源于拉丁文avia（鸟）或aero（空气）。

与航空相对应的概念是航空器、航天器、火箭和导弹，统称飞行器。在大气层中飞行的飞行器称为航空器，可以分为轻于空气的航空器和重于空气的航空器两大类。前者如气球、飞艇等，利用空气静浮力升空；后者如飞机、直升机等，则利用空气动力升空。因此，航空概念中的飞行器就是航空器（本教材后续介绍的内容采用语均统一为"航空器"或"飞机"）。航空器只是飞行器中的一类，在大气层中飞行的称为航空器，在太空中飞行的称为航天器。

航空作为一种复杂而有战略意义的人类活动，是人类在探索自然规律、利用大气资源以及社会发展中不可或缺的活动，是人类在20世纪取得的最大的科学技术成就之一，改变了人类的活动方式，影响了世界的发展与格局，极大地推动了人类社会的进步。

（二）航空的要素

航空是一个整体概念，在航空概念中包括以下几个要素。

（1）航空是以航空器作为航空活动的工具。在轻于空气的和重于空气的两类航空器中，我们的主要研究对象限于后者，即依靠与空气做相对运动产生的空气动力升空的航空器，如飞机、直升机等，当然也包括无人机。

（2）航空器是在大气层中活动的，大气层外空间（太空）的飞行活动不属于航空范畴，因此，大气层中的大气特征也是航空研究的内容之一。

（3）一般而言，对于航空器，除需要升力来克服自身重力外，还需要产生相对于空气运动所需的推力，这就决定了航空器需要动力装置，俗称发动机。

（4）航空活动最终体现在应用上。航空的价值在于在不同领域的广泛应用，其应用领域十分广阔，包括科研教育、工业制造、公共运输、专业航空作业、航空运动、国防军事、政府管理等，是一个完整的体系，也是航空综合实力的体现。因此，航空可以分为航空器的设计与制造、军用航空和民用航空。

二、民用航空的概念与分类

（一）民用航空的概念

民用航空（简称民航），是指使用航空器从事除国防、警察和海关等国家航空活动外的航空活动，可见，民用航空活动是航空活动的一部分，同时以"使用航空器"确定了它和航空制造业的界限，用"非军事"等性质表明了它和军事航空等国家航空活动的不同。

（二）民用航空的分类

1．公共航空运输

公共航空运输又称商业航空，是指以航空器进行经营性客货运输的航空活动。它的经营性表明这是一种商业活动，以盈利为目的；它又是运输活动，这种航空活动是交通运输的一个组成部门，与铁路、公路、水路和管道运输共同组成了国家的交通运输系统。尽管航空运输在运输量方面和其他运输方式相比是较少的，但由于其快速、安全、舒适、远距离运输能力强、高效益和不受地形限制等一系列优点，公共航空运输在交通运输结构中占有独特的地位。近年来，我国航空运输在世界的排名，以及在国内与总产值上的排名不断提升，在国际贸易、国际交往、拉动内需等方面发挥着不可替代的、越来越大的作用，具有广阔的发展前景。

在公共航空运输概念中，需要关注以下几个要点：①它的商业性决定了其活动要遵守企业运行法则，追求盈利，而非公共服务；②它所使用的运输工具是民用飞行器，而非军用飞行器；③它是国家交通运输体系的一个组成部分，与其他运输方式（铁路、公路、水路和管道）共同构成了运输体系。

公共航空运输的运行主体是航空公司，此外，还包括机场、空域、航线网络、空中交通安全保障、飞机维修，以及配套的票务网络的支撑。同时，民航涉及国家的领空安全和人们生命财产安全，民航运输的安全问题是重中之重，国家通过以民航局为主体的管理监督机构来保障民航体系的正常运行与民航的安全。

2．通用航空运输

通用航空运输是民用航空的一种，是指除公共航空运输之外的所有民用航空活动。它包括从事工业、农业、渔业和建筑业的作业飞行以及医疗卫生、抢险救灾、气象探测、海洋监测、科学实验、教育培训、文化体育等方面的飞行活动。

通用航空运输涵盖的领域十分宽泛，以通用航空飞行活动为核心，形成了涵盖通用航空器研发制造、市场运营、综合保障以及延伸服务等全产业链的战略性新兴产业体系。通用航空运输的发达水平体现着民用航空的普及程度，也标志着民航的发展水平。通常，作为飞行活动，每个国家对通用航空运输均有不同的法律约束及飞行规范，与公共航空运输不同的是，通用航空运输除包括飞行器使用外，还包括飞行器制造等比较宽泛的产业链，服务的领域更加广泛，惠及的面更广，影响因素更多，监管的难度更大。

第二节　民航系统构成

就国家层面而言，民航系统一般由三部分构成，即管理部门、机场、航空企业。我国目前与国际通行的做法一样建立了三位一体的民航系统，我国的民航体系同样具有完备的体系，保证民航业健康持续发展。

一、民航管理部门

民航事务因为涉及国家主权和交往的事务多，需要在国家层面进行战略规划，统一领导、监管与协调，因而几乎各个国家都设立了独立的政府机构来管理民航事务。在我国民航事务由中国民用航空局（Civil Aviation Administration of China，CAAC）来负责管理，中国民用航空局简称民航局，是中华人民共和国国务院主管民用航空事业的部委管理的国家局，行使政府职能，由交通运输部管理，其前身为中国民用航空总局，于 2008 年 3 月改为中国民用航空局，其标识如图 1-1 所示。

图 1-1　中国民用航空局标识

（一）中国民用航空局的职责

中国民用航空局作为政府部门，主要是对国内各大航空公司和民航单位进行监督管理，制定适用于民航发展的规章制度。中国民用航空局的主要职责如下。

（1）研究并提出民航事业发展的方针、政策和战略；拟订民航法律、法规草案，经批准后监督执行；推进和指导民航行业体制改革和企业改革工作。

（2）编制民航行业中长期发展规划；对行业实施宏观管理；负责全行业综合统计和信息化工作。

（3）制定保障民用航空安全的方针政策和规章制度，监督管理民航行业的飞行安全和地面安全；制定航空器飞行事故和事故征候标准，按规定调查处理航空器飞行事故。

（4）制定民用航空飞行标准及管理规章制度，对民用航空器运营人实施运行合格审定和持续监督检查，负责民用航空飞行人员、飞行签派人员的资格管理；审批机场飞行程序和运行最低标准；管理民用航空卫生工作。

（5）制定民用航空器适航管理标准和规章制度，负责民用航空器型号合格审定、生产许可审定、适航审查、国籍登记、维修许可审定和维修人员资格管理，并持续监督检查。

（6）制定民用航空空中交通管理标准和规章制度，编制民用航空空域规划，负责民航航路的建设和管理，对民用航空器实施空中交通管理，负责空中交通管制人员的资格管理；管理民航导航通信、航行情报和航空气象工作。

（7）制定民用机场建设和安全运行标准及规章制度，监督管理机场建设和安全运行；审批机场总体规划，对民用机场实行使用许可管理；实施对民用机场飞行区适用性、环境保护和土地使用的行业管理。

（8）制定民航安全保卫管理标准和规章，管理民航空防安全；监督检查防范和处置劫机、炸机预案，指导和处理非法干扰民航安全的重大事件；管理和指导机场安检、治安及消防救援工作。

（9）制定航空运输、通用航空政策和规章制度，管理航空运输和通用航空市场；对民航企业实行经营许可管理；组织协调重要运输任务。

（10）研究并提出民航行业价格政策及经济调节办法，监测民航行业经济效益，管理有关预算资金；审核、报批企业购买和租赁民用飞机的申请；研究并提出民航行业劳动工资政策，管理和指导直属单位劳动工资工作。

（11）领导省、自治区、直辖市民航管理局和管理民航局直属院校等事业单位；按规定范围管理干部；组织和指导教育培训工作。

（12）代表国家处理涉外民航事务，负责对外航空谈判、签约并监督实施，维护国家航空权益；参加国际民航组织活动及涉民航事务的政府间国际组织和多边活动；处理涉香港特别行政区、澳门特别行政区及台湾地区民航事务。

（13）负责民航党群工作和思想政治工作。

（14）承办国务院交办的其他事项。

（二）中国民用航空局管理的内容

中国民用航空局承担着国家对民航的管理职能，其管理工作主要包括以下几方面。

（1）制定民用航空各项法规、条例，并监督这些法规、条例的执行。

（2）对航空企业进行规划、审批和管理。

（3）对航路进行规划和管理，并对日常的空中交通实行管理，保障空中飞行安全、有效、迅速地实行。

（4）对民用航空器及相关技术装备的制造、使用制定技术标准并进行审核、发证，监督安全，调查处理民用飞机的飞行事故。

（5）代表国家管理国际民航的交往、谈判，参加国际组织内的活动，维护国家的利益。

（6）对民航机场进行统一的规划和业务管理。

（7）对民航的各类专业人员制定工作标准，颁发执照，并进行考核，培训民航工作人员。

二、航空港系统

航空港（通常也称飞机场或机场）是指位于航线上的、为保证航空运输和专业飞行作业用的机场及其有关建筑物和设施的总称，它承担着民航飞机起、降的保障任务，也是人们乘机出行的出港、进港的场所，是空中交通网络构成的节点和运行基地。机场网络越大，机场的保障水平越高，民航业就越发达。

三、航空器使用者及相关企业

航空器使用者，主要指从事与民航业有关业务的各类企业，其中最主要的是航空运输企业（航空公司），也包括通航飞行的单位及个人。航空器使用者及相关企业等都是开展航空运输活动所不可缺少的要素。另外，其也包括驾驶员及机务人员等的各类培训机构。

第三节 民航的属性与作用

一、民航的属性

（一）遵守领空安全的约束性

航空器是在一定空域内飞行，领空安全是国家安全的重要组成部分。按照民航法律的规定，民用航空属于国家主权范畴，需要在维护国家的领空主权和民用航空权利、保障安全和有秩序进行的条件下，开展民用航空活动，如空域、航权、飞行器的国籍与权利、适航等，均必须符合法律规定，不允许任何对国家领空安全构成影响，必须在规定的空域中从事飞行活动。

（二）随时服从准军事的要求

体现在潜在军事性和预备性。由于航空运输所具有的快速性和机动性，以及民航所拥有的机场、飞行器、空地勤人员都是未来军事运输设施的实力，空中交通管制系统是国土防空作战系统的组成部分，亦即潜在的军事性。在和平时期，公共航空运输进行商业性航空运输活动，为经贸发展和大众出行服务，同时，各国政府都视民航为准军事部门，建制有合适的组织和制度，一旦发生战争或紧急事件，军事部门可依据有关条例征用民用设施和人员，直至民航完全受军事部门的指挥，直接转为军事运输系统。

（三）确保飞行活动的安全

民航必须确保安全，否则就没有民航的发展，因此，民航需要以安全为前提，贯彻"生命至上"的理念，树立"绝对安全意识"；同时，必须建立其保障安全的体系，使民航具有保障安全的能力。

（四）体现公众的公共利益

民航运行体系中的各要素具有鲜明的公共属性，如机场设施具有公共基础设施属性、空中交通管理服务具有公共产品的属性；民航运输作为交通运输体系的一部分，具有鲜明的社会公共使用性质和为社会服务的性质，因此，在开展经营活动或提供服务时，必须受到严格管控与监督，在社会效益和经济效益之间取得平衡。

（五）追求民航企业的经济利益

民航企业指自主经营、自负盈亏并自我发展的法人，决定了民航企业必须在市场规则下开展经营活动，以盈利为目标，但又在国家公共运输体系管理框架内进行活动。同时，在企业属性上，民航企业的高科技、高投入和高风险特点十分显著。

（六）符合国际公约的章程

航空运输自诞生之初就伴随着国际性的特点，包括规则与标准的国际性、运输网络的国际性、结算体系的国际性等，特别是 20 世纪 80 年代以来，随着各国的航空运输企业之间相互依赖、合作关系的发展，以及国际化的航空公司的建立，航空运输国际化的特点就愈加明显，其对国际交往和人类文明的巨大贡献是其他运输方式不可替代的。

二、民航的作用

民用航空的发展对一个国家的经济发展和社会进步有着重要的影响，关系到国家的强大和经济发展。

（一）支撑国家发展战略目标

民航业是国民经济的重要基础产业，也是战略性产业，民航强则国家强。民航的发展水平体现了国家的综合实力和现代化水平，是国民经济持续发展的战略支撑。在经济全球化背景下，航空运输不再仅仅是一种交通运输方式，而且成为区域经济融入全球经济的最佳通道。

（1）航空器的使用必然带动制造业等相关产业的发展和产业集成，如我国 C919 飞机的研制，对我国制造产业发展起到了极大的推动作用。民航需求会推动相关科技创新的发展，尤其对作为国家现代化、工业化、科学技术和综合国力重要标志的航空制造业具有拉动作用，从而有力支撑国家航空产业化战略。

（2）航空运输还改善了投资环境，优化了地区经济结构，带动了产业升级和服务业发展，营造了区域经济与国际市场的无障碍运输环境，增加区域经济和城市竞争力。

（3）民航业是区域经济发展的"发动机"，利用产业聚合效应，促使形成带动力和辐射力极强的"临空经济区"。

（二）保障国家的国防和经济安全

民航是国家国防和经济等安全的可靠保障，是抢险救灾和应对突发事件的生力军。民航业具有准军事性质，是国家空中力量的重要组成部分。一旦发生紧急事件或战争，航空运输是军事后勤的重要支撑。与此同时，航空运输具有快速机动的特点，是抢险救灾、应对突发事件的空中桥梁。例如，民航在抵御 2008 年年初南方冰冻灾害，在汶川地震和玉树地震的抗震救灾工作中，都发挥过十分重要的作用。

（三）构建完整的交通运输体系

民航运输是交通运输体系的一个重要组成部分，具有其他运输方式无法比拟的优势，是长距离旅行，特别是国际、洲际旅行的主要工具。民航业发达，交通才具有先进性和有效性，同时，民航与其他交通运输方式分工协作、密切配合，使交通运输体系更加安全可靠，共同满足社会对运输的要求，这也是一个国家发展水平的重要标志。

（四）拉动相关产业与经济的发展

民航是一国经济发展的战略性行业以及先导性高技术产业，也是一国现代化、工业化、科学技术和综合国力的重要标志。在产业链的上游，民航带动了飞机制造和相关工业及其技术的发展，给生产相关配套设备的企业提供了巨大商机，促使更安全、更舒适的民航飞机和先进的航空动力不断出现，也促使通信、导航、监控等设备与技术不断更新、完善，为相关领域的科技创新提供了广阔空间，特别是航空制造业，因其产业链长，技术、资金、知识密集，可拉动材料、冶金、化工、机械制造、特种加工、电子、信息等产业的发展和创新；而在民航产业链的下游，可以拉动旅游服务的发展，对增加服务消费具有很强的推动作用。

（五）助力满足人民对美好生活的追求

党的十九大报告中提到，我国社会的主要矛盾已经转化为人民日益增长的美好生活需要和不平衡不充分的发展之间的矛盾。在满足人民对美好生活的追求途径等方面，民航通过运输起着很重要的作用。民航的发展让坐飞机不再是一种奢望。有了飞机，地球越变越小，正是因为航空运输彻底改变了人们的时空观念和传统的经济地理概念，使得人们的视野拓宽了，工作的机会增加了，消费的选择范围扩大了。航空运输还使得相距遥远的人群和不同的民族能够更容易地交流思想、文化、情感、艺术、宗教、风俗等，加深彼此的了解与沟通，共同推进社会文明。

（六）架起世界沟通与交流的桥梁

在全球化背景下，国际交流是一个国家走向世界的基础，大国大交通，才能彰显民族的气质。民航不仅是一种产业，也是实施全球大政治外交的战略资源、外交谈判的筹码、发展双边或多边关系的纽带。各国政府有时利用采购飞机、开辟航线、开放机场等，加强彼此间的政治互信和经贸联系。各主要国家与我国发展双边关系过程中，民航事务始终是一些国家非常关注并不断提及的议题。在推进区域合作方面，航空运输也是重要的合作内容。

第四节 民航的发展沿革

一、飞机的发明

人类自古以来就梦想着能像鸟一样在天空中飞翔。在遥远的古代，我们的祖先首先想到了要制造像鸟一样飞的机器，当时使用的"机翼"是用地道的禽鸟羽毛做成的，而"机身"却是活生生的人。不难想象，这种将羽毛或轻质木材贴在手臂上尝试飞行的结果注定是失败的。图 1-2 所示为现代飞机与鸟的翱翔的姿态对比。

图 1-2　现代飞机与鸟的翱翔的姿态对比

（一）"飞"的萌芽阶段

1．我国古代先人的探索

（1）鲁班——木鸟。

想到"飞"，自然会想到飞鸟。人类真正的飞行梦想的探索起源于仿鸟飞行，即给自己装上一对翅膀，学习鸟的扑翼动作而飞行。公元前 850 年，英国人布拉德双臂绑上鸟翅从神殿上一跃而下，试图飞越伦敦城，结果坠地身亡。公元前 468 年—前 376 年，我国春秋战国时代的鲁班耗费三年制成一只木鸟并进行了试飞（见图 1-3），据说"连飞三日不下地"，这是有关中国古人试验飞行器模型的最早记载。尽管人没有插上翅膀而飞翔，但从中获得启发，后来尝试模仿鸟，才有"扑翼飞机"和经过不断改进的现代固定翼飞机。

图 1-3　鲁班制造木鸟

（2）中国的万户飞天——早期"飞"的探索。

人类对"飞"的探索始于中国，这得到了世界的公认，而第一个想到利用火箭飞天的人是明朝的万户。一天，万户把 47 个自制的火箭绑在椅子上，自己坐在椅子上，双手举着两个大风筝。他是想利用火箭的推力飞上天空，然后利用风筝平稳着陆。刚开始，万户正如设想的那样离开地面，升向半空，正当地面人群发出欢呼的时候，不料第二排火药桶自行点燃了，只听横空一声爆响，升到空中的万户乘坐的飞车变成了一团火，万户从燃烧的飞车上跌落下来，手中

图1-4 明朝万户飞天探索示意图

还紧紧握着两个着了火的巨大风筝。图1-4所示为明朝万户飞天探索示意图。

目前，只有火箭才能把人送上太空，以此为标准，最早的载人航天实践应是约600年前的万户飞天。西方学者考证的结论是：万户是"世界上第一个想利用火箭飞行的人"。美国国家航空航天局曾将月球表面的一个陨石坑命名为"万户"。美国火箭专家赫伯特·基姆在其《火箭与喷气发动机》的名著中记载了万户的事迹；华盛顿的美国航空和航天博物馆的飞行器陈列大厅中，有一块标牌，上面写着："最早的飞行器就是中国的风筝和火箭"。

2．国外的早期研究

（1）罗吉尔·培根——"飞"的设想。

在经历了许多失败之后，人类逐渐认识到单纯地利用羽毛翅膀是不能飞行的，并开始寻找一种机械的方式，扑翼机就这样诞生了。欧洲文艺复兴时期的罗吉尔·培根（Roger Bacon）认真思考过飞行器问题，在其1250年出版的著作《工艺和自然的奥秘》中，培根就提出了动力飞行的概念，被后人作为"历史上第一个提出类似20世纪飞机概念的人"。培根终生不得志，生前曾将手稿送给一些宗教领袖，但没有得到重视，加之其著作大多在其死后几百年才出版或译成通用文字，培根的飞行器思想没有对后世产生实质性影响，但代表了早期人类对飞行的探索过程。图1-5所示为罗吉尔·培根及鸟拍打翅膀飞行（扑翼飞行）的模拟示意图。

图1-5 罗吉尔·培根及扑翼飞行示意图

（2）"飞行之父"达·芬奇——飞行手稿。

谁是研究飞行的第一人？曾有人证明是达·芬奇。达·芬奇（Leonardo da Vinci）是一位博物学家，数学、美术、工程、哲学等无所不通，但他的人类飞行史殿堂级巨作——达·芬奇珍贵飞行手稿图解，使人们从另一个层面了解了他对人类航空的突出贡献。在欧洲，他被称为"飞行之父"。

达·芬奇曾经花了20多年观察与研究鸟、蝙蝠、昆虫的飞行，并于1505年写成了《论鸟的飞行》。他指出，由于大气本身是具有可压缩的性质的物质，当有某种物体以比大气的流动更快的速度拍击大气时，大气就要受到压缩。他还指出，除非翅膀拍击空气的运动比空气压缩时自身的运动速度快，否则翅膀下的空气不会变得很密，鸟就不会在空中支撑起自己的重量。达·芬奇在这里已经有了作用与反作用的思想，即鸟的翅膀拍击空气，空气给鸟的翅膀以升力，并通过研究鸟的羽毛的结构，认为羽毛的排列特点是当它向下扇动时，结构很密的压缩空气的效果显著；而当翅膀上扬时，羽毛变得疏散以减少空气阻力，这个结论与今天所研究的飞行原理有异曲同工之妙，其研究成果形成了空气动力产生升力的萌芽，并根据鸟的飞行原理，后人设计了飞机、降落伞、直升机。图 1-6 所示为达·芬奇关于飞行的书稿。

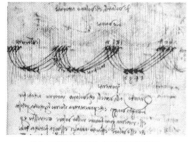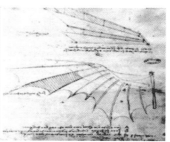

(a) 风场穿梭动态滑翔示意图　　　　　(b) 达·芬奇在《论鸟的飞行》中绘制的飞机草图

图 1-6　达·芬奇关于飞行的书稿

（二）飞的实现——热气球飞行及其他

1. 蒙哥尔费兄弟——载人热气球试验

人类真正飞上天开始于 1783 年，法国的蒙哥尔费兄弟（Montgolfier brothers）发明热气球后，首先在凡尔赛宫的广场上，用他们的热气球将一只鸡、一只鸭，还有一只小绵羊带上了天。等热气球缓缓落地之后，人们把小动物拿出来一看，除了鸡受了惊吓，其他的动物完好无损。这就证明，人应该是可以在天上生存的。之后，他们在里昂安诺内广场做公开表演——世界上第一次热气球载人空中飞行，一个圆周为 110 英尺（1 英尺=0.3048m）的模拟气球升起，飞行了 1.5 英里（1 英里=1.609344km），之后又进行了世界上第一次热气球载人空中飞行，飞行了 25 分钟，如图 1-7 所示。随后，德国人就开始用热气球运输邮件和乘客，这可以说是民用航空的萌芽，这次飞行比莱特兄弟的飞机飞行早了整整 120 年。

图 1-7　蒙哥尔费兄弟成功地进行了热气球载人飞行试验

自从有了热气球，人类就有了一个能够飞行的工具，在著名科幻作家儒勒·凡尔纳（Jules Verne）的《八十天环游地球》中，就有一种交通工具是热气球。然而，热气球毕竟只能随风飘行，不能自由飞行。在热气球之后，出现了飞艇，速度依然很慢，直到飞机的出现，人类才算可以自由自在地飞行了。

2. "滑翔机之父"奥托·李林塔尔——弓形翼滑翔机

奥托·李林塔尔（Otto Lilienthal）是德国工程师和滑翔飞行家，世界航空先驱者之一。他最早设计和制造出实用的滑翔机，人称"滑翔机之父"。为了设计出最理想的飞行器，他把主要精力放在对鸟类飞行原理的研究上。他耗费数年时间和古斯塔夫一起悉心观察，仔细研究各种鸟类的翅膀结构和飞翔的方法，尤其注意到翼面和升力之间的关系。在7年的时间里，他制造出18种不同型号的滑翔机，并操纵这些滑翔机从屋顶或山坡上一次又一次地跳下来。虽然总是一败涂地，但他百折不挠，从中积累了丰富的经验。

1891年，李林塔尔终于制造出第一架能实际滑翔的滑翔机，它的外表颇像一只伸展双翼的大鸟，尾部也与鸟尾大同小异，高高跷起。它是用棉布、竹片和藤条制成的。其显著特点是两副翼面为弓形，是现代伞翼滑翔机名副其实的鼻祖。李林塔尔背着这架翼展5.5米的"大鸟"顺着山坡疾跑几步，随后一跃，借助风力，这架人类历史上第一架滑翔机终于飞了起来，记录下了人类航空史上光辉的一页（见图1-8）。此后，1891—1896年李林塔尔进行了2000多次滑翔试验，1894年，李林塔尔从柏林附近的悬崖上起飞，成功地滑翔了350m，这在当时是一个惊人的成绩。

1896年4月9日，李林塔尔操纵他的滑翔机从德国斯图伦附近的山坡上起飞后，恰遇一股强劲的风，滑翔机突然失速，一头栽向地面，滑翔机摔毁了，李林塔尔也受了致命的伤（脊椎断裂），在送往医院的途中死亡。德国人为了纪念他的功绩，为他竖立了一座纪念碑，上面写着"最伟大的老师"。

3．其他

具有划时代意义的飞行事件还有德国的齐柏林的硬式飞艇试验。1900年7月，德国的斐迪南·冯·齐柏林伯爵（Ferdinand Graf von Zeppelin）以铝为构件的硬式飞艇试验成功。齐柏林的飞艇几经改进，到1911年的齐柏林七号，装有420马力的发动机，时速大约为58km，并且在第一次世界大战中用于与法国作战。图1-9所示为齐柏林的硬式飞艇试验。

图1-8 "滑翔机之父"李林塔尔的弓形翼滑翔机飞行

图1-9 齐柏林的硬式飞艇试验

可以说，整个19世纪是气球、飞艇这些轻于空气的航空器主宰航空的时代，它们先应用于民用，而后很快就在战争中得到了应用，而军事用途又促进了航空技术的发展。在战争期间，德国一共建造了84艘齐柏林飞艇。每艘搭载18名艇员，包括3名军官和15名士兵。这些飞艇在战争中的损失超过60艘，但只有一半是在作战行动中被击落的，其余都毁于事故。

（三）莱特兄弟——真正飞机的诞生

随着以"空气动力学之父"乔治·凯利（George Cayley）发现飞行原理为标志的航空学的诞生，以及在后来的平衡理论的基础上，在总结前人的经验、仔细研究飞行理论的基础上，美国的莱特兄弟（Wright brothers）通过 1000 多次滑翔试飞后，于 1903 年制造了人类第一架依靠自身动力进行载人飞行的飞机——"飞行者 I 号"，并在美国北卡罗来纳州试飞成功，如图 1-10 所示。这是人类在飞机发展的历史上取得的一次巨大成功，他们因此于 1909 年获得美国国会荣誉奖。

以莱特兄弟驾驶飞机腾空而起为标志，被认为是航空新纪元的开始，飞机从此诞生了。

图 1-10　莱特兄弟发明的飞机

二、民航的诞生与发展

（一）世界民用航空运输渊源

1. 世界第一个商业性质的民航运输业者

民航运输的发展依赖的是飞行，但在大飞机诞生之前，便出现了民用航空。1909 年 11 月 16 日，德国的齐柏林创办了德国航空有限责任公司，是世界上第一家商业性质的民航运输业者。该公司自 1910 年开始用飞艇载客收费，到 1913 年 11 月第一次世界大战爆发前夕，该公司在德国各城市间运送了 34000 旅次，无一伤亡，确立了航空公司的基本经营型。

第一次世界大战结束后，该公司及其后续者的齐伯林飞艇继续用于客运并成为新兴纳粹政权展示国力的标志；直到 1937 年 5 月，填充氢气的飞艇"兴登堡号"在飞越大西洋到达美国时，于新泽西州降落场地不幸着火失事，事件照片及目击者的惊悚证词被当时新兴的大众传播媒体（报纸、无线电广播）广泛散布，终止了各国继续发展飞艇的意愿；媒体报道与飞行事故间的隐晦而又复杂的关系方兴未艾。

2. 第一个固定翼航空器定期商业客运

固定翼航空器定期商业客运开始于 1914 年 1 月 1 日，美国东南部的佛罗里达州开辟了一条旅游航线（Air Boat Line），每天两个班次，飞行时间仅 23 分钟，在旅游旺季共经营了 5 个月，载客 1204 人次。

（二）世界民用航空元年——1919 年《巴黎公约》的签订

作为民航发展的历史节点，公认的民用航空的元年是 1919 年，并以《巴黎公约》的签订为标志。为了促进民用航空的发展，在 1919 年的巴黎和会上，38 个国家签署了作为《凡尔赛和约》一部分的《巴黎公约》。1919 年，德国开始发展国内航空运输，同年，国际航空运输协会（International Air Transport Association，IATA）在海牙成立。继德国开始发展国内航空运输之后，英国和比利时之间开始了航空邮运服务，伦敦和巴黎之间开通了采用第一次世界大战剩余物资 DH.4A 飞机的客运和货运航线。同年，英国制造出一架 DH-16 单发动机的 4 座客机，被称为世界上第一架专门设计的载客飞机。同年 8 月 25 日，世界第一条民用航线通航，从英国伦敦到法国巴黎，所用的 DH-16 双翼机可载 4 名旅客。

在后来层出不穷的螺旋桨客机中，美国研制的 DC-3（1935 年）曾被认为是最出色的。

（三）美国波音飞机诞生

成立于 1916 年的美国波音公司，在 1928 年研制出波音 80 民航专用飞机，内设皮椅、阅读灯和热水，采用封闭式驾驶舱。这款飞机最令人难忘的是世界上第一位民航空中小姐在它飞

图 1-11　波音公司生产的 247 客机

行的航班上诞生。1930 年，波音研制出波音 247 客机，如图 1-11 所示。该飞机具有全金属结构和流线型外形，采用可收放起落架，下单翼结构，巡航速度为 248km/h，航程 766km，载客 10 人，并可装载 181kg 邮件。机上座位舒适，设有洗手间，还配备一名空中服务员。飞机投入航线运营后，大受欢迎，成为民航运输史上的功臣，由此开辟了民航运输的全新时代。

由于波音 247 客机需要优先供应波音旗下的联合航空公司，等待不及的环球航空、美国航空以及荷兰皇家航空都找到了另一家公司，也就是波音公司当时的敌手道格拉斯飞机公司，它的创立者是唐纳德·道格拉斯。之后，道格拉斯公司研发出针对波音 247 客机的 DC-1，是第一架按照科学方法设计的美国飞机。

三、民航的大发展阶段

第二次世界大战之后，民航有了迅速发展的良好环境，民用航空界出现了用活塞式动力装置的飞机，这种飞机不仅速度慢，而且因为飞行高度低，飞机易受大气乱流影响，天气不好时多数乘客呕吐不止，乘坐舒适度低，因此，迫切需要在飞机设计方面进行技术革新。以新一代飞机诞生为标志，民航也进入了大发展阶段。20 世纪 50 年代航空技术出现重大突破，喷气式客机诞生。德·哈维兰公司制造的彗星客机成为历史上第一种喷气式民航客机，1956—1958 年投入航线使用的客机，巡航速度在 800km/h 以上，飞行高度在万米以上，民航全面进入喷气式时代。代表性的喷气式客机有英国的"彗星"Ⅳ、苏联的图-104、美国的波音 B707 和道格拉斯公司的 DC-8，如图 1-12 所示。

(a)　"慧星"Ⅳ喷气式客机　　　　　(b)　苏联图-104客机

(c)　美国的波音B707客机　　　　　(d)　道格拉斯公司生产的DC-8

图 1-12　20 世纪 50 年代的喷气式客机

进入 20 世纪 60 年代，以美国的波音 B727、B737、DC-9，英国的"三叉戟"等为代表的中、短程客机均采用了耗油率较低的涡轮风扇发动机，机翼有高效率的增升装置，缩短了起降滑跑距离，如图 1-13 所示。

（a）波音B727客机　　　　（b）英国的"三叉戟"客机　　　　（c）波音B737客机

图 1-13　20 世纪 60 年代的喷气式客机

另一个重要标志是保障行业发展的国际法律法规也在不断地完善，1944 年 11 月 1 日—12 月 7 日，52 个国家在芝加哥签订了《国际民用航空公约》（又称《芝加哥公约》），1947 年 4 月 4 日公约生效，"国际民航组织"正式成立。

四、现代民航阶段

进入 20 世纪 60 年代后期，随着喷气式飞机技术趋于成熟，续航能力增加使跨洋远程航空成为可能，国际航空法规日渐完善，民航步入以国际化、大众化为特征的快速发展的现代民航阶段。

（一）新一代飞机的诞生

1．波音新一代飞机不断出现

飞机是民航运输的工具，其发展水平直接决定了民航的发展。美国航空工业一直主宰着世界飞机市场至 20 世纪 70 年代初。

这个阶段的典型标志就是 20 世纪 60 年代波音中短程航线客机 737 的诞生。该客机主要针对中短程航线的需要而研制，具有可靠、简捷、运营和维护成本低的特点，被称为"世界航空史上最成功的民航客机"，如图 1-14（a）所示为国航的波音 737 客机。

20 世纪 60 年代末波音公司又推出了世界上第一款宽体大型商用宽体客/货运输机 747，可容纳旅客约 550 人，双层客舱，外形独特。自 1970 年投入运营，到空客 A380 投入运营之前，波音 747 保持全世界载客量最高的飞机纪录长达 37 年，如图 1-14（b）所示。

（a）国航的波音737客机　　　　　　（b）波音747下线

图 1-14　波音 737/747 机型

15

继波音 747 之后，波音公司又陆续推出了波音 757、767、777、787 等一系列机型，在客座数、航程、经济性能等方面满足航空公司多元化的需求，特别是新型波音 787 梦想客机，大量采用了先进复合材料、超低燃料消耗、较低的污染排放、高效益及舒适的客舱环境，为未来民航运输的发展方向提供了思路，也为民航运输业的快速发展提供了强有力的运力保障。图 1-15 所示为波音 787 梦想客机。

图 1-15　波音 787 梦想客机

2．欧洲空客系列飞机的发展

为了打破波音一家独大的局面，1967 年 9 月，英国、法国和德国政府开始进行空中客车 A300 的研制工作，而后又推出了空客 320 系列客机、330/340 客机，空客 320 系列客机对美国波音公司的 737 运输市场冲击很大。2000 年 12 月，空客公司开始 A380 研制计划，2001 年初正式定型。空中客车 A380 于 2005 年 4 月 27 日完成首飞，2007 年 10 月 25 日第一次商业飞行。空客 A380 是配置四引擎、拥有 555 座级的超大型远程宽体客机，是目前世界上载客量最大的客机，有"空中巨无霸"之称。但由于种种原因，2019 年 2 月，空客公司宣布在 2021 年停止 A380 的生产。图 1-16 所示为空客系列飞机。

图 1-16　空客系列飞机

在现代民航史上，人们曾对超音速客机进行了研究并开发出商业机型，其中有两种超音速客机曾经批量生产并投入商业营运，均诞生在 20 世纪 60 年代，分别为英国、法国联合研制的协和号飞机以及苏联的图-144，如图 1-17 所示。但受成本效益、环境破坏等因素困扰，并未大规模推广使用。图-144 在 1978 年 6 月进行最后一次载客飞行后离开商业营运的舞台，而协和号飞机在 2003 年 11 月 26 日进行了最后一次的商业飞行，随着协和号飞机的正式退役，至此世界上再没有提供商业营运的超音速客机。

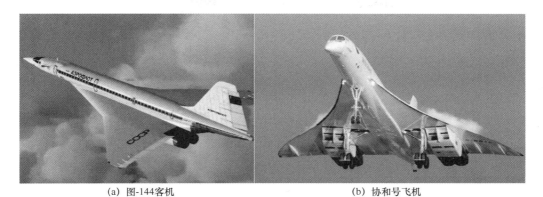

（a）图-144客机　　　　　　　（b）协和号飞机

图 1-17　超音速客机

（二）航空公司及机场的发展

航空公司作为民航运营的主体，对推动民航的发展起到了重要作用。在市场的开放、国际化的趋势下，民航需求不断扩大，大众化和低成本等的各类航空公司层出不穷。在国内航空迅速发展的同时，各航空公司积极开发国际航线，航空公司的规模不断扩大，航线覆盖率、旅客运输能力和货邮运输能力不断提高，同时，航空公司的服务模式不断创新，推进了民航的发展。同时，机场也在不断发展，机场的飞行区也有了较大改进，不仅包括跑道、滑行道、停机坪的硬度和宽度、长度的提升，还包括飞机起降设施水平的提高、空管系统的改进等。同时，为满足新增加的要求，出现了空桥系统、人行道（电梯）和轻轨车辆、摆渡车，同时，为避免严重的噪声问题，不少机场开始搬离市中心，机场逐渐成为"社会的机场"，出现了机场的建设及管理与城市的发展协调、统一的趋势，为民航的发展提供了保障，为飞机成为大众化的交通工具提供了条件。

在公共航空运输方面，目前全球大约有 2000 家航空公司，经营着 23000 架飞机；有几万个机场；有 160 多家空中交通管理服务提供者。在通用航空方面，全球有 30 多万架飞机提供专业性的工业航空、农业航空、应急救援、空中巡逻、空中游览、飞行培训和公务飞行等活动。2007 年，民用航空对全球 GDP 的直接贡献超过全球整个医药部门的产值。与此同时，民用航空为各国财政贡献了数额巨大的税款。

（三）计算机系统在民航中的应用

民航发展中不可忽视的因素是计算机手段的应用对市场的全球化运行模式的改变。1953 年，美国航空公司（AA）首席执行官（Chief Executive Officer，CEO）C.R.Smith 和 IBM 高级销售代表 Blair Smith 在飞机上巧遇，他们的这次会面促成了世界上第一套航空公司航班库存控制系统（Inventory Control System，ICS）的问世，后来发展出面向代理人的机票分销系统（Computer Reservation System，CRS）、面向服务机场人员的离港控制系统（Departure Control System，DCS），组成了今天的航空 GDS（Global Distribution System）。航空 GDS 即"全球分销系统"，是应用于民用航空运输领域的大型计算机信息服务系统。通过航空 GDS，遍及全球的销售机构可以及时地从航空公司获取大量与航班机票相关的信息，从而为顾客提供快捷、便利、可靠的机票票务服务。

知识拓展卡 1

史上最大客机 A380 为什么宣布停产？

2019 年 2 月 14 日，空客正式宣布将于 2021 年结束"空中巨无霸"A380 的交付，这意味着 2001 年启动、2007 年交付首家用户的全球最大民用客机项目，将于 2021 年正式停产。

单从制造业的角度来看，A380 绝对是一款杰出的机型，有着革命性的椭圆截面机身、世界上最大的客机机翼，双层的机舱能容纳 853 名乘客，同时客舱内噪声相对更低。但它还是夭折了，究其原因，有很多观点，总结如下。

（1）订单的减少，使空客在该机型的利润压缩。"决定减产的不是空客，而是市场。以前你没有接到飞机订单的日子已经一去不复返了。"美国航空咨询公司蒂尔集团（Teal Group）副总裁理查德·阿布拉菲亚（Richard Aboulafia）如此表示。

（2）A380 用户的压力。未来的国际航线是枢纽模式，这就意味着 A380 太大了，现今很少有这样的市场可以填满 500 个以上的座位。此外，"四发时代"已经过去，A380 的单座油耗比双发的波音 787 还要高。

（3）竞争对手的逼迫。由竞争对手引进的双发动机宽体飞机进一步压缩了 A380 的生存空间。2002 年，波音公司推出了 B777/300ER，这是波音 777 系列的第四个成员，主要是为了针对空中客车的第二大飞机 A340。波音飞机最大的特点是轻型和节油，机上只有 350 名乘客，但每个座位的成本与 A380 没有什么不同。这些飞机比 A380 更新、更小，更加适合航空公司的灵活经营策略，更适合现在的航空市场。

（4）市场需求的推动。根据空客的市场展望，未来 20 年全球客运量将以平均每年 4.5% 的速度增长，需要 33000 多架新的等级飞机（其中 70% 是单通道飞机），以及大约 9500 架宽体客机和货运飞机，如波音 777。

（5）机场的限制。要运营 A380，航空公司不仅要承担潜在的风险，还需要机场方面的支持，包括调整登机口、拓宽滑行道为"巨无霸"腾出空间等。但除了世界上几个大的航空枢纽外，世界上几乎没有机场愿意花钱来改造自身。

第五节　中国民航发展概况

一、中华人民共和国成立之前的民航发展（1909—1949 年）

中国的民用航空业产生于第一次世界大战结束后。其时，西欧各国纷纷利用积存的军用飞机充实刚刚起步的民用航空业，以维持已有的航空工业的发展和飞行人员的生活。欧洲民航业的进步，引起了北洋政府的警觉，他们认为，如果中国没有民用航空，外国的民用航空线就要伸展到中国境内，中国的主权就要受到侵害，于是，他们在仅有 80 多名驾驶员，且缺乏其余设施的情况下，开办起自己的民用航空业。民国初期的民航业，是由为数不多的几家航空公司支撑的。据不完全统计，在整个民国时期，有影响的航空公司仅有中国航空公司、欧亚航空公司、中央航空公司、中苏航空公司、西南航空公司、大华航空公司等少数几家。尽管当时的航空公司数量不多，但承担的任务却颇为繁重，可以说，与民用航空有关的事项，差不多都是由公司自己的力量去建设的。到 1949 年，中国航空公司的国内外航线已经发展到了 27 条，连接的城市有 38 个，总长度达到 45868km；公司的飞机增加到 46 架；公司的各种职员，在 1947 年时就已有 3970 人。

界定与梳理中华人民共和国成立之前的民航发展，各种文献均有自己的观点，但下面几个代表性的事件，可以供我们去体会中华人民共和国成立之前民航发展的基本层面。

1. 中国近代航空事业的先驱者和奠基人——孙中山"航空救国"的思想

孙中山耳闻目睹了飞机的诞生和发展，预见到飞机将在军事、经济上发挥重要作用，遂萌生了"航空救国"的思想。他积极号召和组织爱国侨胞学习航空技术，创办飞行学校，大力培养航空人才；鼓励设厂制造飞机，极力推动和建立航空工业，对中国航空事业做出了卓越贡献，是中国近代航空事业的先驱者和奠基人之一。

2. "中国航空之父"——冯如的飞行与飞机制造

1909 年，冯如制造了中国第一架飞机并试飞成功，同年 10 月正式成立广东飞行器公司，由冯如担任总设计师，开始了中国民航事业的初期探索，如图 1-18 所示。但不幸的是，冯如在 1912 年的一次飞行表演中不幸遇难，英年早逝。

图 1-18 冯如和其制造的飞机

3. 中国历史上第一个机场——南苑机场

1910 年，中国创建了中国历史上第一个机场——南苑机场，南苑机场成为清政府筹备航空事业的基地，从此，中国民航事业进入了漫长的探索阶段。

4. 中国民航业的一个起点——设立航空办事处

1918 年，北洋政府在交通部设立了一个筹办航空事宜处，专门管理飞机航行诸事务。次年，北洋政府又在国务院之下设立航空办事处，掌管与航空事宜处相类同的各项事务。两者虽然都不是民用航空的专门行政管理机构，但因为均有兼管民航的职能，所以可以视为中国民航业的一个起点。

5. 中国旅客运输历史上的里程碑——北京至天津航线试飞成功

1920 年，中国建立第一条航线，即北京—天津航线。1920 年 5 月 7 日，载有旅客和邮件的飞机由北京飞至天津，这是中国民航的首次飞行，由此拉开了中国民航发展的序幕。1921 年 2 月成立航空署，1921 年 3 月成立隶属航空署的国有航空线管理局，拟定了国内 25 条航线，并把京沪航空线放在最优先位置，公布《京沪航空线京济运行暂行规则》《京济间载客暂行办法》

《飞机乘客应守规则》等规章制度，这也是中国首部关于民航旅客运输的规定。1921 年 7 月 1 日，北京—济南航线正式通航，在北京南苑机场举行通航典礼，这是中国的首次航空通邮。

6．中华人民共和国成立之前民航最显著的标志——大型民用航空企业的出现

南京国民政府成立后，中国的民航业得到了一定程度的发展，其最显著的标志是，当时出现了中国航空公司、欧亚航空公司等几个大型的民用航空企业。

（1）中国航空公司成立。

它于 1929 年 5 月根据国民政府颁布的组织中国航空公司的条例正式成立。开始，它由中华民国铁道部与美国可提斯集团的航空拓展公司联合筹组。但经营半年后，中国方面感到双方原订合同损害了中国的主权，便提出了重新订立合同的建议。经过中华民国政府交通运输部与继承美国航空拓展公司权利的美国飞运公司长达半年多的谈判，才取消了旧合同，另订了新合同。新合同规定，中国航空公司的名称不变；资本总额为 1000 万元，其中中方占 55%，美方占 45%；仍辟沪蓉、沪粤、沪平 3 条航线；美方负责飞行和技术，中方负责行政与营业。中国航空公司在 1949 年的"两航起义"后由中华人民共和国政府接收，其人员与设备于 1952 年与中央航空公司合并组建为中国民航。

（2）欧亚航空公司成立。

它成立于 1931 年 3 月，是中华民国交通运输部与德国汉莎航空公司联合创办的企业。按计划，该公司要开辟从上海到柏林的 3 条航线，但实际上，到其被改组，这 3 条航线均未全线开通，尽管如此，公司的业务还是有相当的发展。到 1936 年，欧亚航空公司定期航线的总长度约有 6080km，在各航线上运行的飞机有 10 架。

（3）西南航空公司成立。

它是纯粹中资的民航企业。西南航空公司由粤、桂、闽、黔、滇五省地方当局筹资兴建。公司原计划将开辟广州至龙州线、广州至北海线、广州至福州线、福州至梧州线、南宁至昆明线 5 条航线，但因为其是地方自办的民航企业，因而业务发展十分困难，预期目的没有达到。不过，公司在夹缝中还是有所发展的。到 1934 年 9 月，它已开出了广州至龙州、广州至海口全长 1338km 的航线。

7．航空史上的奇迹——"驼峰航线"

抗日战争的爆发终止了中国民航业在全国范围的发展，但在抗战后方的往来中，民航仍然发挥着不可替代的作用，1939 年 9 月 9 日，在迪化（今乌鲁木齐市）成立中苏航空公司，建立了与苏联的空中联系，中央航空公司（由欧亚航空公司改组而成）和中国航空公司执行从印度飞经喜马拉雅山到昆明至重庆的运输任务，由于航线地理和气象极端，加之日本空军袭击，此项任务困难重重，但上千名飞行员和机组成员用生命保证了抗日物资源源不断地送往前线，据统计累计载客 33477 人次，货物 74810 吨。这条被称为"驼峰航线"的空中运输线成为航空史上的奇迹。抗战结束后，以"两航"（中国航空公司与中央航空公司）为标志的中国民航业得到了一定的恢复与发展。

二、中华人民共和国成立以后的民航发展

1949 年 11 月 2 日，中国民用航空局成立，揭开了中华人民共和国成立之后民航事业发展的新篇章。从这一天开始，新中国民航迎着共和国的朝阳起飞，从无到有，由弱到强，经历了不平凡的发展历程。特别是党的十一届三中全会以来，我国民航事业无论在航空运输、通用航空、机

群更新、机场建设、航线布局、航行保障、飞行安全、人才培训等方面都持续快速发展，取得了举世瞩目的成就。民航事业的发展与国家的经济发展，与党中央、国务院的直接领导和支持密不可分，是几代民航干部职工励精图治、团结奋斗的结果，为祖国蓝天事业书写了壮丽的篇章。

（一）初创期（1949—1978 年）

以第一届全国政协《共同纲领》提出的"有计划、有步骤地建造各种交通工具和创办民用航空"为纲领，以人民革命军事委员会下设的民用航空局为管理机构，在"两航起义"的基础上，1950 年 8 月 1 日，开辟了天津—北京—汉口—广州和天津—北京—汉口—重庆两条航线，这标志着中华人民共和国成立后，国内民用航空线的首次正式启用，史称"八一开航"，它标志着新中国民航迈出了第一步，并由此拉开了新中国民航发展的序幕。图 1-19 所示为"八一开航"全体人员在"北京"号飞机前合影。

图 1-19 "八一开航"全体人员在"北京"号飞机前合影

其间，民航管理部门经历了数次改革：1949 年空军指导人民革命军事委员会下设民用航空局，1958 年中国民用航空局改为中华人民共和国交通部的部属局；1960 年中国民用航空局改称"交通部民用航空总局"；1962 年民航局改为"中国民用航空总局"，成为国务院直属局，其业务工作、党政工作、干部人事工作等均直归空军负责管理。

到 1976 年底，中国民航的国际航线已发展到 8 条，通航里程达到 41000km，占通航里程总数的 41%；国内航线增加到 123 条，各型运输飞机总数达到 117 架。

这一时期民用航空是军事航空的从属，民用航空的首要任务是保障政府和军事人员的交通、国际交往以及处理紧急事件，客货运输任务居第二位，但进入"文化大革命"的十年动乱时期，我国的民航业受到严重干扰，处于停滞状态。

（二）调整发展期（1978—1987 年）

1978 年 10 月 9 日，邓小平同志指示民航要用经济观点管理。1980 年 2 月 14 日，邓小平同志指出："民航一定要企业化。"同年 3 月 5 日，中国政府决定民航脱离军队建制，把中国民航局从隶属空军改为国务院直属机构，实行企业化管理。这期间中国民航局是政企合一，既是主管民航事务的政府部门，又是以"中国民航（CAAC）"名义直接经营航空运输、通用航空业务的全国性企业，下设北京、上海、广州、成都、兰州（后迁至西安）、沈阳 6 个地区管理局。民航航线网络粗具规模，国内是以北京、上海、广州、成都、西安、沈阳六大城市为中心的辐射航线网络，港、澳、台航线开通；国际航线的中欧、中美、中非等航线开通。

其间，尽管 20 世纪 80 年代引进了波音 747SP 型宽体客机、波音 747-200、波音 737、空客 A310、空客 A320 麦道系列及图-154，但飞机机队以 20 世纪 50 年代或 40 年代生产制造的苏式伊尔-14、里-2 型飞机为主，载客量仅 20 多人或 40 人，载客量 100 人以上的中大型飞机很少。1980 年，全国机场只有 79 个，全年旅客运输量仅 343 万人次，全年运输总周转量 4.29 亿人千米，居新加坡、印度、菲律宾、印度尼西亚等国之后，列世界民航第 35 位。图 1-20 所示为 20 世纪 80 年代中国民航的大型客机。

（a）1982 年中国民航涂装的"三叉戟"　　　（b）1985 年中国民航涂装的麦道 80（DC-9）

图 1-20　20 世纪 80 年代中国民航的大型客机

（三）稳步前进期（1987—2002 年）

1987 年，中国政府决定对民航业进行以航空公司与机场分设为特征的体制改革。主要内容是将原民航北京、上海、广州、西安、成都、沈阳 6 个地区管理局的航空运输和通用航空相关业务、资产和人员分离出来，组建 6 个国家骨干航空公司，实行自主经营、自负盈亏、平等竞争。这 6 个国家骨干航空公司是中国国际航空公司、中国东方航空公司、中国南方航空公司、中国西南航空公司、中国西北航空公司、中国北方航空公司。此外，以经营通用航空业务为主并兼营航空运输业务的中国通用航空公司也于 1989 年 7 月成立。

2002 年，我国民航国内通航机场 141 个（不含香港和澳门特别行政区）。其中，民用和军民合用机场 123 个，中国联合航空公司单独使用的机场 18 个。在各通航机场中，执行国内定期航班的有 139 个。国内定期航班通航城市 130 个（其中 9 个城市有 2 个机场），完成旅客吞吐量 17137.3 万人次，货邮吞吐量 401.8 万吨。

根据国际民航组织秘书处于 2002 年 6 月 10 日公布的 2001 年各缔约国航空运输统计表，中国的航空公司定期航班完成的总周转量为 138 亿吨千米，比上一年增长 19%，在全世界的排名由连续 3 年停滞在第 9 位跃升至第 6 位，超过了荷兰、新加坡和韩国，成为名副其实的航空大国。排在前 5 名的国家依次是：美国、日本、英国、德国和法国。上述统计数据目前尚不包括我国的香港、澳门和台湾地区。按客货运输分类，我国客运完成 1059 亿人千米，在世界连续 4 年名列第 6 位。货运完成 42 亿吨千米，世界排名由前一年的第 9 位升至第 8 位。

（四）高速发展时期（2002 年至今）

2002 年，中国对中国民航业再次进行重组，把民航局直属的航司及企业合并后，组成了六大集团公司，分别是中国航空集团公司、东方航空集团公司、南方航空集团公司、中国民航信息集团公司、中国航空油料集团公司、中国航空器材进出口集团公司。成立后的集团公司与民航局脱钩，由中央管理，并把监管机构改革为民航局下属的 7 个管理局，分别是华北、东北、华东、中南、西南、西北、新疆。

2019 年，我国民航完成运输总周转量 1293.25 亿吨千米，国内航线完成运输总周转量 829.51 亿吨千米，其中港澳台航线完成运输总周转量 16.90 亿吨千米，国际航线完成运输总周转量 463.74 亿吨千米；我国共有运输航空公司 62 家，国有控股公司 48 家，民营和民营控股公司 14 家。在全部运输航空公司中，全货运航空公司 9 家，中外合资航空公司 10 家，上市公司 8 家；民航全行业运输飞机期末在册架数 3818 架；我国共有颁证运输机场 238 个；共有定期航班航线 5521 条，国内航线 4568 条，其中港澳台航线 111 条，国际航线 953 条。按重复距离计算的航线里程为 1362.96 万 km，按不重复距离计算的航线里程为 948.22 万 km。图 1-21 所示为我国民航业 2012—2020 年统计数据。

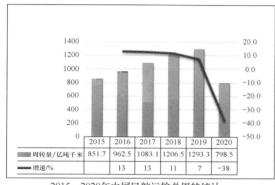

2015—2020年中国民航运输总周转统计　　　　2015—2020年中国民航旅客周转量

图 1-21　我国民航业 2012—2020 年统计数据

国际民航组织发布疫情影响经济分析，确认全球客运量在 2020 年大幅下降 60%，航空业倒退到 2003 年的水平。我国民航业同样受到了极大的影响，2020 年后出境人数、航空运量等数据均呈断崖式下降，航空运输业发展受到重大打击，但不代表民航的发展水平。

复习与思考题

复习题

1. 什么是航空及民用航空？

2. 民用航空的分类及其服务领域包括哪些？

3. 民用航空的属性及作用有哪些？

4. 民航航空的体系是如何组成的？各具有什么职能？

5. 飞机是如何诞生的？

6. 民用航空发展的标志是什么？

7. 世界民航发展经历了哪几个阶段？

8. 中国民航的发展经历了哪几个阶段？

思考题

1. 你从我国古人对飞行的探索中受到什么启发？

2. 改革开放后我国民航高速发展的事实说明了什么？

第二章
民航组织与管理

本章导读

民航系统庞大，运行过程复杂，同时涉及国际化运行中所带来的国家之间权利与义务及利益的诉求，因此，民航系统的运行不仅要有一个国家的组织和机构进行管理，更需要民航国际组织与机构发挥职能，来统一民航的运行标准与规则，协调国际民航关系。作为国际民航运输发展元年标志的国际民航组织的创立，为民航运输的发展跨越国界奠定了基础，其所签署的国际公约及相关的法律文本，为国际民航运行提供了法律保证，同时，各专业民航组织也在各自领域发挥着积极作用，已成为民航发展不可缺少的力量。我国作为国际民航组织的重要一员，在国际民航发展中发挥着积极作用，同时，我国建立起各类民航组织，协调民航运输事业的各种关系，民航管理体制几经改革与优化，已经建立起科学高效的管理机制和行之有效的制度，运行体系不断完善，为民航的健康持续发展奠定了扎实的基础。本章将介绍民航组织与管理，包括国际民航组织、我国民航组织和民航运行的管理体系，并在组织、运行层面展示民航的独特属性，有益于读者更全面地认识民航，树立民航国际化的属性，为后续学习奠定基础。

学习要求

1. 理解国际民航组织的组织与目的；
2. 了解与国际航空运输有关的其他国际组织；
3. 熟悉国际航空企业战略联盟类型；
4. 理解我国民航的组织机构及功能；
5. 了解我国民航的管理模式；
6. 熟悉我国民航运行管理体系。

第一节 民航国际组织

一、国际民用航空组织

国际民用航空组织（International Civil Aviation Organization，ICAO）是政府间的国际航空机构，它是根据 1944 年芝加哥《国际民用航空公约》设立的，是联合国所属专门机构之一，总部设在加拿大的蒙特利尔。我国是该组织成员，也是理事国。国际民用航空组织的宗旨为发展国际航行的原则和技术，并促进国际航空运输的规划和发展。图 2-1 所示为国际民用航空组织会徽。

图 2-1　国际民用航空组织会徽

国际民用航空组织的主要宗旨和目的如下。

（1）保证全世界国际民用航空安全和有秩序地发展。

（2）鼓励为和平用途的航空器的设计和操作技术。

（3）鼓励发展国际民用航空应用的航路、机场和航行设施。

（4）满足世界人民对安全、正常、有效和经济的航空运输的需要。

（5）防止因不合理的竞争造成经济上的浪费。

（6）保证缔约各国的权利充分受到尊重，每个缔约国均有经营国际空运企业的公平的机会。

（7）避免缔约各国之间的差别待遇。

（8）促进国际航行的飞行安全。

（9）普遍促进国际民用航空在各方面的发展。

二、国际航空运输协会

国际航空运输协会（IATA，简称国际航协）是各国航空运输企业之间的组织，于 1945 年 4 月 16 日在古巴哈瓦那成立，下设公共关系、法律、技术、运输、财务、政府和行业事务 6 个部门，其会员包括全世界 100 多个国家中经营国际、国内定期航班的航空公司。我国的中国国际航空公司、中国东方航空公司等多家航空公司陆续加入了国际航协。图 2-2 所示为国际航空运输协会会徽。

图 2-2　国际航空运输协会会徽

国际航协的主要宗旨如下。

（1）促进安全、正常和经济的航空运输以造福世界各族人民，培植航空商业并研究与其有关的问题。

（2）为直接或间接从事国际航空运输服务的各航空运输企业提供协作的途径。

（3）与国际民航组织及其他国际组织合作。

半个多世纪以来，国际航协充分利用航空公司的专门知识在多个方面做出了重大贡献，这其中包括推动地空通信、导航、航空器安全飞行等新技术；制定机场噪声、油料排放等环境政策；与国际民航组织密切联系制定一系列国际公约；协助航空公司处理有关法律纠纷；筹建国际航空清算组织；推进行业自动化，促进交流；对发展中国家航空运输企业提供从技术咨询到人员培训的各种帮助；在航空货运方面制定空运集装箱技术说明及航空货运服务有关规章；培训国际航协代理人，等等。另外，定期召开的 IATA 会议还为会员提供了讨论航空运输规则、协调运价、统一单证、财务结算等问题的场所。可以说，国际航空运输业今天的发展离不开国际航协的努力，"它的工作使飞行从一种科学现象转为全世界人人都能够享用的公共事业"。

三、国际机场理事会

国际机场理事会（Airports Council International，ACI），原名国际机场联合协会（Airports Association Council International），于 1991 年 1 月成立，1993 年 1 月 1 日改称国际机场理事会，它是全世界所有机场的行业协会，是一个非营利性的组织，其宗旨是加强各成员与全世界民航业组织、机构的合作，包括政府部门、航空公司和飞机制造商等，并通过这种合作促进建立一个安全、有效、环境和谐的航空运输体系。图 2-3 所示为国际机场理事会会徽。

图 2-3　国际机场理事会会徽

国际机场理事会成立以前，世界机场行业有 3 个国际性组织：国际机场经营者协会（Airport Operators Council International，AOCI）、国际民航机场协会（International Civil Airports Association，ICAA）和西欧机场协会（Western Europe Airports Association，WEAA）。为协调三个机场协会之间的关系，建立与各政府机构、航空公司、生产商和其他有关方面的正式联系，1970 年，机场协会协调委员会（Airport Association Coordinating Council，AACC）成立。1985 年，西欧机场协会解散。1991 年 1 月，机场协会协调委员会与国际机场经营者协会和国际民航机场协会合并为国际机场联合协会，1993 年 1 月正式更名为国际机场理事会。

国际机场理事会的发展目标有以下几个方面。

（1）保持和发展世界各地民用机场之间的合作，相互帮助。

（2）就各成员机场所关心的问题，明确立场，形成惯例，以"机场之声"的名义集中发布和推广这些立场与惯例。

（3）制定加强民航业各方面合作的政策和惯例，形成一个安全、稳定、与自然环境相适应的高效的航空运输体系，推动旅游业和货运业乃至各国与世界经济的发展。

（4）在信息系统、通信、基础建设、环境、金融、市场、公共关系、经营和维修等领域内交流有关提高机场管理水平的信息。

（5）向国际机场理事会的各地区机构提供援助，协助其实现上述目标。

国际机场理事会目前有 5 个常务委员会，分别为技术与安全委员会、环境委员会、经济委员会、安全委员会、简化手续和便利客户流程委员会，就其各自范围内的专业制定有关规定和政策。

四、国际航空电信协会

国际航空电信协会（Society International De Telecommunication Aero-nautiques，SITA）是一个专门承担国际航空公司通信和信息服务的合资性组织，1949 年 12 月 23 日由 11 家欧洲航空公司的代表在比利时的布鲁塞尔创立。图 2-4 所示为国际航空电信协会会徽。

SITA 经营着世界上最大的专用电信网络，由 400 多条相互连接的 210 个中高速通信中心组成。各航空公司的用户终端系统通过各种不同形式的集中器连接至 SITA 的网状干线网络。SITA 的网络由 4 个主要的系统构成，即数据交换和接口系统、用户接口系统、网络控制系统和取储转发报系统。

图 2-4　国际航空电信协会会徽

此外，SITA 还建立并运行着两个数据处理中心。一个是位于美国亚特兰大的旅客信息处理中心，主要提供自动订座、离港控制、行李查询、航空运价和旅游信息。另一个是设在伦敦的数据处理中心，主要负责货运、飞行计划处理和行政事务处理业务。

中国民航于 1980 年加入 SITA，此后中国民航通信网和 SITA 联网，实现了国内各个航空公司、机场航空运输部门与外国航空公司和 SITA 亚特兰大自动订座系统联通，实现大部分城市订座自动化。中国的航空通信可以及时地和国外的航空公司及驻外办事处进行通信及处理国际航空运输业务。中国国际航空公司、中国东方航空公司、中国南方航空公司都是 SITA 的会员。

五、国际民用航空导航服务组织

国际民用航空导航服务组织（Civil Air Navigation Services Organization, CANSO）是一个于 1998 年成立的代表民用航空导航服务提供商的、属于全球性的利益组织。图 2-5 所示为国际民用航空导航服务组织会徽。它的目标是为客户和驱动民航导航服务发展的利益相关者提供一个全球的交流平台，以保障其提供的服务安全、有效（有效益、有效率）。

图 2-5　国际民用航空导航服务组织会徽

在航空运行之初，大多数国家的航空导航服务是由政府提供和保障的。随着航空事业的发展，越来越多的国家把提供航空导航服务的责任从过去单纯由（政府）民用服务部门负责转移到形式不同的、独立程度不同的各种非政府机构。现在导航服务机构既有直接由政府控制的航空导航服务组织，也有类似于向政府汇报的一个委员会控制下的国有企业，还有部分上市公司或完全由不同股东投资的私人实体。

各种新型的组织现在拥有更大的自主权自由管理自身的业务，这使得航空导航服务的安全和效率都得到了提高。这些组织建立了自己的贸易协会性质的组织——CANSO。任何为民用航空提供航空导航服务的机构都可以加入 CANSO。CANSO 的总部设在荷兰的胡多普，另外，它在布鲁塞尔有一个地区办公室。CANSO 与 ICAO、IATA、ACI 一起共同为世界民航的发展服务。特别是 CANSO 与 ICAO 的航行委员会紧密联系，以保证 CANSO 的成员能够在航班飞越各个空域时，为飞机提供完善的服务。

六、与国际航空运输有关的其他国际组织

（一）国际航空货运协会

国际航空货运协会（The International Air Cargo Association，TIACA）是运输业内最大的非政府组织，也是航空物流链上的唯一一个国际组织，该组织的成员包括货运航空公司、机场、

海关报关代理公司、运输设备制造商、货运代理。该组织代理航空货运的目标是发展航空货运业，使航空货运对世界贸易的发展做出更大的贡献。图2-6所示为国际货运协会会徽。

（二）国际货运代理协会联合会

国际货运代理协会联合会（International Federation of Freight Forwarders Associations，FIATA）于1926年成立，总部设在瑞士苏黎世，是一个非营利性的国际货运代理行业组织，其目的是保障全球货运代理的利益并促进行业发展。图2-7所示为国际货运代理协会联合会会徽。

图2-6　国际航空货运协会会徽　　　　图2-7　国际货运代理协会联合会会徽

被称为国际货运代理业"建筑师"的FIATA，在联合国经济与社会理事会、联合国贸易与发展会议、联合国欧洲经济委员会及亚太经合组织中均扮演了顾问咨询的角色。同时也被许多政府及民间组织，如国际商会、国际航空运输协会、国际铁路联合会、国际公路运输联合会、世界海关组织及世界贸易组织等一致确认为国际货运代理业的代表。FIATA的影响遍及世界各个角落，出版的刊物有《FIATA新闻》和《FIATA通讯》。

FIATA推荐的国际货运代理标准交易条件范本及FIATA国际货运代理业示范法及制定的各种单证为保护全球货运代理行业的利益并促进行业的发展和规范化做

出了杰出的贡献。

该协会于1926年成立，这是一个各国发货人协会和发运公司的组织，旨在解决由国际货运代理业务不断发展所带来的问题，它的会员除了发运公司（正式会员）之外，还包括港口、机场、仓库、代理公司（准会员）。目前该协会已有50多个正式会员及1000多个联系委员会。协会下设10个技术委员会，其中航空运输委员会用来协调世界范围的航空货运、代理方面的政策，海关程序，经营管理等问题，以促使世界范围内航空货运的发展，维护货运代理在航空货运中的利益。

（三）国际虚拟航空组织

国际虚拟航空组织（International Virtual Aviation Organisation，IVAO）是致力于虚拟环境创造、改进飞行模拟技术的一个国际组织。航空运行的高风险性要求航空从业人员，特别是飞行员和管制员要有很高的技术素养与处理突发事件的能力。因此IVAO通过改进飞行模拟技术，提供高实时航空环境的仿真，再现飞行运行中的环境，为提高飞行员和管制员的技术水平服务，其手段主要是通过在线方式。

（四）SKYTRAX

SKYTRAX是一家成立于1989年、总部位于伦敦的独立的航空运输研究专业监测咨询机构。图2-8所示为SKYTRAX会徽。SKYTRAX每年对世界范围内的450多家

图2-8　SKYTRAX会徽

航空公司和机场的各项服务品质，通过 600 条评价项目进行多角度、全方位的审核评定，评定结果按"一星"至"五星"分列 5 个等级，"五星"为最高评价。该机构针对航空产品和服务进行的研究评选被认为具有广泛的权威性与指标性，每年的 SKYTRAX 最佳航空公司奖项和星级评定备受业界关注。

SKYTRAX 对机场和航空公司的评定，主要通过对旅客进行问卷调查和统计分析，以及现场实地评估来进行。在航空公司评选方面，每年评选出最佳空中服务员、最佳航空公司、最佳航空公司酒廊、最佳机上娱乐、最佳膳食等与航空公司服务质量相关的奖项；在机场评选方面，SKYTRAX 在每年举办的世界机场颁奖典礼上颁发 35 个奖项，包括年度最佳机场、最佳机场进步奖、最佳廉价航空机场、全球最佳区域机场，以及其他与机场服务相关的奖项，如最佳机场饭店、证照查验、航站楼整洁、机场餐饮等奖项。

目前，我国的南航、国航当选 SKYTRAX 全球四星航空公司，海南航空当选全球五星航空公司。除海南航空外，新加坡航空、卡塔尔航空、马来西亚航空、国泰航空（中国香港）、翠鸟航空（印度）、韩亚航空（韩国）等 6 家航空公司曾先后获得 SKYTRAX 五星评级。

七、国际航空公司战略联盟

随着民航业的发展，全球性的航空公司战略联盟在国际民航界渐成趋势，以促进民航业的整体发展，联盟主要有星空联盟、天合联盟和寰宇一家。

（一）星空联盟

1997 年 5 月加拿大航空、德国汉莎航空、北欧航空、泰国国际航空、美国联合航空创建星空联盟（Star Alliance），是首个国际性航空公司联盟。图 2-9 所示为星空联盟会徽。星空联盟是迄今为止历史最悠久、全球规模最大的航空策略联盟，愿景是努力成为高价国际旅客

图 2-9　星空联盟会徽

首选的全球领先的航空联盟，使命是给所有成员航空公司带来超出它们个体能力之外的长期利益。目前，星空联盟成员航空公司涵盖全球五大洲的航线，拥有 26 家正式成员，航线涵盖了 192 个国家和地区以及 1330 个机场。2007 年 12 月中国国际航空公司加入星空联盟，2012 年 11 月 29 日深圳航空加入星空联盟。

星空联盟的标语是"地球连接的方式"（The way the Earth connects），成员之间的合作方式是通过星空联盟成员的共同协调与安排，为旅客提供更多的班机选择、更理想的接转机时间、更简单化的订票手续及更妥善的地勤服务，符合资格的旅客可享用全球超过 500 个机场贵宾室及相互通用的特权和礼遇。会员搭乘任一星空联盟成员的航班，皆可将累计里程数转换至任一成员航空公司的里程酬宾计划的账户内，进而成为该计划的尊贵级会员，金钻级会员可享受订位及机场后补机位优先确认权，优先办理机场报到、登机、通关及行李托运等手续，不仅如此，任一星空联盟成员的乘客只要是持全额、无限制条件的机票，如果在机场欲临时更改航班，不需要至原开票航空公司要求改乘，便可直接改搭联盟其他成员的航班。另外，星空联盟还设计了以飞行里程数为计算基础的"星空联盟环球票"，票价经济实惠再加上联盟的密集航线网，为旅客提供轻松实践环游的旅程。

（二）天合联盟

2000 年 6 月 22 日，美国达美航空公司、法国航空公司以及大韩航空公司、墨西哥国际航空公

图 2-10　天合联盟会徽

司宣布共同组建天合联盟（Sky Team Alliance）。图 2-10 所示为天合联盟会徽。2001 年，意大利航空公司和捷克航空公司加入天合联盟。随着美国大陆航空公司、美国西北航空公司、荷兰皇家航空公司以及俄罗斯航空公司的加入，天合联盟成为全球民航业第二大航空公司联盟。2004 年 9 月，天合联盟与"飞翼联盟"合并。2007 年 11 月 15 日，中国南方航空公司加入了天合联盟，成为首家加入国际航空公司联盟的中国内地航空公司。2011 年 6 月 21 日，中国东方航空股份有限公司正式加入天合联盟。

天合联盟是航空公司所形成的国际航空服务网络。天合联盟航空公司联盟网络每日航班达 16270 个架次，航线目的地达 1150 个，通达 175 个国家和地区，航空会员包括 19 家航空公司。中国成员有中国东方航空股份有限公司、中华航空股份有限公司和厦门航空有限公司。自 2020 年 1 月起原天合联盟加盟航空公司中国南方航空股份有限公司退出天合联盟。

天合联盟成员之间的合作方式是：通过联盟内所有航空公司的航班信息、座位信息和价格信息，帮助旅客预订机票和座位，把中转旅客通过联盟航空公司的国内航线送到对方国家的各个城市。天合联盟通过其伙伴关系向旅客提供更多的实惠，包括各成员间共享机场贵宾室，提供更多的目的地、更便捷的航班安排、联程订座和登机手续，实现全球旅客服务支援和"无缝隙"服务。

对于联盟成员来讲，天合联盟以低成本扩展航线网络、扩大市场份额、增加客源和收入，从而带来更多的商机，并且可以在法律允许的条件下实行联合销售、联合采购，降低成本，充分利用信息技术协调发展。天合联盟的"环游世界"套票、"畅游欧洲"套票、"畅游美洲"套票、"畅游亚洲"套票等优惠机票可为旅客节省购票支出。

（三）寰宇一家

寰宇一家是 1999 年 2 月 1 日正式成立的国际性航空公司联盟，由美国航空、英国航空、国泰航空、澳洲航空、加拿大航空等 5 家分属不同国家的大型国际航空公司发起。2021 年 3 月 31 日，阿拉斯加航空正式加入寰宇一家，成为第 14 位正式成员。图 2-11 所示为寰宇一家会徽。

图 2-11　寰宇一家会徽

其成员航空公司及其附属航空公司亦在航班时间、票务、代码共享（共挂班号、班号共享）、乘客转机、飞行常客计划、机场贵宾室以及降低支出等多方面进行合作。

第二节　我国民航组织机构

一、中国民用航空局（CAAC）

中国民用航空局简称民航局或 CAAC，是中华人民共和国国务院主管民用航空事业的部委管理的国家局，归交通运输部管理。其前身为中国民用航空总局，于 2008 年 3 月改为中国民用航空局。其主要职责与工作内容已在上一章做了介绍，此处不再赘述。

二、中国航空运输协会

中国航空运输协会（China Air Transport Association，CATA）成立于 2005 年 9 月 9 日，是依据中国有关法律法规，经中华人民共和国民政部核准登记注册，以航空运输企业为主体，由航空运输相关企事业单位、社会团体自愿结成的全国性、行业性、非营利性社会组织。图 2-12 所示为中国航空运输协会标志。

图 2-12 中国航空运输协会标志

三、中国民用机场协会

中国民用机场协会（China Civil Airports Association，CCAA）是经原中国民用航空总局、民政部批准的中国民用机场行业（不含香港、澳门和台湾地区）唯一的合法代表。图 2-13 所示为中国民用机场协会标志。

四、中国国际货运代理协会

中国国际货运代理协会（China International Freight Forwarders Association，CIFA）是国际货运代理行业的全国性中介组织，是经国家主管部门批准从事国际货运代理业务、在中华人民共和国境内注册的国际货运代理企业，以及从事与国际货运代理业务有关的单位、团体、个人自愿结成的非营利性的具有法人资格的全国性行业组织，于 2000 年 9 月 6 日在北京成立。图 2-14 所示为中国国际货运代理协会标志。

图 2-13 中国民用机场协会标志 　　　　图 2-14 中国国际货运代理协会标志

CIFA 是我国各省（自治区、直辖市）国际货运代理行业组织、国际货运代理物流企业、与货运代理物流相关的企事业单位自愿参加的社会团体，亦吸纳在中国货运、运输、物流行业有较高威望和影响的个人。CIFA 拥有会员近 700 家，其中理事会成员 89 家，各省市团体会员 27 家；包括各省市协会会员计 6000 多家，代表整个货运代理行业。

第三节　我国民航管理组织与管理模式

一、民航运输行政组织体系

民航行业管理以《中华人民共和国民用航空法》为核心，覆盖行政规则、航空器、航空人员、空中交通管理、运行规则、运行合格审定、机场、经济与市场管理、航空安全信息与事故调查和航空安全保卫等民航业所有领域，并且政策体系不断完善。

民航局通过直属机构和外部机构系统来履行职责。其组织机构主要包括直属机构业务部门、外部机构，形成了三级组织管理体系，即民航局、航空地区管理局和省航空安全管理办公室，如图 2-15 所示。

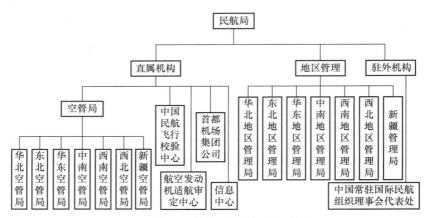

图 2-15　中国民航管理行政组织机构设置

二、我国民用机场及航空公司的管理模式

（一）民用机场的管理模式

"十三五"以来，我国民航业进入快速平稳发展阶段，根据《2021 年民航行业发展统计公报》，2021 年我国境内运输机场共有 248 个，完成旅客吞吐量 90748.3 万人次，飞机起降 977.7 万架次。《中华人民共和国国民经济和社会发展第十四个五年规划和 2035 年远景目标纲要》提出加快建设交通强国，稳步建设支线机场、通用机场和货运机场，积极发展通用航空，预计 2035 年运输机场将达到 450 个左右。

随着我国社会和经济的发展，我国机场管理体制经历了一个演变和改革的过程。1949 年 11 月 2 日在人民革命军事委员会下设民航局，民航局下设机场建设委员会，对机场进行改造扩建。1980 年国务院、中央军委决定民航总局归属国务院领导，不再由空军代管。1985 年国务院决定民航总局实行管理体制改革。1987 年到 1994 年，中国民航进行了地区管理局、航空公司和机场的分设。1994 年到 1998 年，主要是改革机场建设和管理体制。

《民用机场管理条例》第四条规定："国务院民用航空主管部门依法对全国民用机场实施行业监督管理。地区民用航空管理机构依法对辖区内民用机场实施行业监督管理。有关地方人民政府依法对民用机场实施监督管理。"根据机场的管理主体，对机场进行管理模式分类，可以归纳为以下 4 种主要管理模式。

1．跨省（省内）集团管理

首都机场集团有限公司拥有北京、天津、江西、吉林、河北 5 个省级行政区的超过 20 个机场，为国内最大的跨省机场集团。陕西、青海、宁夏 3 省区所辖机场成立了西部机场集团公司，后续又与甘肃省人民政府签署协议，负责甘肃省内 4 个机场的建设运营，目前共有 19 个成员机场。此外，上海、辽宁、安徽、湖南、湖北、广东、云南等 24 个省级行政区的全部或部分机场分别先后成立省级机场集团公司。

这里需要说明的是，首都机场集团有限公司隶属中国民用航空局，是一家以机场业为核心的跨地域的大型国有企业集团。

2．航空背景的企业管理

海航机场集团隶属海航集团，目前管理运营包括海口美兰国际机场、三亚凤凰国际机场、宜昌三峡机场等在内的 13 家机场。

3．托管管理

内蒙古和黑龙江虽然成立了省级机场集团，但其所辖机场均委托首都机场集团有限公司运营。此外，泸州机场、黔江机场等部分支线机场委托所属省区的机场集团进行运营，长海机场委托大连机场负责运营，珠海机场则委托港资企业进行管理。

4．地方政府管理

江苏、浙江、福建、山东、辽宁等省级行政区的全部或部分机场的所有权隶属于省、市人民政府，大部分由省、市国资委管理，部分由市民航局或交通局管理。

（二）航空公司的管理体制

1949 年 11 月，中共中央政治局决定成立军委民航局，即中国民航的前身。20 世纪 50 年代末划到原交通部管理。1969 年，民航总局划归军队建制，成为空军的组成部分。

党的十一届三中全会前后，民航的第一轮改革开启。1980 年 3 月，国务院、中央军委下达《关于民航总局不再由空军代管的通知》，其中明确提出，从 1980 年 3 月 15 日开始，民航的工作除了航空管制由空军统一指挥之外，其他的工作都要向国务院直接报告。民航总局把它的内设机构，由过去的军队化管理模式改为行政化管理模式，大力推行经济核算。

第二轮改革时间是 1984—1992 年，航空公司、机场和服务保障系统分设，全面实行政企分开。自 1988 年起，全国各地陆续设立 6 个地区管理局、6 家骨干航空公司和多家机场。曾先后担任中国民航总局办公厅副主任、中国航空集团总经理助理的林明华说，我国唯一的机身上载有国旗图案的航空公司——中国国际航空公司就是在这时成立的。1984 年，全国首家地方性航空公司——厦门航空公司成立。从 1993 年起取消了购买机票必须持介绍信的规定，人们只需出示身份证等有效证件就能购买机票，随心所欲地去世界各地旅行。

第三轮改革时间是 2001—2004 年，航空公司与原民航总局脱钩，机场移交地方管理，国务院于 2002 年 3 月 3 日批准了民航体制改革方案，决定对航空公司进行重组。2002 年 10 月 11 日，原国家计委和原民航总局在北京人民大会堂召开民航企业改革重组大会，宣布中航、东航、南航三大航空集团公司和中航油、中航信、中航材三大服务保障集团公司成立。

同时，2004 年，春秋航空、奥凯航空、鹰联航空几乎同时向原民航总局递交了筹建申请，其中，奥凯航空有限公司是中国大陆第一批获得批准成立的民营资本控股的航空公司、大陆第一家民营航空公司，标志着民营资本进入民航运输市场。

截至 2020 年年底，我国共有运输航空公司 64 家，其中客运航空公司 53 家、全货运航空公司 11 家。这些航空公司的所有制形式不同，包括央企性质航空公司、地方航空公司和民营航空公司，也有股份制航空公司，其管理上均采用现代企业管理制度，成为独立核算、自负盈亏的市场运行主体。

 知识拓展卡 2

载旗航空公司——中国国际航空公司

载旗航空公司是指被国家或政府指定，代表其执飞国际航线的航空公司，对大部分载旗航空公司来说，它旗下的绝大多数飞机有国旗标志，是一个国家的标志性航空公司。中国国际航空公司（简称"国航"）是我国唯一一家载中华人民共和国国旗的航空公司。

载旗航空公司除了民航载客、承担国家领导人出行专机任务外，还承担着中国国家领导人出国访问的专机任务，也承担许多外国元首和政府首脑在国内的专包机任务，这是国航独有的国家载旗航的尊贵地位。作为国家航空实力与形象的象征，也肩负着更多的使命和责任，遇到地震、泥石流等自然灾害或在国外执行撤侨任务时，载旗航空自然也要责无旁贷地冲在最前头。

国航于 1988 年成立，总部设在北京，目前主要运营基地为北京首都国际机场和成都双流国际机场，在西南、重庆、浙江、上海、西藏、湖北、贵州等地方设立有分公司。

国航机队包含空客 A319、A320、A321，波音 737-700、737-800、747-8，波音 787-8 梦想客机等。截至 2020 年 12 月 31 日，国航（含控股公司）共拥有飞机 707 架，平均机龄 7.74 年；经营客运航线达 674 条，通过与星空联盟成员等航空公司的合作，将服务进一步拓展到 195 个国家（地区）的 1300 个目的地。

国航飞行队伍曾获得"国际民航组织荣誉奖章""全国安全生产先进集体""安全飞行标兵单位"等诸多荣誉，创造了堪称世界一流的安全飞行纪录，成功进行极地飞行，在飞行难度举世公认、曾经被国际民航界视为"空中禁区"的成都—拉萨航线上创造了安全飞行 56 年（1965 年开始）的奇迹。

国航管理水平持续提升，品牌价值不断扩大。国航连续 14 年被世界品牌实验室评为"世界品牌 500 强"，是中国民航唯一一家进入"世界品牌 500 强"的企业，同时连续 14 年获得"中国品牌年度大奖 No.1（航空服务行业）"和"中国年度文化品牌大奖"；2021 年 6 月，国航被世界品牌实验室评为中国 500 强最具价值品牌第 23 名，位列国内航空服务业第一名；国航荣获国资委 2013—2015 年任期"品牌建设优秀企业"荣誉称号；国航品牌曾被英国《金融时报》和美国麦肯锡管理咨询公司联合评定为"中国十大世界级品牌"；在各类社会评选中多次获得"最佳中国航空公司""年度最佳航空公司奖""极度开拓奖""最佳企业公众形象奖""全国企业文化优秀成果奖"和"中国经济十大领军企业"等称号。

复习与思考题

复习题

1. 国际民航组织的组织性质与目的是什么？

2. 民航其他国际组织的功能是什么？

3. 国际航空公司战略联盟包括哪些机构？

4. 我国民航由哪几部分组成？

5. 我国民航的组织机构包括哪些？其功能是什么？

6. 我国机场的管理模式有哪几种？

7. 我国航空公司的管理模式的改革过程是怎样的？

思考题

加入民航国际组织对我国民航发展有什么影响？

第二篇

飞机与飞行篇

第三章
飞机一般介绍

本章导读

凡是可以控制的借助大于自重的升力而在大气层中飞行的飞行器统称航空器，其中，飞机是航空器的典型代表。有了飞机才能解决民航运输的工具问题，有了飞机才有了今天的民航。自1903年飞机诞生至今的100多年里，经历了不断的改进与完善，不断地融入现代科技元素，甚至经历了数次血的教训，才使其成为安全、人性化的空中交通工具。但就飞机的基本构造而言，除特殊用途的飞机外，飞机的基本结构是一致的，现代飞机的显著特征是飞机系统的增加与不断完善，极大地提升了飞机的性能和安全水平，使民用航空步入了安全、人性化的时代，更适合运营的要求。飞机是一个集成化的高科技产品，不仅体现在其构造的复杂性上，更体现在飞机构造部件之间、部件与飞行系统之间所决定的性能，以及操纵性上。飞机是民航运输的基础，对飞机的了解更是研究民航相关知识的基础，通过了解飞机的基本结构、功能和系统，可以更好地理解民航运输的属性，更好地领悟以安全飞行为核心的民航理念，为掌握民航知识奠定基础。

学习要求

1. 理解飞机的概念及分类；
2. 掌握飞机的基本组成部件及其作用；
3. 掌握机翼及机翼上装置的位置及作用；
4. 熟悉尾翼的组成及各部分的功能；
5. 了解起落架的功能及各种不同的结构形式的特点；
6. 熟悉飞机动力装置与辅助动力系统；
7. 了解飞机电子仪表系统的组成及作用；
8. 掌握座舱空调系统的组成及作用；
9. 了解飞机避险系统的功能。

第一节 飞机的总体认识

一、飞机的定义

飞机是指由动力装置产生前进的推力或拉力，由机身的固定机翼产生升力，在大气层中飞行的重于空气的航空器。飞机是最常见的一种固定翼航空器，相对气球、飞艇等轻于空气的飞行器而言，飞机重于空气，是靠在空气中运动时产生的升力升空的，而前者是靠空气的浮力升空的。也就是说，飞机比空气重，它必须以相当大的速度形成与空气之间的相对运动，来取得在空中支托的空气动力。没有相对运动，就没有空气动力，飞机也就不可能在空中飞行。飞机是航空飞行器，相对于航天飞行器而言，飞机在大气层内飞行，而航天飞行器则在大气层外活动。

通常，飞机泛指一切可以飞的重于空气的航空器，直升机也是一种飞机。但是从航空专业解释上说，飞机是有动力、有固定的机翼、依靠固定的机翼产生主要升力在大气层中飞行的重于空气的航空器，而直升机的升力是由主旋翼旋转产生的，所以从专业意义上讲直升机不归属于飞机，而是一种完全独立的航空器类型。

二、飞机分类

飞机是多种多样的，可以根据其用途、最大起飞重量、航程、结构外形、发动机数量等来进行分类，图 3-1 为飞机种类家谱。本书按用途进行介绍，将飞机分为军用飞机与民用飞机。

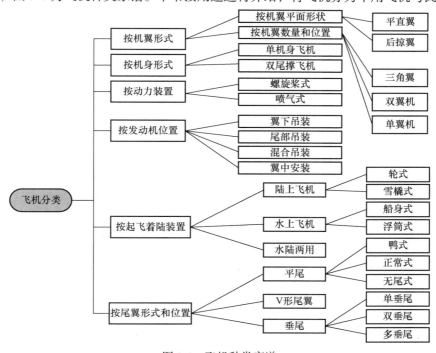

图 3-1 飞机种类家谱

（一）军用飞机

军用飞机是指军队、警察和海关等使用的飞机。图 3-2 所示为世界各类主要军用飞机。

图 3-2　世界各类主要军用飞机

（二）民用飞机

民用飞机可以分为两大类，即商业飞机和通用飞机。商业飞机（也称航线飞机）有国内和国际干线客机、货机或客货两用机以及国内支线运输机，可以按用途、飞行速度、航程、座位、发动机等进行分类；通用飞机有公务机、农业机、林业机、轻型多用途机、巡逻救护机、体育运动机和私人飞机等。常用于民航运输及通用航空飞行的民用飞机归类如图 3-3 所示。

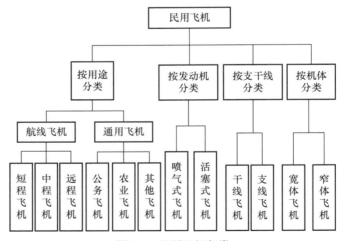

图 3-3　民用飞机归类

目前，世界上最大的客机生产商有美国波音公司和法国空中客车公司。我国有中国商飞生产的支线 ARJ21 系列飞机、西飞生产的支线新舟系列飞机，中国商飞的 C919 干线飞机不久也将进入商业运行阶段。通用航空飞机是全部飞机类型中数量最多、型号最多的机种，包括小型飞机、大型涡轮和螺旋桨飞机等，飞机的型号和机型繁多，性能差异很大。图 3-4、图 3-5 所示分别为典型民航运输飞机与典型通用航空飞机。

图 3-4 典型民航运输飞机

图 3-5 典型通用航空飞机

民航飞机的制造不属于民用航空的范畴，但是民航发展的基础，也是航空产业的核心，民航飞机，特别是大型飞机的制造，决定着民航的发展战略目标的实现程度。我国干线单通道 C919 飞机的生产与商业运行，标志着我国航空制造业步入新的历史时期，而双通道 CR929 飞机的研制，将进一步增强我国航空制造的国际竞争能力。

第二节 飞机的基本结构

大多数现代民航飞机都是由各具有独特功能的机翼、机身、尾翼、起落架和动力装置 5 个主要部分组成的，如图 3-6 所示。

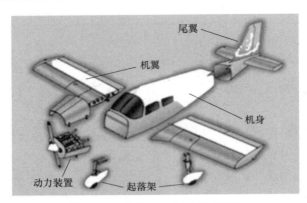

图 3-6　飞机的 5 个主要组成部分

一、机翼

机翼是安装在机身两边的翅膀，是飞机的特征性重要部件之一，其最主要作用是产生升力，同时，机翼和尾翼一起使飞机形成良好的稳定性与操纵性。另外，可以在机翼内部装载弹药（军用飞机）、设备和油箱，在机翼下方可以安装起落架、发动机、悬挂导弹（军用飞机）、副油箱以及其他外挂设备。飞机的种类与型号不同，机翼的形状、安装位置与数目也不同。

（一）机翼的功能

（1）产生升力。这是机翼的主要功能。机翼是各种固定翼航空器最重要的气动部件，根据空气动力原理，机翼与空气相对运动时产生升力，以支持飞机在空中飞行。

（2）使飞机具有横侧稳定性和操纵性，起到一定的稳定和操纵飞机的作用，即通过机翼部件状态的改变，以维持飞行的稳定性，获得灵活的操作。

（3）安装发动机、起落架、油箱及其他设备的基础结构。利用机翼内部空间，经密封后可作为存储燃油的油箱之用，通常机翼上的燃油载量大约占全机燃油载量的 1/4。

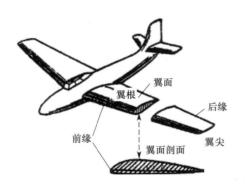

图 3-7　机翼的组成及翼面剖面

（二）机翼的剖析

1．机翼的组成

机翼由四部分组成，包括翼根、前缘、后缘和翼尖，如图 3-7 所示。

2．机翼上的舵面

机翼上的活动翼面也称舵面（或操纵面）。在机翼后缘的有襟翼、副翼和扰流板，在机翼前缘的有缝翼。活动翼面可以活动，属于改善或控制飞机气动力性能的装置，通过改变操纵面来调整飞机的飞行状态。例如，飞机起降过程中襟缝翼打开，增大机翼面积，提高升力，如图 3-8 所示。

（1）襟翼。

襟翼是为了使飞机在起飞和降落时速度较低而又要保持升力在机翼上增加的活动翼面。襟翼分为内襟翼和外襟翼，机翼固定翼盒以后可以看到的大部分就是襟翼。飞机起降时襟翼会向后伸出，增大机翼面积，使飞机在起飞和降落时速度下降。襟翼安装于机翼后缘内侧，起飞、降落时襟翼下偏，使机翼翼型的弯度变大，升力增加。襟翼只能下偏，不能上偏。襟翼的设计形式多种多样，如图 3-9 所示。

图 3-8 机翼的活动翼面

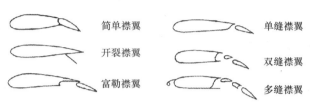

简单襟翼　　　　单缝襟翼

开裂襟翼　　　　双缝襟翼

富勒襟翼　　　　多缝襟翼

图 3-9 各种不同形式的襟翼

（2）副翼。

副翼一般安装于机翼后缘外侧，转弯飞行时使用，产生横向力矩，使飞机产生滚转，属于操作舵面。

（3）缝翼。

缝翼又称"前缘缝翼"，是增升装置的一种。缝翼装在机翼前缘的活动翼面，与襟翼的作用相同，统称增升装置。前缘缝翼的作用主要有两个（见图 3-10）：其一是延缓机翼上的气流分离，增大飞机的临界迎角，使得飞机在更大的迎角下才会发生失速；其二是增大机翼的升力系数。其中增大临界迎角的作用是主要的。这种装置在大迎角下，特别是接近或超过基本机翼的临界迎角时才使用。因为只有在这种情况下，机翼上才会产生气流分离。

（4）扰流板。

扰流板也称为"减速板""阻流板""减升板"等，分为飞行扰流板和地面扰流板两种，左右对称分布，地面扰流板只能在地面才可打开。实际上扰流板是铰接在机翼上表面的一些液压致动板，飞行员操纵时可以使这些板向上翻起，增加机翼的阻力，减少升力，阻碍气流的流动，以达到减速、控制飞机姿态的目的。

在空中飞行时，扰流板可以降低飞行速度并降低高度。只有一侧的扰流板动作时，作用相当于副翼，主要是协助副翼等主操作舵面来有效控制飞机作横滚机动。

当飞机着陆在地面滑跑过程中时，飞行扰流板和地面扰流板会尽可能地张开，以确保飞机迅速减速，所以扰流板属于增阻装置，如图 3-11 所示。

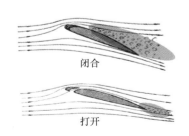

闭合

打开

图 3-10 缝翼打开时气流分离被推迟

图 3-11 机翼上的扰流板

3．翼型

翼型即机翼的剖面，翼型迎流的一端称为前缘，另一端称为后缘，如图3-7所示。飞机自发明至今，已经发展出各种各样的形式种类，机翼的形式也随之变化，如图3-12所示。机翼上表面向外弯曲的程度较大、下表面较平的翼型称为平凸翼型；上表面向外弯曲的程度比下表面向外弯曲的程度大的翼型称为双凸翼型；上下表面关于翼弦对称的翼型称为对称翼型。早期飞机的翼型类似鸟类翅膀的剖面，现代低速飞机机翼大多采用平凸翼型或双凸翼型，部分高速飞机机翼和飞机尾翼一般采用对称翼型。

（三）机翼的布局

机翼可以为单机翼和双机翼，民航飞机一般为单机翼布局。单机翼布局可以根据机翼在机身上安装的部位和形式分为上单翼（安装在机身上部）、中单翼（安装在机身中部）和下单翼（安装在机身下部），如图3-13所示。为方便起落架的安排和发动机维修，目前民航运输机大部分都采用下单翼结构布局。

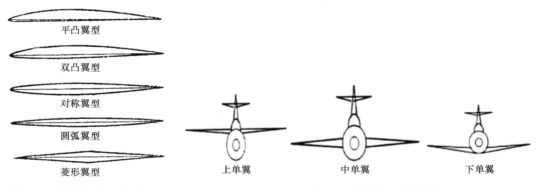

平凸翼型

双凸翼型

对称翼型

圆弧翼型

菱形翼型

图 3-12　翼型的基本类型

上单翼　　　　中单翼　　　　下单翼

图 3-13　机翼的三种布局

飞机的飞行速度与机翼产生的升力成正比，同时阻力也发生变化。人们在探索中发现，如果使机翼与机身在水平方向上形成一定的角度——安装角，就能有效减少飞机所受的阻力，保证飞机有适当的侧倾稳定性。安装角向上或向下，分别称为上反角或下反角。上单翼飞机具有一定的下反角，下单翼飞机具有一定的上反角。机翼的安装角如图3-14所示。

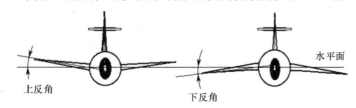

上反角　　　　　　　下反角　　　　　水平面

图 3-14　机翼的安装角

（四）机翼的内部结构

机翼内部的受力构件是保证飞机承受巨大的气动载荷的关键。由于飞机是在空中飞行的，并且速度十分快，这就要求飞机上的每一个部件都要有很好的强度和刚度，因此，民航飞机机翼一般采用半悬臂梁式机翼的结构。如图3-15所示，机翼的主要结构部件有翼梁、翼肋、桁条及接头。其中，翼梁承担着机翼上主要的作用力；翼肋起保持机翼的翼型，并支撑蒙皮承受空气动力的作用；桁条嵌在翼肋上以支持蒙皮；接头将机翼与机身相连接，并将机翼上的载荷传递到机身上。

机翼内部空间用来安装燃油箱及在机翼表面的各种机翼组件（附加翼面）的操纵装置。同时，可以在机翼下外挂发动机、起落架等。机翼内的油箱载油量约占飞机全部载油量的 1/4。翼型的空气动力特性对飞机性能有很大影响，应选用最能满足设计要求的翼型，包括结构、强度方面的要求。

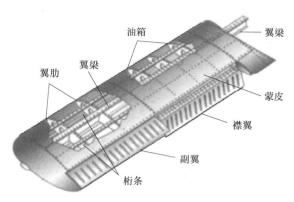

图 3-15　机翼的内部结构

二、机身

机身主要用来装载人员、货物、燃油、武器和机载设备，并通过它将机翼、尾翼、起落架等部件连接，形成了一个完整的飞机。

（一）机身的构成

根据功能的不同，机身可以分为机身前段、机身中段和机身后段三部分，形成一个两头小、中间大的桶状流线体。民用飞机机身的构成如图 3-16 所示。

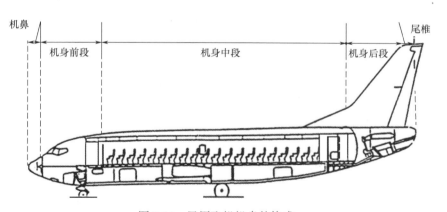

图 3-16　民用飞机机身的构成

（1）机身前段。也称机头，内部装置着驾驶舱、各种仪表和操纵装置。驾驶舱有特殊的安全要求，均采用封闭式设计，与乘客的座舱之间用一道门隔开，以应对劫机等意外事件。为了保证驾驶舒适和开阔的视野，驾驶舱设计学科包括认知科学、神经科学、人机交互、人因工程学、人体测量学和人体工程学等，机身头部略下垂以扩大驾驶员的视界，尾部略上翘以避免飞机着陆时机身尾部触地。

（2）机身中段。机身的中部是客舱或货舱，用来装载旅客、货物、燃油和机载设备等，舱内有通风保暖设备、安全救生设备、增压系统。由于舱内承载旅客或货物，必须有舒适安全的座椅、通行和撤离的通道、一定数量的机舱门、逃离门、厨房、厕所等，还需要为清洁与维修提供方便条件，同时，飞机的中部又是起落架、机翼、机尾的挂载点。

（3）机身后段。机身的后部与机尾相连，而尾翼决定着飞机在三个轴的方向稳定性和操纵性。

（二）机身的设计要求

1．在使用方面

要具有尽可能大的空间，使单位体积利用率最高，以便能装载更多的人和物资，同时连接必须安全可靠；应有良好的通风加温和隔音设备；视界必须广，以利于飞机的起落。

2．在气动方面

它的迎风面积应减小到最小，表面应光滑，形状应流线化而没有突角和缝隙，以便尽可能地减小阻力。

3．在重量方面

在保证有足够的强度、刚度和抗疲劳能力情况下，应使它的重量最轻。对于具有气密座舱的机身，抗疲劳的能力尤为重要，新型材料广泛应用于机身，如铝锂合金材料、碳纤维复合材料及钛合金等。

（三）机身的结构形式

在机身功能的要求下，以及考虑机身自身的对称载荷作用和在非对称载荷作用下的扭矩作用，机身宜采用柱形结构形式。机身主要部件包括蒙皮、桁条、桁梁和隔框，机身结构各元件的功用相应地与机翼结构中的蒙皮、桁条和翼肋的功用基本相同。机身主要部件如图 3-17 所示。

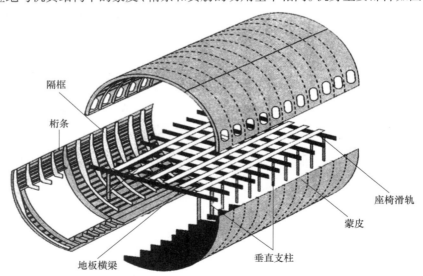

图 3-17　机身主要部件

目前常见的结构形式有桁梁式机身、半硬壳式机身和硬壳式机身三种，如图 3-18 所示。其中，半硬壳结构比较常用，其机身纵向受力部件，即纵向大梁与机身蒙皮共同受力，区别于蒙皮不受力的桁架结构和完全由蒙皮受力的硬壳结构。一般来说，弯矩和剪力由纵向结构承担，扭矩由蒙皮承担。其特点是结构布置更加灵活，重量更轻。为了利用不同结构的优点，避免其缺点，许多飞机机身采用了桁梁式和桁条式组成的复合式结构：一般在机身前段，因为开口较多，总体载荷较小，多采用桁梁式，而机身中段、后段，因为总体载荷较大，采用桁条式。

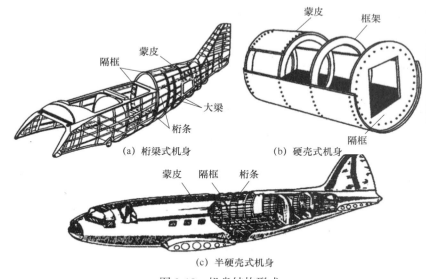

(a) 桁梁式机身

(b) 硬壳式机身

(c) 半硬壳式机身

图 3-18　机身结构形式

三、尾翼

尾翼是安装在飞机尾部的一种装置，包括垂直尾翼和水平尾翼，是保证飞机在三个轴的方向的稳定性和操纵性的升力面，相当于箭的箭翎。箭翎就是起到平衡的作用，没有箭翎，箭在空中就会翻身打滚。同样的道理，飞机装上尾翼，在空中飞行时就不会翻滚。尾翼结构形式如图 3-19 所示。

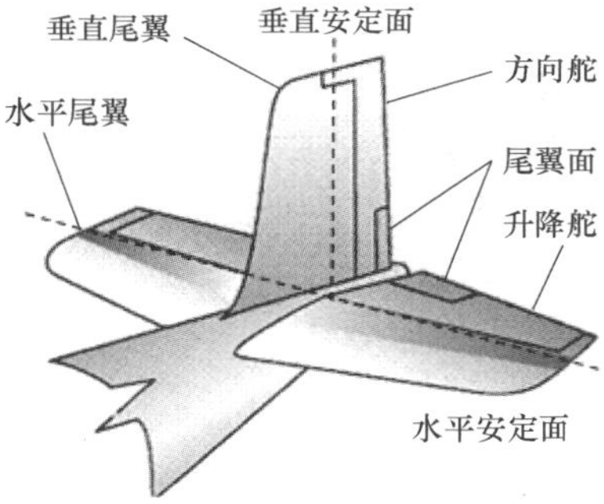

图 3-19　尾翼结构形式

（一）垂直尾翼

由固定的垂直安定面和可偏转的方向舵组成。垂直安定面是垂直尾翼中的固定翼面部分，它的作用是使飞机在偏航方向上（飞机左转或右转）具有静稳定性。其操纵原理是：当飞机受到气流的扰动，机头偏向左或右时，此时作用在垂直安定面上的气动力就会产生一个与偏转方向相反的力矩，使飞机恢复到原来的飞行姿态。一般来说，飞机偏航得越厉害，垂直安定面所产生的恢复力矩就越大。

可偏转的方向舵是垂直尾翼中可操纵的翼面部分，其作用是对飞机进行偏航操纵，操纵原理是：当飞机需要左转飞行时，驾驶员就会操纵方向舵向左偏转，此时方向舵所受到的气动力就会产生一个使机头向左偏转的力矩，飞机的航向也随之改变；同样，如果驾驶员操纵方向舵向右偏转，飞机的机头就会在气动力矩的作用下向右偏转。

（二）水平尾翼

由固定的水平安定面和可偏转的升降舵组成，现代高速客机也有采用全动式平尾的。水平安定面是水平尾翼中的固定翼面部分。飞机的水平安定面能够使飞机在俯仰方向上（飞机抬头或低头）具有静稳定性。其操纵原理是：当飞机受到扰动抬头时，此时作用在水平安定面上的气动力就会产生一个使飞机低头的力矩，使飞机恢复到水平飞行姿态；同样，如果飞机低头，则水平安定面产生的力矩就会使飞机抬头，直至恢复水平飞行为止。

升降舵是水平尾翼中可操纵的翼面部分，其作用是对飞机进行俯仰操纵。其操纵原理是：当需要飞机抬头向上飞行时，驾驶员就会操纵升降舵向上偏转，此时升降舵所受到的气动力就会产生一个抬头的力矩，飞机就抬头向上了；同样，如果驾驶员操纵升降舵向下偏转，飞机就会在气动力矩的作用下低头。

由于尾翼直接关系到飞机的稳定性与操纵性，不同飞行性能的飞机所采用的布局方式不同。现在，一般客机多采用单垂尾，而现代高速飞机的水平尾翼和垂直尾翼都采用后掠式。

四、起落架

起落架就是飞机在地面停放、滑行、起飞或着陆滑跑时用于支撑飞机重力，承受相应载荷的装置。在飞机的部件中，起落架是唯一一种与地面接触的支撑整架飞机的部件，因而是任何

图 3-20　飞机起落架及架舱

飞机都必不可少的，而且在飞机安全起降过程中担负着极其重要的使命。当飞机起飞后，可以收回起落架于架舱中，以减轻飞行阻力。飞机起落架及架舱如图 3-20 所示。

（一）起落架的作用

（1）承受飞机在地面停放、滑行、起飞或着陆滑跑时的重力。

（2）承受、消耗和吸收飞机在着陆与在地面运动时的撞击和颠簸能量。

（3）滑跑与滑行时的制动。

（4）滑跑与滑行时操纵飞机。

（二）起落架的配置形式

起落架配置通常有三种形式，如图 3-21 所示。

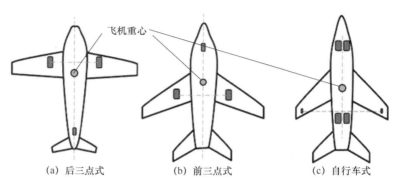

（a）后三点式　　　（b）前三点式　　　（c）自行车式

图 3-21　起落架的配置形式

1．后三点式起落架

主要应用于装有活塞式发动机的轻型、超轻型低速飞机上。后三点式起落架的两个主轮对称安装在飞机重心之前，尾轮位于飞机尾部。

（1）后三点式起落架的优点。

① 构造简单，重量轻。

② 易于在螺旋桨飞机上布置。

③ 飞机停机角与最佳起飞迎角接近，易于起飞。

④ 便于利用气动阻力使飞机减速。

（2）后三点式起落架的缺点。

后三点式起落架存在着明显的缺点，如图 3-22 所示。

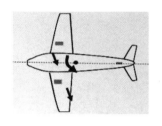 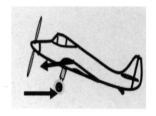 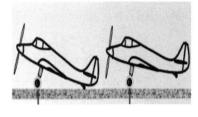

(a) 方向稳定性差，飞机容易原打地转　　(b) 制动时容易发生倒立、翻筋斗　　(c) 可导致飞机"跳跃"

图 3-22　后三点式起落架的缺点

① 在大速度滑跑时，遇到前方撞击或强烈制动，容易发生倒立现象。为了防止倒立，后三点式起落架不允许强烈制动，因而使着陆后的滑跑距离有所增加。

② 着陆速度要求高。若着陆速度过快，主轮接地的冲击力会使飞机抬头迎角增大，引起飞机升力增大而重新离地产生"跳跃"现象，甚至会跳起后失速，发生事故。升力增大也会使飞机在着陆时产生拉飘。

③ 地面滑跑时方向稳定性差。如果在滑跑过程中，某些干扰（如侧风或由于路面不平，使两边机轮的阻力不相等）使飞机相对其轴线转过一定角度，这时在支柱上形成的摩擦力将产生相对于飞机重心的力矩，使飞机转过更大的角度。

④ 在停机、起、落、滑跑时，前机身仰起，因而驾驶员向下的视界不佳。

2．前三点式起落架

前三点式起落架是现代飞机上使用最广泛的起落架配置形式，两个主轮保持一定间距左右对称地布置在飞机重心稍后处，前轮布置在飞机头部的下方。飞机在地面滑行和停放时，机身地板基本处于水平位置，便于旅客登机和货物装卸。重型飞机用增加机轮和支点数目的方法降低轮胎对跑道的压力，以改善飞机在前线土跑道上的起降滑行能力。

前三点式起落架具备如下几方面优点。

（1）在地面运动的稳定性好，滑行中不容易偏转和倒立。

（2）着陆时，只用两个后主轮接地，比较容易操纵。

（3）当飞机在地面运动时，机身与地面接近平行，驾驶员视界较好。

（4）可以避免喷气发动机喷出的燃气损坏跑道。

（5）由于飞机轴线接近水平，因此起飞滑跑阻力小，加速快，起飞距离短，而且驾驶员向前视界好，乘坐舒适。

但是前三点式起落架也存在以下缺点。

（1）前起落架的设计较困难，尤其是对单发动机的飞机，机身前部剩余的空间很小。

（2）前起落架承受的载荷大、尺寸大、构造复杂，因而质量大。

（3）着陆滑行时处于小迎角状态，因而不能充分利用空气阻力进行制动。在不平坦的跑道上滑行时，超越障碍（沟渠、土堆等）的能力也比较差。

（4）前轮会产生摆振现象，因此需要有防止摆振的设备和措施，这又增加了前轮的复杂程度和重量。

尽管如此，由于现代飞机的着陆速度较快，并且着陆时的安全成为考虑确定起落架配置形式的首要决定因素，前三点式起落架在这方面与后三点式起落架相比有着明显的优势，因而得到广泛的应用。

3．自行车式起落架

自行车式起落架的两个主轮都在机身轴线上，飞行时直接收入机身内，为防止转弯时倾倒，在机翼下还布置有辅助小轮。但这种配置形式由于起飞时抬头困难而较少采用。

另外，在大型客机上，如波音 747 客机、空客 A380 客机等，采用多支柱式结构，以使局部载荷减小，有利于起落架受力结构布置；还能够减小机轮体积，从而缩小起落架的收放空间。

（三）起落架结构形式

1．起落架的基本组成

根据承受和传递载荷的方式，即结构受力形式，可将起落架分为桁架式、梁式以及混合式等。但无论哪种结构形式，起落架都主要由支柱、减振器、收放系统、机轮和刹车系统等构成，如图 3-23 所示。

图 3-23　飞机起落架基本组成

2．起落架的基本组成

（1）支柱。用于安装机轮，将起落架连接到飞机机体结构上。

（2）机轮和刹车系统。机轮由轮毂和轮胎组成，支持飞机的重量，减少飞机地面运动的阻力，吸收飞机着陆和地面运动时的一部分撞击动能；刹车系统，可用来缩短飞机着陆时的滑行距离，并使飞机在地面上具有良好的机动性。

（3）收放系统。收放系统是把起落架收入架舱的装置，并将起落架锁定在收上和放下位置，以防止起落架在飞行中自动放下和受到撞击时自动收起。一般以液压作为正常收放动力源，以冷气、电力作为备用动力源，都有位置指示和警告系统。一般前起落架收放形式大致可分为沿翼展方向收放和沿翼弦方向收放两种，如图 3-24 所示。

（4）转弯系统。转弯主要依靠转弯手轮来完成飞机低速滑行转弯操纵，可使前轮偏转角度达 60° 或更大，以取得小的滑行转弯半径。方向舵脚蹬用于飞机高速滑行（起飞和着陆过程）方向修正转弯，它限制了前轮的最大偏转角，一般为 7° 左右。

（5）减振器系统。轮胎和减振器组成了减振系统。由于飞机在着陆接地瞬间或在不平的跑道上高速滑跑时，与地面发生剧烈的撞击，除充气轮胎可起小部分缓冲作用外，大部分撞击能量要靠减振器系统吸收，并减弱飞机因撞击而引起的颠簸跳动。

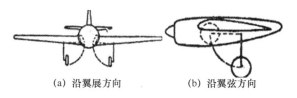

(a) 沿翼展方向　　(b) 沿翼弦方向

图 3-24　前起落架的收放形式

3．常见的起落架结构形式

根据承受和传递载荷的方式，即结构受力形式，可将起落架分为桁架式、梁架式和混合式三种形式，如图 3-25 所示。

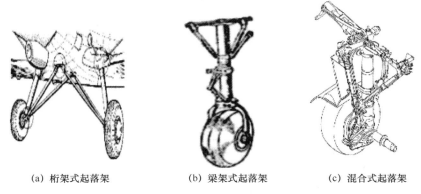

(a) 桁架式起落架　　　　(b) 梁架式起落架　　　　(c) 混合式起落架

图 3-25　常见的起落架结构形式

五、动力装置

动力装置是指为飞机提供动力的整个系统，包括发动机、辅助动力装置及其他附件。动力装置是飞机的核心部分，尤其是航空发动机是飞机的心脏，为飞机提供动力的动源，而辅助动力装置则一般是飞机在地面工作时用于启动主发动机及飞机空调用气，以使飞机减少对地面设备的依赖。

航空发动机种类很多，归纳起来如图 3-26 所示。

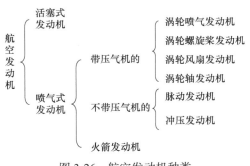

图 3-26　航空发动机种类

总体来看，航空发动机可以分为活塞式和喷气式两大类。在民用航空领域，不同性能的飞机选择的发动机不同。

活塞式发动机最早应用于飞机动力，适合低速飞机；喷气式发动机适合高速飞机。大型客机、支线客机、小型客机及运输机一般使用涡扇、涡桨发动机；轻型飞机和直升机一般使用活塞、涡桨发动机。在第二次世界大战结束时，活塞式发动机是飞机或直升机最早采用的动力形式，但是活塞式发动机的飞机在速度上不能满足人们对飞机性能不断提高的要求，于是喷气式发动机产生了，目前主流的发动机是燃气涡轮发动机，如空客系列、波音系列，乃至于我国正在试航的 C919 干线民用飞机均采用燃气涡轮发动机。

（一）活塞式动力装置

活塞式动力装置由活塞式航空发动机和螺旋桨组成。

1．活塞式航空发动机

活塞式航空发动机是一种往复式内燃机，是一种利用一个或者多个活塞将压力转换成旋转动能的发动机。活塞式航空发动机是热机的一种，靠汽油、柴油等燃料提供动力。它主要由气缸、活塞、连杆、曲轴、气门机构等组成，如图 3-27 所示。

活塞式航空发动机采用四个冲程工作模式，即进气冲程、压缩冲程、做功（膨胀）冲程、排气冲程。在进气冲程，活塞从上死点运动到下死点，进气活门开放而排气活门关闭，雾化了的汽油和空气的混合气体被下行的活塞吸入气缸内。气缸中的混合气体膨胀做功推动活塞运动，通过连杆与曲轴相连，将活塞的直线运动转化为曲轴的转动，将热能转化为机械能，如图 3-28所示。同时，为满足功率要求，活塞式航空发动机一般都是由多气缸组合构成，多个缸体同时工作带动曲轴和螺旋桨转动以产生足够的动力。

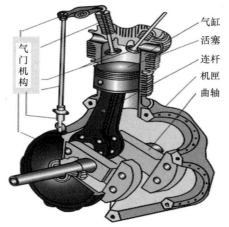

图 3-27　活塞式航空发动机结构

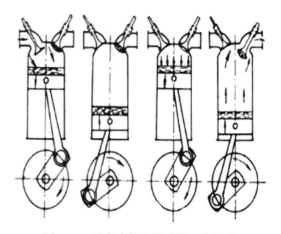

图 3-28　活塞式航空发动机工作原理

在低速飞行时，活塞式航空发动机的经济性能很好。随着飞行高度提高，大气稀薄，活塞式航空发动机的功率减小，但其具备耗油低、经济性好、结构简单、维护简单、可靠性好等优点，更适合用于轻型飞机和直升机上。

2．螺旋桨

活塞式航空发动机不能单独驱动飞机，它必须驱动螺旋桨使其相对空气运动产生拉力从而使飞机运动。它必须驱动螺旋桨才能使飞机运动，因而活塞式航空发动机和螺旋桨在一起才构成了飞机的推进系统。图 3-29 所示为活塞式飞机的输出与推进原理。

（二）喷气式航空发动机

喷气式航空发动机属于热机，其工作原理是根据牛顿第三定律——作用力等于反作用力，作用在飞机上的推力等于气体排出时所产生的力。其工作循环包括进气、压缩、燃烧和排气四个过程，即要在发动机内使空气加速以增加动能，方法是先增加压力能，再增加热能，最后以喷气流的形式转变成动能，它由进气道、压气机、燃烧室、涡轮和尾喷管组成。

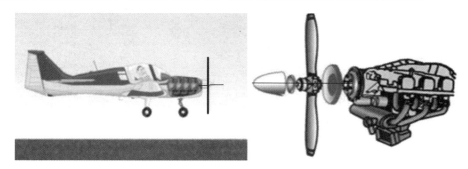

图 3-29　活塞式飞机的输出与推进原理

20 世纪 30 年代后期到 20 世纪 40 年代初，喷气式发动机在英国和德国的诞生，开创了喷气推进新时代和航空事业的新纪元。喷气式发动机应用最广。民航领域中飞机应用较多的包括涡轮喷气式发动机、涡轮风扇发动机、涡轮螺旋桨发动机和涡轮轴发动机等不同种类，其中涡轮风扇发动机主要用于速度更快的大型民航运输飞机。

涡轮风扇发动机又称涡扇发动机，是飞机发动机的一种，由涡轮喷气式发动机发展而成。涡扇发动机最适合飞行时速在 400～1000km 的飞机使用，因此现在多数的飞机引擎都采用涡扇发动机作为动力来源。涡扇发动机具有推力大、推进效率高、噪声低、燃油消耗率低、飞机航程远的优点，但由于其风扇直径大，迎风面积大，因而阻力大，发动机结构复杂，设计难度大，其工作原理及推进原理如图 3-30 和图 3-31 所示。

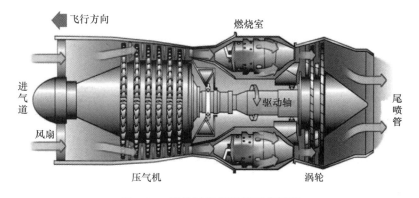

图 3-30　涡轮风扇发动机工作原理

（三）辅助动力装置

从本质上讲，辅助动力装置（APU）是一个小型的燃气涡轮发动机，它为飞机提供电力和引气（高温高压空气），用于飞机在地面启动主发动机，在地面或者飞行中为飞机的空调系统及用电设备提供引气和电力供应，如图 3-32 所示。由于 APU 不产生飞机推力，故而和主发动机相比它的燃料消耗大大减少。一般而言，APU 主要在地面使用，在飞机起飞以后即停止工作。但当飞机在飞行过程中遇到发动机故障时，APU 可以紧急启动，为飞机提供诸如飞机机翼防冰、液压、电源、座舱环控等辅助能源，并可以辅助发动机快速在空中重新启动，提高飞机的安全性及飞行能力。

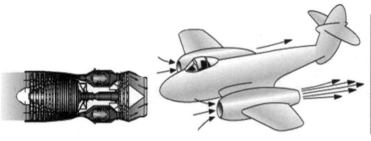

图 3-31　涡轮风扇发动机推进原理　　　　　　图 3-32　辅助动力装置

第三节　飞机主要系统介绍

　　一架适航的型号飞机，需要满足飞行安全、飞行性能、易于驾驶及乘坐舒适等要求。因此，现代民航飞机除具备上述的五个主要部件外，还需多个系统的支持，主要包括两大类：一类是用于描述飞机飞行状态的参数（如飞行状态参数、航向参数、大气数据参数、自动飞行系统的状态参数，用于测量这些参数的仪表称为飞行仪表或航行仪表）；另一类是用于描述飞机上各机载系统工作运转情况的参数［包括发动机状态参数、电源、氧气、增压等其他系统的监测参数及警告参数等，对应的仪表归类为发动机系统参数和警告仪表及其他机载设备（装置）仪表］，如图 3-33 所示。下面仅就第一类系统进行介绍。

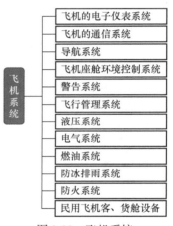

飞机系统
- 飞机的电子仪表系统
- 飞机的通信系统
- 导航系统
- 飞机座舱环境控制系统
- 警告系统
- 飞行管理系统
- 液压系统
- 电气系统
- 燃油系统
- 防冰排雨系统
- 防火系统
- 民用飞机客、货舱设备

图 3-33　飞机系统

一、飞机的电子仪表系统

　　仪表是感受被测物理量并给出示数的装置，从而通过收集的参数来实现各种控制。飞行仪表是飞机性能参数和导航参数显示的窗口，可为飞行员提供驾驶飞机所需的飞行参数、导航数据及飞机系统状态等信息，通过飞行控制仪，测量飞机飞行状态参数来保持飞机姿态和航向、控制空速及飞行轨迹、自动导航和自动着陆等。随着航空电子综合化的发展，现代民用飞机的座舱仪表系统已经逐渐向电子飞行仪表系统（Electronic Flight Instrument System，EFIS）过渡，由计算机统一管理，以先进的智能液晶显示器取代原有的分离机电式仪表，提供给飞行员全新的人机界面，对飞行员操作程序（Pilot Operational Procedures，POP）的评估也成为民用飞机顶层设计的重要环节，帮助飞行员驾驶飞机完成飞行，大大方便了驾驶员的工作，以达到最佳的人机功效。

（一）飞行控制仪表系统（EFIS）

　　飞机的飞行过程需要以各种飞行参数为基础来完成，如图 3-34 所示。飞行控制仪表系统通过测量并显示出飞机的各种运动参数，帮助飞行员驾驶飞机完成飞行。它一般由传感器、计算机、伺服作动器、控制显示装置、检测装置及能源部分组成，可以分为大气数据仪表、陀螺仪表、无线电仪表（大气数据仪表、惯性基准系统——主要包括陀螺仪表、飞行姿态指引仪表）。

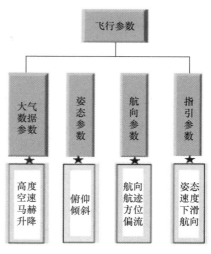

图 3-34 飞行参数

1. 大气数据仪表

大气数据仪表是用于收集气流的全压和静压，并把它们输送到需要全压、静压的仪表和有关设备，并通过大气数据计算机，将测量的全压、静压、总温等数据经过计算输出大量的大气数据信息。主要的大气数据仪表如图 3-35 所示。

（1）飞行高度表：根据标准大气压中气压（静压）与高度对应关系，测量气压的大小，就可以表示出高度的高低。

（2）飞行速度表：包括空速表和马赫数表，其原理是根据空速与动压的关系，利用开口膜盒测量动压，来测量飞行速度。

（3）升降速度表：飞机高度发生变化，气压也随之变化；气压变化快慢，可以表示飞机高度变化的快慢，即升降速度的大小。因此，测量出气压变化的快慢，就能表示出飞机的升降速度。

（4）大气温度表：由装载在机身侧方的温度探头和温度表组成，以测量飞机所处高度上的大气温度。

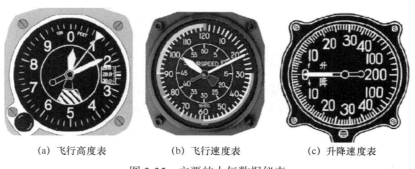

(a) 飞行高度表　　　　(b) 飞行速度表　　　　(c) 升降速度表

图 3-35　主要的大气数据仪表

2. 陀螺仪表

陀螺仪表是用于高速回转体的动量矩敏感壳体相对惯性空间绕正交于自转轴的一个或两个轴的角运动的检测装置。

飞机上的陀螺仪表包括三大类：第一类地平仪（姿态指示器），如图 3-36 所示；第二类转弯协调仪（两自由度陀螺仪），如图 3-37 所示；第三类航向指示器（航向陀螺仪），如图 3-38 所示。

3. 无线电仪表

无线电仪表作为一种机载无线电设备，经过地面反射协调波向地面发射，接收天线将从发射机耦合来的发射波进行混拼，用频率计算机得出差额之后，通过相关换算得到飞机与地面的高度以及飞机运行状况等参数。用于飞行控制的无线电仪表如图 3-39 所示。

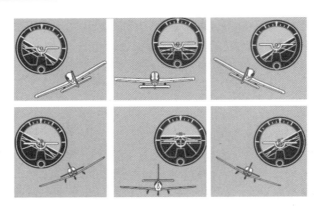

图 3-36　地平仪（姿态指示器）

侧滑转弯　　　外侧滑转弯

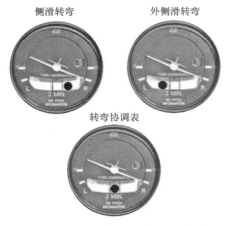

转弯协调表

图 3-37　转弯协调仪（两自由度陀螺仪）　　　图 3-38　航向指示器（航向陀螺仪）

（a）无线电高度表

（b）自动定向机

（c）无线电磁指示器

（d）姿态指引仪

（e）水平状态指示器

图 3-39　用于飞行控制的无线电仪表

（1）无线电高度表（RA）。

无线电高度表是测量飞机到地面垂直距离用的机载无线电设备。飞机向地面发射无线电波，经地面反射后被飞机接收机接收。无线电高度表一般只用于测量低高度，测高范围在 0～2500 英尺（1 英尺=0.3048m），在起飞和接近着陆期间使用。

（2）自动定向机（ADF）。

自动定向机与地面 NDB（Non-Directional Beacon，无方向信标）配合进行无线电导航。自动定向机可用来测量飞机飞行过程中与地面 NDB 台之间的相对方位角。

（3）无线电磁指示器（RMI）。

无线电磁指示器接收从甚高频全向信标台（VOR）和自动定向机（ADF）接收机送来的数字式方位数据，使用方位数据去置定方位指针的位置，指示出地面 VOR 和 NDB 台的方位角度，而且也指示出飞机磁航向。

（4）姿态指引仪（ADI）。

姿态指引仪由地平仪和转弯侧滑仪综合而成，同时增加了指引信号，该信号在仪表中由一个活动的指引杆表示，驾驶员操纵飞机使仪表中的飞机标志和指引杆重合，就表示飞机进入了正确的航道。

（5）水平状态指示器（HSI）。

水平状态指示器显示的是有关导航设备、机场及计划的飞机航路的示意图，还可以在这些地面特征上显示气象雷达的图像。水平状态指示器将 0°～360° 的磁航向标在表盘上，并且以一个"十"字代表飞机，飞机机头所指即为飞机当前磁航向。

（二）电子综合仪表系统

电子综合仪表系统主要由电子飞行仪表系统和电子中央飞行监控系统（包括主飞行显示、导航显示）或发动机指示机组警告系统组成（包括发动机警告显示和系统显示），通过飞机驾驶室的驾驶舱仪表板，来显示飞行的各种参数，如图 3-40 所示。

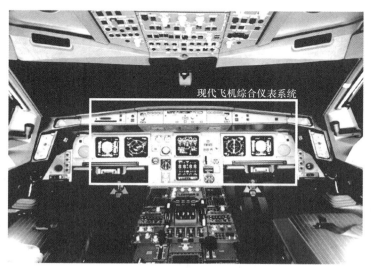

图 3-40　电子综合仪表系统

电子飞行仪表系统是电子综合仪表系统的子系统，它是一种综合的彩色电子显示系统，可完全取代独立式的机电式地平仪、航道罗盘、电动高度表、马赫空速表和其他机电式仪表等，提供最重要的飞行信息。驾驶员通过电子飞行仪表系统显示的信息，能实时地对相应飞机系统的工作状态进行全过程监控。机务人员利用电子飞行仪表系统，可进行故障分析和隔离。

二、导航系统

导航是引导航行体到达预定目的地的过程，导航系统测量飞机的位置、速度、航迹、风向/风速、姿态等导航参数，驾驶人员或自动飞行控制系统能靠它引导航行体按预定航线航行。导航系统包括所有为飞机确定位置、方向并引导飞机按预定航线飞行的设备，它是一个飞机和地面的互动系统。

（一）仪表导航系统

根据空速表、航向仪表和其他仪表测得的飞机空速、航向、姿态、攻角、偏流角、风速和风向等数据，进行航程推算，从而确定出飞机的位置。飞机自动领航仪就是使这种计算过程能连续进行的自动化导航仪器。仪表导航系统有一定的自主性，工作可靠，能够连续工作，体积和重量也较小，但它的导航定位精度比较低。

（二）无线电导航系统

无线电导航是根据无线电波的传播规律测出飞机相对地面导航台的距离或方位，而地面导航台在地球上的位置是已知的，故经过计算后，便可确定出飞机的位置。实现这一过程，需要利用地面无线电导航台和飞机上的无线电导航设备。

无线电导航系统按所测定的导航参数可分为 5 类。

（1）测角系统，如无线电罗盘和伏尔导航系统。

（2）测距系统，如无线电高度表和测距器（DME）。

（3）测距差系统，如罗兰 C 导航系统和欧米伽（OMEGA）导航系统。

（4）测角测距系统，如塔康导航系统和伏尔–DME 导航系统。

（5）测速系统，如多普勒导航系统。

作用距离在 400 千米以内的为近程无线电导航系统，达到数千千米的为远程无线电导航系统，一万千米以上的为超远程无线电导航系统和全球定位导航系统，全球定位导航系统须借助导航卫星。此外，利用定向和下滑无线电信标可组成仪表着陆系统。

无线电导航又有陆基导航和星基导航两种。陆基导航依靠的是台站与台站之间的相对位置，由一个台站到另一个台站。例如，由 NDB 到 NDB、由 VOR 到 VOR 或 NDB 与 VOR 之间。星基导航依赖的是一系列航路点的精确位置，它的主要特征是任一点的坐标化，它所使用的导航设施有 DME–DME、VOR–DME、GPS、GLONASS 等。

全球卫星导航系统（GNSS）是星基导航系统的核心。它主要包括由美国国防部掌握的 GPS 和由俄罗斯空间局管理的 GLONASS，以及由欧洲空间局正在建设的 NAVSAT 系统。GPS 是目前应用最广泛的卫星导航系统，但在航空应用方面却受到了技术和政策的干扰，在纯民用的 NAVSAT 系统投入使用前，用户还没有自主选择的空间，所以使用的还是 INS/GPS 这种组合，这也是现在最主要和最常用的导航方式。所以平常所说的 GPS 位置，对飞机而言，其实就是

GPIRS 位置，即 INS/GPS 的混合位置。

（三）惯性导航系统

利用安装在惯性平台上的三个加速度计测出飞机沿互相垂直的三个方向上的加速度，由计算机利用加速度信号对时间进行一次和二次积分，得出飞机沿三个方向的速度和位移，从而能连续地给出飞机的空间位置。测量加速度也可不采用惯性平台，而把加速度计直接装在机体上，再把航向系统和姿态系统提供的信号一并输入计算机，计算出飞机的速度和位移，这就是捷联式惯性导航系统。

组成惯性导航系统的设备都安装在航行体内，工作时不依赖外界信息，也不向外界辐射能量，不易受到干扰，是一种自主式导航系统。

（四）天文导航系统

通过观测天空星体来确定飞机相对星体的位置，由于在一定时刻星体相对地球的位置是一定的，故经计算之后，便可确定出飞机的位置。天文导航系统主要由星体跟踪器、陀螺稳定平台和计算机组成。

天文导航系统不依赖地理条件，具有全球导航能力，没有积累的导航定位误差。它不向外发射电波，隐蔽性好，也不受无线电干扰，可靠性好。但它的结构复杂，体积和重量较大，短期工作精度不高。特别是它受气象条件限制，在云雾中飞行时便无法使用，故有时工作是不连续的。

（五）组合导航系统

组合导航系统是由以上几种导航系统组合起来所构成的性能更为完善的导航系统，由于惯性导航系统的自主性，目前多以惯性导航系统为主导航系统构成组合导航系统。组合导航设备包括机场终端区域导航设备和航路导航设备。机场终端区域导航设备包括航台着陆引导设施、全向信标、测距台、仪表着陆系统等；航路导航设备包括中长波导航台（NDB）、罗兰系统（LORAN）远距导航系统、伏尔塔康导航系统、欧米伽导航系统等。

民航无线电导航系统的发展应是在现有的导航设施和技术的基础上，将其与卫星导航，即GPS 技术进行全方位结合，实现导航技术的顺利过渡，实现地面增强卫星导航和人造卫星导航相结合的导航方式，优化无线电导航系统，为民航飞机的便捷性和安全性提供可靠保障。

三、飞机的通信系统

飞机的通信系统是飞机电子系统的一个组成部分，它主要用于在飞行各阶段中飞行员和地面的航行管制人员、签派以及地面其他相关人员的语音联系，同时也提供了飞行员之间和乘务员之间的联络服务。飞机通信系统的组成如图 3-41 所示。

（一）高频通信系统

高频通信系统（HF）使用了和短波广播的频率范围相同的电磁波，它利用电离层的反射，因而通信距离可达数千千米。它是一种传统的机载远程通信设备，主要用于远距离空地对话，它利用电离层的反射现象来实现电波的远距离传输。HF 通信质量不高，一般作为备份系统使用，是供飞机与地面或飞机与其他飞机之间远距离报话通信之用。HF 工作于短波波段，工作频率为3～30MHz。由于短波信号的不稳定、电台数量众多及电台之间的相互干扰，这严重影响了 HF

的通信质量。为了提高信噪比，节约频谱，HF 普遍采用了单边带（SSB）与普通调幅兼容的通信方式。在卫星通信还没有完全普及的情况下，HF 仍然是远距通信的主要手段，即便采用卫星通信，HF 仍然是高纬度地区的主要通信手段。大型飞机一般装有两套高频通信系统，使用单边带通信，这样可以大大压缩所占用的频带，节省发射功率。

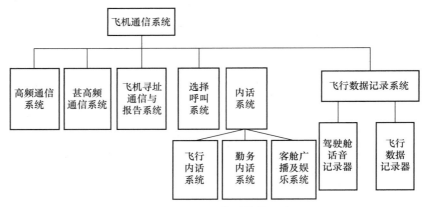

图 3-41　飞机通信系统的组成

（二）甚高频通信系统

甚高频通信系统（VHF）是移动无线电通信中的一个重要系统，用于民用航空及海事近距离通信。其通信方式以话音、图像、数据的形式，通过光或电信号将信息传输到另一方，是供飞机与地面台站、飞机与飞机之间进行双向话音和数据通信联络的装置。驾驶员通过其中任一系统选择一个工作频率后，即可进行发射和接收。甚高频通信系统采用调幅工作方式，其工作的频率范围为 118.000～151.975MHz，频道间隔为 25KHz。由于 VHF 使用甚高频无线电波，所以它的有效作用范围较短，只在目视范围之内，作用距离随高度变化，在高度为 300m 时作用距离为 74km，是目前民航飞机主要的通信手段，用于飞机在起飞、降落时或通过控制空域时机组人员和地面管制人员的双向语音通信。

（三）飞机寻址通信与报告系统

飞机寻址通信与报告系统（ACARS）将数据通过空地双向的数据链进行交换，飞机用甚高频通信系统向地面发射数据，地面站把这些数据再发往航空公司、管制塔台等，使飞机与地面各有关部门联系成为一个实时数据处理的整体，使飞行安全性提高，降低了机组人员的工作负荷，减少了地面维修人员的工作量，扩大了服务范围。

（四）选择呼叫系统

地面塔台通过高频或甚高频通信系统与指定飞机或一组飞机联系接收来自飞机通信接收机的选择呼叫编码，在收到本飞机的编码时，SELCAL 指示灯亮、铃响，告诉飞行员地面在呼叫，本飞机飞行员平时可不用总戴耳机准备听话，有了提醒后再按照所指示的通信系统联络通话。

选择呼叫系统（SELCAL）的工作原理就在于为网络中的每一架飞机设定一个独立的四字母的编码，每一个字母用不同的音频表示。当地面站需要呼叫飞机时，只需呼叫飞机相应的编码即可。

（五）内话系统

内话系统（AIS）包括飞机内部的通话系统，如机组人员之间的通话系统、对旅客的广播和电视等娱乐设备以及飞机在地面时机组和地面维护人员之间的通话系统。它分为飞行内话系统、勤务内话系统、客舱广播及娱乐系统。

1．飞行内话系统（FLT INT）

驾驶员使用音频选择器，把话筒连接到所选择的通信系统，向外发射信号同时使这个系统的音频信号输入驾驶员的耳机或扬声器中，也可以用这个系统选择收听从各种导航设备来的音频信号或利用相连的线路进行机组成员之间的通话。

2．勤务内话系统（SERV INT）

勤务内话系统是飞机上各个服务站位，包括驾驶舱、客舱或货舱乘务员站位，地面服务维修人员站位上安装的话筒或插孔组成的电话系统，机组人员之间和机组与地面服务人员之间利用它进行电话联络。

3．客舱广播及娱乐系统（PA）

PA 是机内向旅客广播通知和放送音乐的系统。各种客机的旅客娱乐系统区别较大，最通用的是旅客用的放送多通道的音乐广播设备和录像播放设备。PA 使用具有不同的优先等级。

（六）飞行数据记录系统

飞行数据记录系统俗称"黑匣子"，它是判断飞行事故原因最重要及最直接的证据。虽然叫"黑匣子"，其实它的颜色却不是黑的，而是便于识别的橙色。飞行数据记录系统包括两套仪器。一是驾驶舱话音记录器，实际上就是一个磁带录音机。从飞行开始后，它就不停地把驾驶舱内的各种声音，如谈话、发报及其他各种声音响动全部录下来。但它只能保留停止录音前 30 分钟内的声音。二是飞行数据记录器，它把飞机上的各种数据即时记录在磁带上。早期的飞行数据记录器只能记录 20 多种数据，现在记录的数据已可达到 60 种以上，其中有 16 种是重要的必录数据，如飞机的加速度、姿态、推力、油量、操纵面的位置等。飞行数据记录系统如图 3-42 所示。

图 3-42　飞行数据记录系统

根据统计资料知道飞机尾翼下方的机尾是飞机上最安全的地方，于是就把黑匣子安装在此处。黑匣子被放进一个（或两个）特殊钢材制造的耐热抗震的容器中，此容器为球形或长方形，它能承受自身重力 1000 倍的冲击、经受 11000℃的高温 30 分钟而不被破坏，在海水中浸泡 30 天而不进水。为了便于寻找它的踪影，国际民航组织规定此容器要漆成醒目的橘色而不是黑色或其他颜色。在它的内部装有自动信号发生器能发射无线电信号，以便于空中搜索；还装有超声波水下定位信标，当黑匣子落入水中后可以自动连续 30 天发出超声波信号。有了以上这些技术措施的保障，不管是经过猛烈撞击的、烈火焚烧过的、掉入深海中的黑匣子，在飞机失事之后，绝大多数都能寻找到。

四、飞机座舱环境控制系统

（一）座舱环境控制

随着飞行高度的增加，大气压力下降，大气中的含氧量也急剧下降，同时大气中的温度也下降，如在 10000m 高空气温会降到−50℃。在缺氧、低压、低温等不利情况下，对人的身体甚至生命有着巨大的威胁，如在海拔 3000～4000m 长时间飞行时，缺氧症常表现为头痛、疲倦等轻度症状，在 4500m 高空飞行时缺氧症表现为嗜睡、嘴唇指甲发紫、视力和判断力下降等中度症状，在 6500m 以上高空飞行时缺氧症表现为惊厥、丧失意识甚至死亡等严重症状。

民用运输机大多采用通风式气密座舱，利用外界大气，经发动机压气机增压，并进行温度和压力调节后，供往座舱；座舱内的空气又可经排气活门排出机外，通过控制排气活门的开度，可调节排气量以实现座舱压力调节和保证座舱内的空气新鲜，使飞机的驾驶舱、旅客舱、设备舱及货舱具有良好的环境参数，包括座舱空气的温度和压力以及它们的变化速率，以及空气的流量、流速、湿度、清洁度和噪声等，以保证驾驶员和乘客的正常工作条件与生活环境，确保设备的正常工作及货物的安全。

（二）飞机座舱环境控制系统的组成

在一定的飞行高度为保障飞行人员和乘客的安全与舒适，需要采取环境保护措施，即座舱环境控制系统，它的主要设备包括氧气系统、增压系统和空调系统等。

1. 氧气系统

飞机氧气系统是指保证飞机乘员能吸入足够氧气，以防止在高空飞行或应急状况下缺氧的个体防护装备。随乘员的人数、航程、升限（巡航高度）和任务性质的不同而有多种形式，但基本上都由氧源、控制阀、调节器、指示仪表、供氧器、断接器和氧气面罩等组成。氧源主要是气态氧，其次是液态氧，某些大型客机也使用固态氧源。氧气调节器随飞行高度的变化按一定规律自行调节供氧压力、流量和含氧百分比，满足人体呼吸和体表加压的生理需求。

在民航飞机上常备有应急供氧系统。正常飞行时靠机舱增压防止旅客缺氧，一旦机舱增压系统失效，则在飞机下降高度的同时由应急供氧系统在短时间内保证全体乘员和旅客用氧，保证飞机乘员吸入足够的氧气以及防止在高空飞行或应急离机过程中缺氧。

（1）机组氧气系统。

机组氧气系统为间断供氧系统，由机组高压氧气瓶和机组氧气面罩组成，氧气来自气态氧，气态氧通常为高压氧气瓶，99.5%的纯氧，每公升含水量不超过 0.005mg，压力为 1800～1850psi，供氧持续时间长，并可根据需要接通或关断。

机组氧气面罩为快戴式氧气面罩，保证机组人员在紧急情况下用一只手就能在短时间内戴好。面罩的紧急释压选择器（见图 3-43）可以根据释压情况进行选择：①选择正常位时，使用者可在一定客舱高度以下呼吸客舱空气与氧气的混合气体，超过了这一客舱高度，调节器就提

供 100%纯氧。②选择 100%位时，使用者可在所有的客
舱高度范围内呼吸到纯氧。③紧急情况时，选择应急超
压供氧按钮，这种情况下可以正压力提供纯氧。

（2）乘客氧气系统。

乘客用氧的氧气由安装在特定容器内的一个专用
化学发生器供给，该发生器可供氧给 2 个、3 个或 4 个
面罩。该发生器位于乘客座椅上方、卫生间内、各个厨
房（选装）及每个客舱乘务员工作处。座舱压力高度在
13500～14000 英尺时，乘客用氧气面罩会自动脱落，机
组也可以操控此自动控制。旅客座椅上方、乘务员座椅
上方和洗手间马桶上方均安装有氧气面罩组件，每个服
务组件至少多出一个备份的氧气面罩，面罩在正压下接
收纯氧，直到氧气发生器内氧气用完为止，一般供氧时

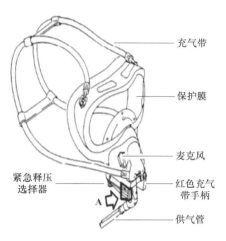

图 3-43 机组快戴式氧气面罩

间可持续 12～15 分钟。当氧气面罩脱落后，旅客应用力拉下面罩并将其罩在口鼻处进行正常呼
吸。乘客氧气系统如图 3-44 所示。

图 3-44 乘客氧气系统

（3）其他供氧设备。

其他供氧设备包括手提式氧气瓶、防烟面罩和防护性呼吸设备，如图 3-45 所示。

手提式氧气瓶主要用于飞行中一般性的治疗和乘务员应急情况下的使用。在座舱失火和有
浓烟时，为保护眼睛及防止吸入有毒气体，应使用防烟面罩并进行 100%纯氧供应。

在客舱密封区域失火和有浓烟时，乘客和机组人员可使用防护性呼吸设备，它可保护灭火
者的眼睛和呼吸道不受火与烟的侵害。

2．增压系统

随着飞行高度增加，大气压也会发生变化，离地面越高，气压越低，在低气压环境中，储
存在胃肠道内的气体会膨胀起来，引起胃肠胀气。轻者可引起腹胀和不适感；重者会出现腹痛、
呼吸困难、面色苍白和出冷汗等症状，还可能引起航空性鼻窦炎或航空性牙痛。若高度继续升
高，机体组织内的气体释放出来，还会堵塞血管或压迫神经，形成高空气体栓塞症，对人体影
响较大。当飞机飞到 7000m 的高度时，人体会感到明显的不适。故此为了保证乘客的安全和乘

坐时的舒适度，飞机必须进行客舱增压。一般在飞机的最大飞行高度下，客舱内的压力水平必须保持同 2400m 高度时的大气压力相同。为了保证在空中飞行时乘员、货物的安全，增压舱应运而生，增压舱是指通过密封与增压系统使舱内空气压力高于环境气压的座舱。增压舱内的大气压力由飞机环境控制系统控制，使之高于环境气压并根据飞行高度自动调节，以保证乘员在高空飞行时具有舒适的环境和工作条件。增压舱包括驾驶舱、客舱、电子设备舱和货舱等部分。

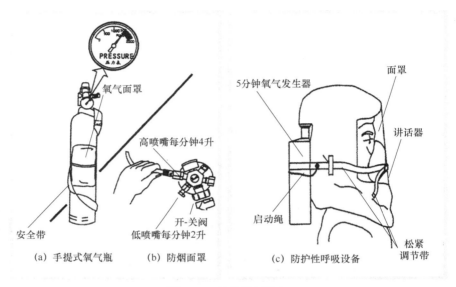

图 3-45　其他供氧设备

增压座舱有两种：第一种是大气通风式增压座舱。原理是将环境大气经压缩提高压力后，由飞机环境控制系统对座舱增压和通风，然后经座舱压力调节器排回到大气中去。大气通风式增压座舱一般限于 24km 以下高度使用，在更高的高度上由于空气稀薄，需要使用再生式增压座舱。第二种是再生式增压座舱。原理是空气与大气隔绝，用机载压缩气源对座舱增压并补偿少量的座舱漏气，用过的空气经再生后在舱内循环使用。再生式增压座舱主要用于飞行高度大于 24km 的飞机和载人航天器。现代飞机广泛使用大气通风式增压座舱，是通过控制从机身排出的空气流动而达到控制空气压力的目的，它的主要控制和指挥部件是压力控制器，执行部件是排气活门。飞机增压系统的基本组成如图 3-46 所示。

3．空调系统

空调系统是为保证舱内的温度、压力、湿度和二氧化碳的浓度，保障舒适安全的飞行环境的系统。

空调系统是由加热、通风、去湿等部分组成的循环系统。在小型飞机上加热由电加热器或烧油的加热器完成，通风和去湿则由飞机前部向外界开孔把外界的冲压空气引入而完成。现代化的大型飞机上将控制飞机座舱内部的压力、温度、通风的机械组成一个完整的系统，它由空调组件、分配管路和控制系统组成。普遍做法都是从发动机压气机引来部分经过加温、加压的高温气体，通过一定的管路输送到飞机空调系统，这部分气体再分成两路，简单地说，就是一个热通道，一个冷通道。热通道的热空气和冷通道的冷空气按一定的比例在混合室充分混合，将满足人体舒适度要求的空气提供到座舱。

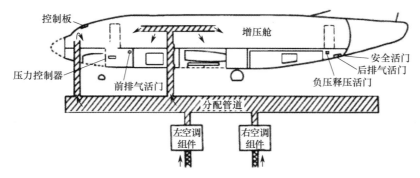

图 3-46　飞机增压系统的基本组成

另外，还有广泛使用的飞机空调，即飞机地面空调机组。飞机停靠登机廊桥到飞机离开廊桥这段时间，飞机空调向停靠在地面的飞机机舱提供经过过滤、加压、除湿及降温（或加热）的新鲜空气，为乘客和机组人员提供舒适的机舱环境。欧美等发达国家的民用航空管理部门出于节省能源、保护本国环境和地面人员健康等考虑，制定法规要求停靠本国机场的飞机执行"飞机一落地，必须关掉污染严重的 APU，使用环保型的机场地面保障设备"的政策。

五、警告系统

（一）交通警告避撞系统（TCAS）

随着空中交通的迅速发展，一些中心机场终端区和其他繁忙空域中的飞机密度不断增大，飞机之间的水平间隔和垂直间隔也随之减小，飞机之间出现危险接近的情况时有发生。机载防撞系统的基本设想是研制一种装备在飞机上的电子系统，设法监视本架飞机周围空域中其他飞机的存在、位置以及运动状况，以使飞行员在明了本机邻近空域交通状况的情况下，主动地采取回避措施，防止与其他飞机危险接近。

其基本原理是在二次雷达用应答机确定飞机的编号、航向和高度的原理上，把询问装置装在飞机上，使飞机之间可以显示相互的距离间隔，从而使驾驶员知道在一定范围内飞行的航空器之间的相互间隔以便在需要时及时采取措施避免碰撞。交通警告避撞系统可以提供语言建议警告，计算机可以计算出监视区内 30 架以内飞机的动向和可能的危险接近，显示潜在的或预计的相撞目标，以及发出垂直避让指令，使驾驶员有 25～40 秒的时间采取措施。

（二）近地警告系统（GPWS）

近地警告系统向驾驶员提供飞机以不安全的方式或速度靠近地面的警告，防止发生因疏忽或计算不周而发生的触地事故。

该系统的核心是近地警告计算机，计算机由仪表着陆系统、无线电高度表、大气数据系统、惯性基准系统、襟翼收放及起落架收放位置传感器接收信息。在对信息进行处理后，一旦发现不安全状态就通过灯光和声音通知驾驶员，直到驾驶员采取措施脱离不安全状态时信号终止。

当飞机高度低于 2450 英尺时，若飞机相对地面出现不安全情况，GPWS 将以目视和音响形式向机组报警。不安全情况包括以下方面。

（1）过大下降率警告。

（2）过大接近率警告。

（3）起飞或复飞掉高度过大警告。

（4）不安全离地高度警告。

（5）低于下滑道过大警告。

（6）低于决断高度警告。

（7）风切变警告。

图 3-47 所示为典型的不安全情况及语音警报。

    （a）下降率过大   （b）地形接近率过大   （c）起飞或复飞后高度   （d）襟翼不在着陆位置的
                                          损失过大   不安全地形间隔

图 3-47　典型的不安全情况及语音警报

 知识拓展卡 3

自由飞翔——自动驾驶系统

自动驾驶系统是一种通过飞行员操作设定，或者由导航设备接收地面导航信号，来自动控制飞行器完成三轴动作的装置。不同型号的飞机所装备的自动驾驶仪可能会有一些小的差别，但是大体相似。波音 737 系列飞机装有先进的数字飞行控制系统，从起飞后达到 400 英尺高度到着陆，整个飞行过程都可以自动驾驶，而且飞机会自动优选最佳的飞行航路。这期间，自动驾驶仪由飞行管理计算机系统来控制。

在飞机上使用自动驾驶仪是为了减轻飞行员的负担，使飞机自动按设定的姿态、航向、高度和马赫数飞行。自动驾驶仪可以帮助飞行员完成一些辅助工作，让飞行员集中精力去完成其他一些与飞行安全相关的工作，如导航、观察交通、通话等工作。使用自动驾驶仪，可以缓解飞行员在完成一次长距离飞行后的疲劳。

但这并不代表飞行员可以高枕无忧，自动驾驶仪远非万能的，因为飞机自动化程度过高势必使人们面临另一种危险：一旦自动驾驶系统瘫痪，本来很简单的驾驶工作就会变成一个过于复杂而无法解决的难题，飞机操作容易失控。

在整个飞行过程中，飞行员还需要监控飞机发动机参数和各种仪表，以确保它们工作在正常状态。飞行员一旦发现操作系统异常，便要立即将控制系统转为人工方式，而且，在飞机落地后还需要脱开自动驾驶方式转为人工控制。当然，人工控制的作用不仅仅体现在着陆时，自动驾驶仪上的垂直导航、高度层改变、高度保持、水平导航等工作，都需要飞行员进行设置。飞行中如果遇到积雨云，气象雷达显示红区，飞行员还需要手动操纵飞机绕过积雨云区。此外，飞行员还有一项工作，就是每到一个管制区都要与空管人员联系，并按照管制员的指令进行操作。

复习与思考题

复习题

1. 飞机的概念及分类方式是什么？
2. 飞机的基本组成有哪几个主要部件及其作用是什么？
3. 机翼及机翼上装置的作用是什么？
4. 尾翼的组成及各部分构建有什么功能？
5. 起落架有什么功能？其基本构建包括哪些？
6. 飞机动力装置有哪几种？各有什么特点？
7. 辅助动力装置的功能是什么？
8. 飞机电子仪表系统包括哪些？各有什么作用？
9. 飞机座舱环境控制系统包括哪几个系统？各自的作用是什么？
10. 飞机避险系统的功能是什么？

思考题

1. 如何理解发展国产民航运输机的战略意义？
2. 如何理解飞机座舱环境控制系统与旅客安全的关系？

第四章
飞行原理与飞行控制

本章导读

　　人类经过数百年对飞行的探索，从文艺复兴时期英国的罗吉尔·培根、意大利的达·芬奇，到"空气动力学之父"乔治·凯利的空气动力学，从根本上解决了飞行的理论依据问题，为航空技术的发展奠定了科学基础，才有了真正意义上的飞机。以大气为媒介，飞机在动力装置的拉动下，借助机翼与空气的相对运动产生了升力，使飞机飞向天空，保持持续飞行。同时，飞机借助机翼和尾翼的功能，在操纵系统辅助下，控制飞行姿态和平衡，完成各种飞行动作。而飞机是在大气中飞行的，空气的状态和气象现象的变化，直接关系到在飞机上产生的空气动力的大小以及飞机的飞行品质，也影响着飞机的飞行安全。一架品质优良的飞机，不仅能飞，而且必须具备良好的可靠性，适应不同气象环境。飞行原理与飞行控制介绍，不仅会使我们了解飞机的升力是怎么产生的、飞机是如何克服阻力而持续飞行的，更重要的是要理解飞机是如何在可控制的状态下安全飞行的，这是从飞机诞生到今天的人性化现代民航运输已经解决的问题。

学习要求

1. 了解大气环境的基本特性与民航飞行的大气环境特点；
2. 了解大气的物理参数与飞行的关系；
3. 掌握机翼及飞机升力的产生原理；
4. 熟悉飞机上的各种作用力及其相互关系；
5. 了解飞机的稳定性、平衡与操纵性。

第一节　飞行的大气环境

　　飞机飞行在大气中，飞机的空气动力、发动机工作的好坏都与大气有密切关系，因而，大气的基本构造与物理特性研究，是飞行的基础。

大气飞行环境，主要指飞行器在大气层内飞行时所处的环境条件，也是飞行的无形介质。

大气层（也称大气）即在地球表面的一层空气，并且依附在地球的表面，它和海洋或者陆地同样是地球的一个重要组成部分。它是航空器唯一的飞行活动环境，也是导弹和航天器的重要飞行环境。

一、大气的组成

大气的组成也就是大气的化学成分。大气是多相态的体系，是由干洁空气、水蒸气和尘埃颗粒组成的混合物，但是后两者含量极低且不稳定。它有质量和不确定的形状，可以流动。当受到瞬间的压力时，由于缺少较强的分子凝聚力，它会改变形状。例如，气体可以完全充满它所处的任何容器，通过膨胀或者收缩来改变它的形状为容器的形状。

从组成的成分看，大气由 78% 的氮气、21% 的氧气和 1% 的其他气体如氩气或者氦气组成，如图 4-1 所示。

氧气主要集中在 35000 英尺高度以下。大气总质量的 80% 集中在离地球表面 15km 的高度以内，总质量的 99.9% 在 50km 高度以内。在 2000km 高度以上，大气极其稀薄，逐渐向行星际空间过渡，没有明显的上界。一般可认为大气层的上界为 2000～3000km 高度。

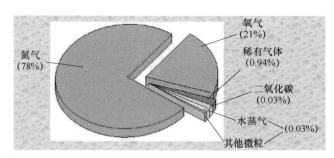

图 4-1　大气的组成成分

由于地球引力的作用，大气中几乎全部气体都集中在距离地面 100km 的高度范围内。随着海拔高度的增加，大气的密度、气压、温度等都会出现相应的变化。民航飞机在大气中飞行，飞行性能会直接受到这些因素变化带来的影响。例如，伴随着机场的高度增加或机场温度的升高，空气密度下降，飞机发动机的功率也会随之降低，飞机起飞滑跑时的加速度减小，起飞滑跑距离增加等。

二、大气层的结构

大气层无明显的上界，它的各种特性在铅垂方向上的差异非常明显，如空气密度随高度增加而很快趋于稀薄。以大气中温度随高度的分布为主要依据，可将大气层划分为对流层、平流层、中间层、热层和散逸层（外大气层）等 5 个层次。大气层结构如图 4-2 所示。

（一）对流层

地球大气中最低的一层。对流层中温度随高度增加而降低，空气的对流运动极为明显，空气温度和湿度的水平分布也很不均匀。对流层的厚度随纬度和季节变化，一般低纬度地区平均为 16～18km；中纬度地区平均为 10～12km；高纬度地区平均为 8～9km。在同一地区，对流层的厚度在夏季大于冬季。

对流层中空气的温度来源是地表反射的太阳辐射，所以随着海拔的升高，对流层空气的温度逐渐降低，空气温度的递减规律为海拔每升高 1km，空气温度降低 6.5℃。基于这样的原因，对流层中低层的空气温度高、密度小，而上层的空气温度低、密度大，这就导致低层空气具备上升的趋势，上层空气有下沉的趋势，形成了空气的上下对流，这也是对流层名称的由来。由于地表地形地貌的不同和太阳对地表照射程度不同，地面各地区空气温度和密度不相同，气压也不相同，即使同一地区，气温、气压也常会发生变化，使大气产生水平方向的对流现象，即形成风，且风向、风速也会经常变化。

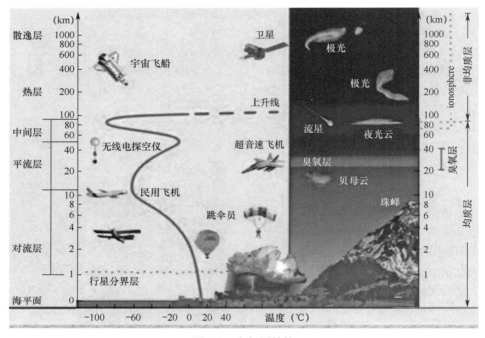

图 4-2　大气层结构

对流层集中了全部大气约 3/4 的质量和几乎全部的水汽，是天气变化最复杂的层次，也是对飞行影响最重要的层次。飞行中所遇到的各种重要天气现象几乎都出现在这一层中，如雷暴、浓雾、低云幕、雨、雪、大气湍流、风切变等。

由于飞机起飞降落必须经由对流层，也是通向平流层的必经途径，因此，在对流层飞行，在大气特性的影响下，飞机性能及驾驶技术都面临很大的考验。

（二）平流层

在对流层顶至 55km 的高度，气流运动相当平缓，而且主要以水平运动为主，故称为平流层，实际上指的是平流层的下部。平流层下部温度随高度变化很小（因此也称为同温层），平流层上部因为存在臭氧层，臭氧吸收太阳紫外辐射使大气温度增加。

在平流层中，空气的垂直运动远比对流层弱，水汽和尘粒含量也较少，因而气流比较平缓，能见度较佳。对于飞行来说，平流层中气流平稳、空气阻力小，没有各种天气现象的产生。同时，平流层中不存在空气的上下对流，只有水平方向的风，所以是非常适合民航运输机飞行的空间。但因空气稀薄，飞行器的稳定性和操纵性会受到一定的影响。

（三）中间层

在 50～85km 高度，是大气中最冷的部分。水蒸气极少，虽然不稳定，但是没有天气现象。

（四）热层（电离层）

在 85～800km 是热层，太阳辐射中的强紫外辐射造成了热层的高温。热层虽然温度是最高的，但是大气极其稀薄。

（五）散逸层

处于热层顶以上的大气统称散逸层，它是大气的最高层，距离地表 800km 以上，厚度可达 2000～3000km。

总之，民航飞机经由地面起飞爬至平流层，因此，民航飞机的飞行大气层影响集中在对流层和平流层，在平流层以上的中间层、热层和散逸层的高度不适于民航运输机的飞行。

三、大气物理参数

在复杂的大气结构中，对飞行影响最大的物理参数包括大气压力、大气温度、大气密度和与航空器直接相关的参数，这些参数随高度、季节的变化而变化，且相互联系，共同影响着飞机的飞行活动。

（一）大气压力

1. 物理意义上的大气压力

大气压力（简称气压）是大气层中的物体受大气层自身重力产生的作用于物体上每单位面积上的力。大气压力是地球引力作用的结果，由于地球引力，大气被"吸"向地球，因而产生了压力，同时气体分子不规则热运动也导致大气压力的产生，靠近地面处大气压力最大。大气压力随着高度的增加而减小，而在同一高度上，由于大气温度不同，大气压力的分布也是不均匀的。

常见的度量大气压力的单位有帕（Pa）、毫米汞柱（mmHg）、磅力每平方英寸（psi）等，其中帕（Pa）为国际计量单位。

2. 国际标准大气

国际标准大气（International Standard Atmosphere，ISA），是人为规定的一个大气状态标准，理论上不变的大气环境，其中包括了大气温度、密度、气压值等参数随着高度而发生变化的关系。国际民航组织制定这样的一个标准，是为了使飞机在不同环境下试验得到的试飞性能数据便于计算、整理和比较。在试飞中，同一架飞机在不同地点试飞，会得到不同的性能数据；同一架飞机在相同地点、相同高度试飞，试飞时间和季节不同也会得到不同的性能数据，国际标准大气的制定，使不同的试验数据在计算时有了统一的基准。

国际民航组织在制定国际标准大气参数时，参考了北半球中纬度地区大气物理性质的平均值，并加以适当的修正，而这一组数值与我国北纬 45°地区的大气非常接近。国际标准大气规定：在海平面处高度为 0m，气温为 15℃或 59°F，海平面处气压为 1013.25hPa（百帕）（等同于 29.92inHg、760mmHg），空气密度为 1.225kg/m^3，声速为 340.29m/s。

大气压力对民航飞机的设计、系统的配置以及机载人员都有很大影响，我们常说的增压座舱、释压都与大气压力特性相关。例如，当飞行高度为 5km 左右时，该高度气压是海平面气压的一半，如果没有使用任何辅助呼吸工具，人的反应将低于正常水平。

在飞行高度接近 10km 处，该高度气压只有 250hPa，因此，在高空飞行时，必须配备氧气设备及增压座舱。

（二）大气温度

大气温度是表示大气冷热程度的量（简称气温），它表示气体分子受热的程度，气温是大气最基本的要素，它的时空分布和变化对于大气的压力、风、湿度以及天气、气候具有重要影响。温度高时，气体分子热运动的动能大，反之亦然。大气温度通常有两种表示方式：第一种为摄氏温标（℃），也可用华氏温标（℉）；第二种为绝对温标（K），常用于热力学理论研究工作中。绝对温度（K）=273.15+摄氏温度（℃）。

太阳辐射能由地面吸收的部分通过辐射、传导和对流传给大气，这是大气中热量的主要来源。而直接的太阳辐射使大气增热的作用极小，几乎可以忽略。

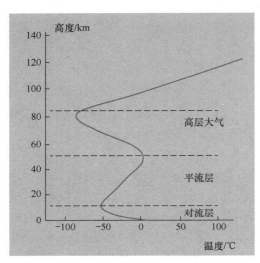

图 4-3 大气温度随高度的变化规律

在对流层，大气温度随高度的增加呈线性下降，大约每升高 1000m 温度下降 6.5℃，而平流层的下部大气温度基本保持不变，约为-56℃。由于受到太阳辐射强度的变化带来的影响，某一地点的大气温度呈现出一定周期性的变化规律，即局地气温呈现年变化和日变化的周期性规律，同时各种大规模冷暖空气运动和阴雨天气带来的影响也会影响大气温度，如图 4-3 所示。

气温对飞机的飞行性能和飞行运行经济性的影响较大。第一，按照气压高度表在同一高度飞行时，大气温度可以使得部分机型（如波音 747 等）的巡航速度变化 40km/h 以上；第二，在飞行环境中大气温度变化较大时，发动机推力也会呈现显著变化的趋势，当飞机短时间进入暖气团或冷气团时，推力可能相应减小或增大 5%～10%；第三，理论计算和实践证明，如果大气温度变化 30℃时，飞机单位时间燃料消耗量变化 5%～6%；第四，若环境温度高于同高度处的标准大气温度，机载气压高度表读数低于实际高度值，若环境温度低于同高度处的标准大气温度，机载气压高度表读数高于实际高度值。

（三）大气密度

大气密度是指单位体积大气中含有的空气质量或分子数目。前者称为质量密度（简称密度），单位为千克/立方米（kg/m³）；后者称为分子的数密度，单位为立方米（m³）。大气质量密度取决于气温、气压和空气湿度，需要根据理想气体状态方程经计算求得。空气的密度大，说明单位体积的空气分子数目多，比较稠密；反之，空气密度小，空气比较稀薄。海平面高度的大气密度标准值为 1.2250kg/m³。

根据大气质量密度与气温、气压和空气湿度之间的关系，高度增加大气密度值下降，同时，压力和温度降低。因此，当大气密度变小时，因为发动机吸入的空气变少而使功率降低；推力因为螺旋桨或燃烧室在稀薄空气中效率更小而减小；升力也因稀薄空气对机翼施加的力更少而减小。

（四）与航空器直接相关的参数

1．黏性

黏性是流体固有的属性。当流体内两个相邻流层的流速不同时，或流体与物体间发生相对运动时，两个流层接触面上便产生相互黏滞和相互牵扯的力，这种特性就是流体的黏性。

气体的黏性比较小，不容易被察觉，但对航空器飞行的影响却不能忽略。大气黏性有以下规律：当大气流过物体时，只有紧贴物体表面的气流层中横向速度梯度较大，黏性力比较大，大气的黏性表现得比较明显；在离开物体表面较远的外部区域，气流层中横向速度梯度很小，黏性力也很小，一般情况下可以忽略大气的黏性作用。

2．可压缩性

大气的可压缩性是指一定量的空气，在压力或温度变化时，其体积和密度发生变化的特性。物质的可压缩性有以下规律：在相同的压力变化量的作用下，密度的变化量越大的物质，可压缩性就越大。液体的密度变化量极小，可以看作是不可压缩的；而大气由于分子之间距离较大、分子之间吸引力较小，它的可压缩性表现得十分明显。

当大气流过飞行器表面时，在一些部位气流速度增加，气流压力会减小，密度也会随之下降；反之相反。这就是大气的压缩性在流动中的表现。在飞机阻力产生原因分析中，大气的可压缩性是重要参数。

3．湿度

大气的湿度是指大气的潮湿程度，通常用相对湿度来表示。相对湿度是指大气中所含水蒸气的量与同温度下大气能含有的水蒸气最大量之比。湿度有以下特性：不同温度下，大气所含有的水蒸气最大量是不同的，温度越高，它能含有的水蒸气最大量越大。因此，随着温度的降低，大气的相对湿度会增加。

露点温度是指大气中所含水蒸气已达到饱和状态并开始凝结，从而形成云、雾、降水等各种天气现象，而这些都会影响飞机的飞行安全，同时，含有水蒸气的空气比干空气密度小、重量轻，这对飞机的起飞性能也有影响。

4．声速

大气声速是指声波在大气中传播的速度，是大气物理量之一。声速大小与传播介质的可压缩性有关，在同一种介质中，声速的大小只随介质的温度而变化。大气声速与气温、风及密度等有关。如在无风、干洁大气中，气温为15℃时，声速为340m/s；温度高时，声速高；密度高时，声速也高。

在高空、高速飞行时，声速用马赫数表示，其是飞行的速度和当时飞行环境下的声速之比值，大于1表示比声速快，小于1则表示比声速慢。在飞行速度达到声速的9/10，即 Ma 0.9，飞行速度约为 950km/h，局部气流的速度可能就达到声速，产生局部激波，从而使气动阻力剧增。激波能使流经机翼和机身表面的气流变得非常紊乱，此时就会出现所谓的"声障"，要进一步提高速度，就需要发动机有更大的推力。

第二节　飞行原理

一、飞行的理论基础

任何物体只要和空气产生相对运动，空气就会对它产生作用力，这个力就是空气动力，飞机在空中飞行，必然与空气产生相对运动，包括升力和与空气相关的阻力，因此，飞行的基本理论是空气动力学。

（一）连续性定理及结论

1．连续性定理

质量既不能产生，也不会消失，无论经历什么形式的运动，物质的总质量总是不变的。通常我们在日常生活中有所体会，例如在高楼大厦间的风往往比开阔地区的风大，山谷间的风往往比平原的风大。风速即空气流动的速度，空气流动的速度与空气所流经区域的截面积存在一定的关系。以质量守恒定律为基础，便产生了连续性定理，它描述了空气动力学特性。

其模型表述如下：当流体稳定地流过一个流管时，流体将连续不断地在流管中流动，在单位时间内流体流过流管的任意截面处的流体质量相等。如图 4-4 所示，空气从左至右稳定地流过一个压缩扩张管，以密度 ρ 分别经过两个不同横截面积的截面：A_1 和 A_2。分别假设在截面 1 处空气的速度为 V_1，截面 2 处空气的速度为 V_2，那么在单位时间内流过截面 1 的空气体积为 $V_1 \cdot A_1$，空气质量即为 $\rho \cdot V_1 \cdot A_1$，同理，在单位时间内流经截面 2 的空气质量为 $\rho \cdot V_2 \cdot A_2$。根据物质守恒定律，在单位时间内两个不同截面的流体质量相等，经过推导，就可以得出如下等式：$\rho \cdot V_1 \cdot A_1 = \rho \cdot V_2 \cdot A_2 = C$（常数），即连续性定理。

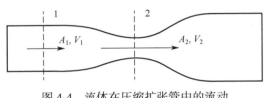

图 4-4　流体在压缩扩张管中的流动

2．连续性定理所得的结论

其结论是：空气稳定连续地在一流管中流动时，如果流管的横截面积减小，流速将增大；相反，如果流管的横截面积增大，流速将减小，即空气流速与其所在的流管横截面面积成反比。这恰为解释机翼空气流动的力学特征的后续研究奠定了基础。

（二）伯努利方程及结论

1．伯努利方程简介

18 世纪，瑞士科学家伯努利通过对流体（包括气体和液体）运动的深入研究建立了伯努利方程后，流体运动的基本力学原理才得以展示，并出现了流体力学，从而奠定了飞机在空气中运动的理论基础。

伯努利方程基本推导模型如图 4-5 所示。在不同截面处来测量管内流体的流速 V 和流体对管壁的压力 P（我们称为流体的静压），由每个截面上垂直管中的液体高度表现出来。截面积为 S，$S_1 > S_2 > S_3$，液体流速 $V_1 < V_2 < V_3$，液体静压 $P_1 > P_2 > P_3$，如图 4-5 所示。伯努利方程遵循物质守恒定律，表达式为 $\frac{1}{2}\rho V^2 + P = P_0$，式中，$\frac{1}{2}\rho V^2$ 表示动压，是一种附加在运动空气中的压力，能够在空气流动受阻时，流速降低产生的一种压力；P 表示静压，是空气垂直作用在物体表面的压力，静止的空气中，静压等于当时当地的大气压；P_0 表示总压，是静压与动压的和，是流动的气流受阻，流速减慢到零点处的静压值。

2．伯努利方程所得的结论

伯努力方程得出的结论是：流体的压强与流速成反比，流体速度大时产生的压力小，流体速度小时产生的压力大。但是流体的静压和动压之和，即总压始终保持不变。

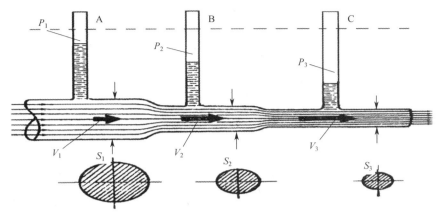

图 4-5 伯努利方程推导模型

很多自然现象可以验证伯努利方程的结论，如高速行驶的火车周围有强大的气流，人靠近的话即使不接触也会被带倒，画上安全线的目的就是保持一定的距离使气流无法对人身造成伤害。

二、飞机机翼升力的产生

（一）飞机机翼升力的获得

飞机的升力是通过机翼来获得的，机翼的上面向上翘曲，弧线比下面的弧线长，由伯努利方程可知，流体的压强与流速成反比。在相同时间内，机翼上方气流流过的路程要长于下面，因而速度比下表面气流流过的速度大，这样机翼的上下表面就存在压强差，因而就形成压力差，下表面压强大于上表面压强。飞机就是靠机翼向上和向下的压力差获得升力而升空的。机翼截面与升力产生如图 4-6 所示。

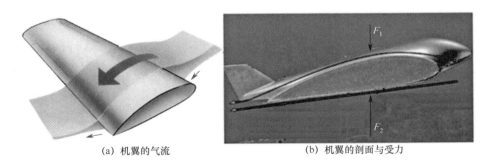

（a）机翼的气流　　　　　　　　　　（b）机翼的剖面与受力

图 4-6 机翼截面与升力产生

（二）影响飞机机翼升力的因素

研究表明，影响飞机机翼升力的因素包括机翼面积 S、大气密度 ρ、飞机空速 v 以及升力系数 C_L。简单介绍如下。

1. 机翼的几何形状的影响

机翼几何形状如图 4-7（a）所示，包括以下方面。

（1）翼型——是把机翼沿平行机身纵轴方向切下的剖面，机翼的翼型是流线型的，上表面弯曲大，下表面弯曲小或者是直线。

（2）前缘点——翼型的最前一点。

（3）后缘点——翼型的最后一点。

（4）翼弦——前缘点和后缘点的连线。

（5）迎角——翼弦和相对气流方向的夹角。

通过观察可以发现，机翼上翼面向上弯曲，流经上翼面的气流流线在机翼前缘处被抬升，上翼面前缘位置处的流管被压缩，横截面积减小，结合连续性定理和伯努利方程可知，此处气流流速加快，空气静压减小；流经机翼下翼面的气流受到直接的阻碍，气流流管被扩张变粗，流速减慢，空气静压加大。这样，就在机翼的上下翼面形成了压力差。人们规定：在垂直于远前方流来的相对气流方向上，机翼上下翼面间的总压力差即为升力，如图4-7（b）所示。

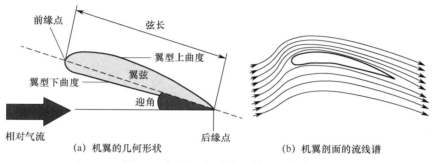

图4-7　机翼几何形状及剖面流线谱

升力还与机翼的形状有关，包括机翼上下表面的弯曲程度、机翼上下翼面间的厚度等因素。通过对空气动力学的研究分析，机翼升力与升力系数、飞行动压、机翼面积成正比，由上翼面所产生的升力，一般占总升力的60%～80%；而下翼面所产生的升力只占总升力的20%～40%。

2．升力与机翼和气流的相对位置有关

通常表现为迎角的大小，如图4-8所示。随着迎角的增加，升力系数也增加，当迎角增大到某一个值时，升力系数达到最大，之后迎角再增加，升力系数减小，这时就是失速了。所以，通常通过调整迎角来改变升力和调整飞行状态，但迎角过大，会使飞机失速，使飞机处于失控状态。

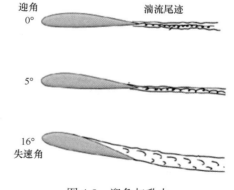

图4-8　迎角与升力

三、飞机受力

受各种因素的影响，飞机在飞行状态时是受四种力的作用而形成平衡系统的。在飞行时，飞机发动机产生推力或拉力，带动飞机克服阻力与空气出现相对运动，在飞机上就会相应地产生空气动力。再算上飞机本身固有的重力，在飞行过程中，飞机上将共同存在四个力的作用，如图4-9所示。

这四种力两两组成一对：升力克服重力使得飞机能够离地升空，与重力平衡使得飞机稳定地平飞；拉力（或推力）克服阻力，带动飞机产生前进的动力。

拉力（或推力）由飞机发动机产生，其原理前文已有介绍，本章介绍飞机升力和阻力的产生原理，以及飞机的重力。

（一）飞机的升力

如前述机翼的升力原理，机翼产生升力是飞机获得升力的基本条件。当飞机的机翼为对称形状，气流沿着机翼对称轴流动时，由于机翼两个表面的形状一样，因而气流速度一样，所产生的压力也一样，此时机翼不产生升力。但是当对称机翼以一定的倾斜角（称为攻角或迎角）在空气中运动时，就会出现与非对称机翼类似的流动现象，使得上下表面的压力不一致，从而产生升力，并与其他力形成平衡，如图4-10所示。

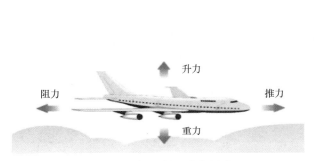

图4-9　飞机上的四个作用力

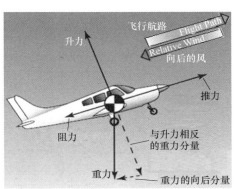

图4-10　飞机升力的产生

这里，飞机升力的产生需要两个条件：第一，机翼，由机翼上下表面的不同而产生压力差，而且两侧对称的机翼使飞机保持平衡状态；第二，飞机运动，即在飞机发动机产生的推力或拉力下，飞机产生一定的速度，带动飞机克服阻力与空气出现相对运动，在飞机机翼上就会相应地产生空气动力。飞机的运动速度越大，升力越大。升力和飞机速度成相应的比例。例如，迎角和其他因素不变，以370km/h（200节）速度飞行的飞机所得的升力是它以185km/h（100节）速度飞行时升力的4倍。当然，飞机产生的升力大小，除宏观上与机翼和飞机的速度相关外，还与机翼的迎角、机翼的形状、机翼的面积以及空气的密度等因素有着密切的关系。

通常，为了保证飞机飞行有足够的升力，从而降低飞机离地和接地的速度，缩短起飞和降落距离，需要通过增升装置来提高飞机的升力。其基本原理有三类：增大翼型弯度，以增加升力线的斜度；增大机翼面积，延缓机翼上的附面层的气流分离；增大迎角等。

（二）飞机的阻力

飞机在空中飞行时，除产生升力外，还会产生阻力。阻力方向与飞机的运动方向相反，阻碍飞机向前飞行，阻力的方向与相对风平行且方向相同。飞机在飞行的过程中，所有与外部空气接触部分都会产生阻力，并形成总阻力的一部分。总体来看，飞机所受的阻力可来自机翼、机身、起落架和尾翼等，根据阻力产生原因的不同，产生的原因及作用方式及对飞机飞行的影响也不同。图4-11所示为飞机阻力的构成。

1. 寄生阻力

寄生阻力包括摩擦阻力、压差阻力和干扰阻力，通称废阻力，因为是寄生的所以它对飞行的帮助永远是无用的。寄生阻力有两个基本元素：一是形阻力，来自机身对气流的破坏；二是外壳的摩擦阻力。

（1）摩擦阻力。

空气的物理特性之一就是黏性，当两个物体相互滑动的时候，在两个物体接触面上就会产生与运动方向相反的力，阻止两个物体的运动，这就是物体之间的摩擦阻力。当气流流过飞机表面时，由于空气的黏性，空气与飞机表面产生摩擦，阻滞空气的流动，由此产生的阻力称为摩擦阻力，如图 4-12 所示。摩擦阻力是在边界层中产生的。边界层就是紧贴物体表面，即流速由外部流体的自由流速逐渐降低到零的那一层薄薄的空气层。边界层中气流的流动情况是不同的。一般机翼大约在最大厚度之前，边界层的气流各层不相混杂而成层地流动，这部分叫作"层流边界层"。在这之后，气流的活动转变为杂乱无章，并且出现了旋涡和横向流动，这部分叫作"紊流边界层"。从"层流边界层"转变为"紊流边界层"的那一点叫作"转捩点"。

图 4-11　飞机阻力的构成

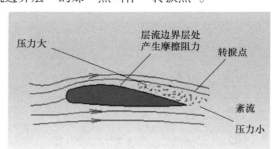

图 4-12　摩擦阻力的产生

摩擦阻力的大小取决于空气黏性、飞机表面的物理状态、速度梯度及同气流接触的飞机表面面积的大小。一般情况下，空气的黏性越大，飞机表面越粗糙，飞机与空气的接触面积越大，摩擦阻力就越大。为了减少摩擦阻力，往往从提高飞机外表光滑度入手，进而减少摩擦阻力。

（2）压差阻力。

压差阻力是空气绕流飞机时前后形成的压力差的阻力，它也是由空气的黏性造成的。如果没有空气的黏性，压力分布不会造成这种阻力。根据气流流动规律，气流流过物体的过程中，在物体前面，气流受到阻挡，流速减慢，压力增大；在物体后面，由于气流分离形成涡流区，压力减小。这样，在物体的前后便产生了压力差，形成阻力。这种由于前后压力差所形成的阻力称为压差阻力。对机翼而言，前缘受阻，速度 v 减小，压力 P 增大，形成高压区；空气流过机翼后缘有涡流区，空气旋转能量损失，压力 P 降低，这样就形成了机翼的压差阻力。压差阻力的产生如图 4-13 所示。

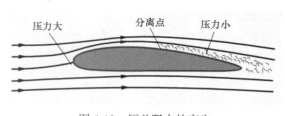

图 4-13　压差阻力的产生

压差阻力同物体的迎风面积、形状和在气流中的位置都有很大关系。为了减小压差阻力，在飞机设计和制造过程中，常将飞机暴露在气流中的所有部件都做成流线型。

（3）干扰阻力。

由于飞机各部件组装在一起而产生的附加阻力，即为干扰阻力。飞机上产生干扰阻力的部位包括机身、机翼、尾翼、副油箱、机翼机身结合部、发动机及发动机短舱等部位。

由于飞机飞行过程中气流流动时的相互干扰，在飞机各部件间产生干扰阻力。一般而言，一个物体越是流线型的就越容易降低干扰阻力，因此，在飞机的部件连接处加装流线型的整流片，使得连接处圆滑过渡，减少部件之间的相互干扰，尽可能减少干扰阻力的产生。

2. 诱导阻力

由于产生升力，翼面上方压力小而下方压力大，空气从下翼面绕过翼尖流向上翼面形成涡流，从而产生诱导阻力，这也是不可避免出现的一种不希望的阻力。

当机翼产生升力时，根据作用力与反作用力的原理，升力的反作用力由机翼作用到气流上，方向向下，所以使气流向下转折一个角度，使原来的迎角减小，因而导致升力也向后倾斜一个角度，如图 4-14 所示，此升力在水平方向有一个投影分量，即为诱导阻力。另外，旋涡可以诱导四周的空气随之旋转，而这又是由于空气黏性所起的作用，空气在旋转时，越靠内圈，旋转得越快；越靠外圈，旋转得越慢。因此，离翼尖越远，气流垂直向下的下洗速就越小。

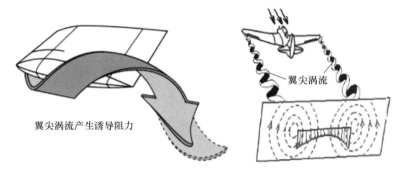

翼尖涡流产生诱导阻力

翼尖涡流

图 4-14　翼尖涡流示意图

诱导阻力的大小与机翼的平面形状、机翼剖面形状、展弦比及升力的大小有关，椭圆形平面形状和大展弦比的机翼的诱导阻力较小。

另外，诱导阻力还包括激波阻力，即当物体的运动速度等于或大于声速时，物体前方形成一层剧烈压缩的空气气层，这里空气密度急剧增加，阻力迅速增大，这种现象叫作激波。急剧增大的阻力称为激波阻力，也叫音障。激波阻力一般产生在高速飞行状态，但目前的民航客机均为亚音速飞机，因此，对民航飞机的影响可以忽略。

（三）飞机的重力

重力是趋向把所有物体朝地球中心拽的拉力。飞机的重力是由飞机各部件、燃料、乘员、货物等重力而形成的合力。重心可以看成飞机的所有重量都集中于所在的一点。它的位置对稳定性有极大的影响，由每架飞机的总体设计来确定，如果飞机的重心恰当，飞机就会平衡在任何姿态。因此，飞机重心在飞机设计时占有十分重要的地位。因为，飞机在空中飞行时，无论飞行动作怎样复杂，飞机的运动都可以被分解为飞机各部分随飞机重心的移动和围绕重心的转动。一般来看，常规布局民航客机的重心位置比较靠前，与机翼上升力的作用点，即压力中心（CP）相比更为靠近机头方向，如图 4-15 所示，这样重心朝相应的飞行速度下的压力中心前面固定，以便提供足够的恢复运动以保持飞行的平衡。但是随着飞机装载的重量和位置的变化，重心的位置会出现前后、上下和左右方向的移动。只要飞机装载重量和位置不发生变化，不论飞机的运动状态如何改变，重心位置都会保持固定。

重力和升力有明确的关系，推力对应于阻力。升力是作用于机翼上的向上的力，和相对风

图 4-15　飞机重力与重心位置

方向垂直。需要的升力是用来克服飞机的重力，这个重力通过飞机的重心向下作用。在稳定的平飞中，此时升力大小或等于重力，飞机处于平衡状态，高度不增加也不减少。如果升力变得小于重力，飞机将会降低高度。当升力大于重力时，飞机飞行高度增加。

（四）飞机的推力

要使飞机开始运动，必须施加推力。飞机持续移动，速度增加，直到推力和阻力相等。为了维持恒定的空速，就像升力和重力必须保持相等以维持稳定的飞行高度一样，推力和阻力必须保持相等。假设在水平飞行中，如果引擎功率降低，推力就会下降，飞机速度就减慢。只要推力小于阻力，飞机就会一直减速，直到它的空速不足以支持飞行。同样地，如果引擎的动力增加，推力比阻力大，空速就增加。只要推力一直比阻力大，飞机就一直加速。当阻力等于推力时，飞机飞行在恒定的空速。

飞行可以按类分为三组，即低速飞行、巡航飞行和高速飞行三种状态，无论哪种状态，均是通过改变推力和机翼的迎角来实现的。

第三节　飞机的稳定性与操纵性

飞机的飞行过程本质上就是要完成各种飞行动作，如转弯、改变方向、爬升或下降和降落等，来实现预定的飞行活动。这就要求飞机在飞行时，必须具备良好的操控性，即稳定性和操纵性，这是飞行性能的重要体现，也是对飞机设计的基本要求。

一、飞机的轴向

飞行中飞机无论什么时候改变它的飞行姿态和位置，都要绕三个轴向的一个或者多个旋转，这些轴向是通过飞机重心的想象出来的线。为此，为了描述飞行的运动状态，人们建立了飞行运动的三维体系，即机体坐标轴系，来分别研究飞机沿着每个轴线方向的运动和围绕三个轴线的转动。

飞机的轴向可以看成飞机可以绕着它转动的假想轴，非常像车轮旋转的那个轴。三个轴相交在以重心作为原点，且轴线间彼此相互垂直，从飞机头部到尾部沿机身长度方向扩展的轴称为纵轴（X），从机翼到机翼的延伸轴称为横轴（Y），垂直通过重心的轴称为立轴（Z），也叫垂直轴。机体的三轴系如图 4-16 所示。

描述飞机三个轴向运动的名字最初是航海术语，而飞机运动和航船运动之间有类似性，如飞机的纵轴运动类似于船从一边到

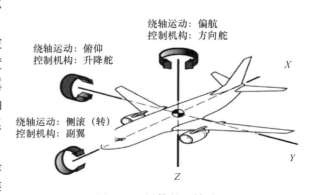

图 4-16　机体的三轴系

一边的摇摆，根据航海术语，把三轴拓展为：飞机纵轴固定后的运动称为"侧滚"、飞机横轴固定后的运动称为"俯仰"及飞机垂直轴固定后的运动称为"偏航"，就是飞机头水平地左右运动。

飞机的三个运动由三个控制面控制：侧滚由副翼控制，俯仰由升降舵控制，偏航由方向舵控制。

二、飞机的设计特性

不同的飞机驾驶控制是有区别的，有的飞机对控制有快速的响应，而运输型的飞机通常控制繁多且对控制的响应也更慢，这些特定的稳定性和机动要求，可以通过设计来实现。

（一）稳定性

飞机的稳定性是指飞机纠正那些可能改变它的平衡条件的内在品质，以及返回或继续在原始航迹上飞行的能力。这是飞机的主要设计特性。

（二）机动性

飞机的机动性是指飞机容易机动且承受机动引发的压力的能力。它由飞机的重量、惯量、大小、飞行控制的位置、结构强度，以及发动机等因素决定。这也是飞机的主要设计特性。

（三）可控性

飞机的可控性是指飞机对飞行员控制的响应能力，特别考虑的是航迹和姿态。它是飞机对飞行员操纵飞机时施加控制的响应特性，与飞机的稳定性特性无关。

三、飞机的平衡

（一）飞机平衡的含义

飞机为实现飞行目标，必须完成在三个维度上的运动，而运动的同时，飞机需要具备不同维度的平衡能力，这种平衡能力就是在作用力和力矩的作用下，使飞机在飞行时处于平衡状态。

当把飞机作为一个质点时，飞机匀速直线运动，飞机上的作用力是平衡的；当把飞机视为机体时，飞机的平衡主要表现为作用在飞机上的外力平衡和力矩平衡。影响飞机平衡状态的因素有很多，如发动机的推力作用线不通过飞机重心，那么在加减油门改变发动机推力时就会对重心构成俯仰力矩；使用襟翼增加升力的同时，将升力作用点后移，会增加机翼产生的下俯力矩；一边机翼变形导致两翼阻力不相等时，会出现额外的偏航力矩，改变飞机的侧滑角。

（二）飞机三个轴线的平衡

1．俯仰平衡

俯仰平衡是指作用于飞机上的俯仰力矩的平衡，即作用于飞机机体上的各防御力矩之和为零，这时飞机的迎角保持不变。

作用于飞机上的俯仰力矩通常由各零部件受到空气动力产生的力矩以及推力产生的力矩组成，包括机翼、水平尾翼、推力（或拉力）等所产生的俯仰力矩。

2．横侧平衡

横侧平衡是指作用于飞机机体上的各滚转力矩之和为零，坡度不变。

作用于飞机上的滚转力矩来自两翼升力对重心产生的滚转力矩和垂尾上的侧力对重心产生的滚转力矩，如果是螺旋桨飞机，则还要考虑螺旋桨反作用力矩对重心产生的滚转力矩。

3．方向平衡

当飞机绕纵轴转动时，其运动姿态绕立轴的转动称为"偏航"。飞机的方向平衡是指作用于飞机的各偏转力矩之和为零，侧滑角不变或侧滑角为零。

（三）不同飞行状态的平衡

1．匀速直线运动时的平衡

飞机的运动为匀速直线运动时，如飞机在平飞时，作用在飞机上的各种外力处于平衡状态：升力平衡重力，拉力平衡阻力。如果这种平衡被打破，飞机就无法继续保持平飞。若飞机的升力大于重力，拉力等于阻力，飞机便会改变平飞状态转而进入上升飞行，而此时飞机的姿态变高，重力向后的分力与阻力的和就会大于拉力，导致飞行速度下降。

2．稳定上升和稳定下降时的平衡

飞机在稳定上升和稳定下降时，也处于外力平衡的状态，如图 4-17 所示。在上升时，飞机的重力可按照上升角 $\theta_\text{上}$ 分解为两个分力：$W\cos\theta_\text{上}$ 与升力平衡，使飞机轨迹保持直线；$W\sin\theta_\text{上}$ 与阻力平衡，以保持匀速飞行的状态。在飞机下降时，同理。

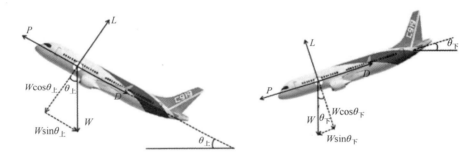

(a) 飞机稳定上升时的作用力　　　　　　　(b) 飞机稳定下降时的作用力

图 4-17　稳定上升和稳定下降时外力平衡状态

3．飞行速度与方向改变时的平衡

飞行速度的大小和方向发生变化时，飞机处于不平衡状态，并绕重心转动，反之亦然。飞机能否自动保持平衡状态，是稳定性的问题；如何改变其原有的平衡状态，则是操纵性的问题。所以，研究飞机的平衡，是分析飞机稳定性和操纵性的基础。

飞机平衡受到破坏，如不修正就会引起三个轴向之一平衡的破坏。因此，出现任何一种不平衡时，都必须进行修正，以达到新的平衡状态。

四、飞机的稳定性

（一）稳定性的基本概念

稳定性是指所有作用于飞机的相对应的力都是平衡的，如飞机处于稳定的不加速的飞行状态呈现的就是平衡状态。而平衡被破坏后飞机显示出的返回到原来平衡状态的最初趋势称为静态稳定性。

飞机若能自动地将偏离修正，恢复到原有的平衡状态，而不需要人为修正，则称飞机是稳定的，或称飞机具有稳定性。稳定性通常也被称为安定性。

　　飞机的稳定性可以通过良好的设计来实现，但在某种条件下，飞机的稳定性可能被减弱，甚至由稳定变为不稳定。飞机的稳定性和操纵性之间也有着密切的联系。一般来说，大型飞机和民用客机的稳定性要求相对较高。

　　稳定性可以分为三种情况，如图 4-18 所示。

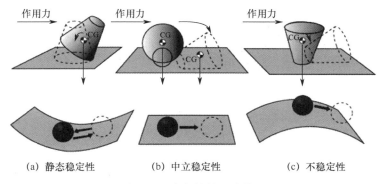

(a) 静态稳定性　　　　(b) 中立稳定性　　　　(c) 不稳定性

图 4-18　稳定性的三种情况

　　（1）静态稳定性——飞机平衡被破坏后返回到原来平衡状态的最初趋势。
　　（2）中立稳定性——飞机平衡被破坏后维持在一种新条件的最初趋势。
　　（3）不稳定性——飞机平衡被破坏后持续偏离原来平衡状态的最初趋势。

　　具有良好稳定性的飞机在原有的平衡状态飞行过程中，若飞机的平衡被外力或力矩破坏，改变了迎角、侧滑角或坡度，飞机能够自动地恢复到原来的平衡状态，飞机即是稳定的；若干扰之后，飞机在新的位置处保持平衡，则飞机是中立稳定的；若干扰之后，飞机不但不能恢复平衡，而且继续偏离原来状态，则是不稳定的。

（二）飞机的稳定性及操纵

　　1. 飞机的俯仰稳定性及操纵

　　（1）飞机的俯仰稳定性。

　　飞机的俯仰稳定性（也称纵向稳定性），指的是在飞行中，飞机受微小扰动以致俯仰平衡遭到破坏，在扰动消失后，飞机自动趋向恢复原平衡状态的特性，如图 4-19 所示。俯仰稳定性是使飞机绕横轴维持稳定的品质。俯仰不稳定的飞机有一个逐渐爬升或者俯冲到非常极端状态的趋势，甚至是失速。因此，俯仰不稳定的飞机难以飞行，有时还会出现危险。

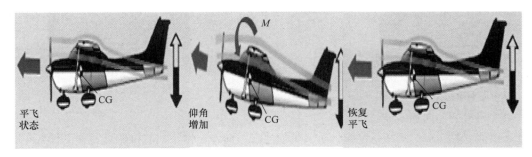

图 4-19　飞机的俯仰稳定状态

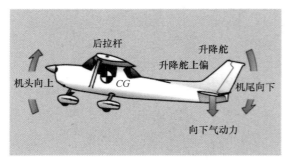

图 4-20　飞机的俯仰稳定操纵示意图

（2）恢复俯仰稳定的操纵。

在飞行中，恢复飞机的俯仰稳定是通过操纵升降舵改变水平安定面的迎角从而改变机翼的迎角来实现的。飞行员操纵驾驶盘使升降舵向下或向上偏转，改变飞机机翼的迎角，使飞机获得仰俯稳定性，如图 4-20 所示。

2．飞机的横侧稳定性及操纵

（1）飞机的横侧稳定性。

沿机头到尾部的纵轴的稳定性称为飞机的横侧稳定性，也称侧滚。横侧稳定性能够帮助飞机在受到扰动后自动修正坡度的变化。

横侧稳定性的基础是机翼产生力的横向平衡。升力的任何不平衡都会导致飞机纵轴侧滚的趋势。也就是说，上反角引起升力的平衡，这些升力由飞机纵轴两边的机翼产生。

如果短暂的阵风使飞机的一个机翼上升，另外一个机翼较低，飞机就会倾斜。当飞机不是转弯的倾斜时，它会侧滑或者朝机翼较低的侧面下滑，如图 4-21 所示。

（2）恢复横侧稳定的操纵。

恢复横侧稳定是通过飞行员操纵副翼来实现的，操作后，使飞机绕纵轴转动而改变其滚转角速度、坡度等飞行特性。副翼安装在每一个机翼的后缘外侧，且运动方向彼此相反，并通过机构与驾驶室中的驾驶杆相连。

当向右移动驾驶杆时，左侧机翼上的副翼向下偏转，增加这一侧机翼的弯度，使左侧机翼升力增大；同时，右侧副翼向上偏转，降低了机翼的弯度，使右侧机翼的升力降低。两翼的升力差对飞机重心造成影响，使飞机加速向右滚转（倾斜），飞机坡度进而发生改变，如图 4-22 所示，反之亦然。

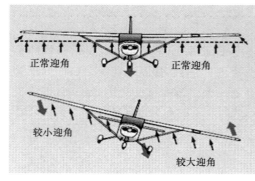

图 4-21　飞机的横侧稳定性

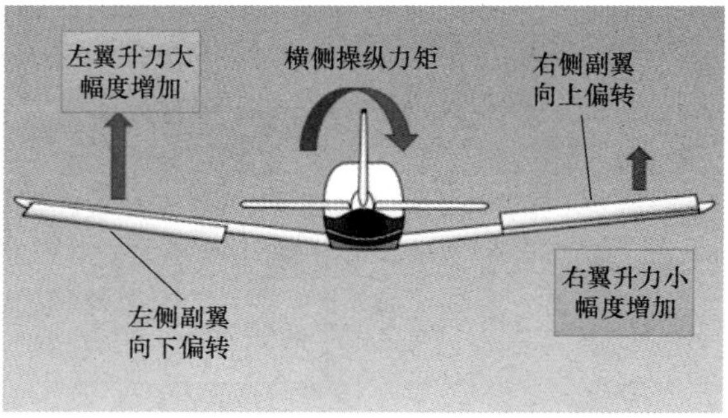

图 4-22　飞机的横侧稳定操纵示意图

3．飞机的方向稳定性及操纵

（1）飞机的方向稳定性。

飞机的立轴（侧向力矩）稳定性称为偏航或者方向稳定性，在飞机的纵轴和飞行方向出现不一致时，这样的飞行状态被称为侧滑，纵轴和飞行方向（相对气流方向）间的夹角称为侧滑角，偏航或者方向稳定性在飞机设计中是通过垂直尾翼的面积和重心之后的侧面起主要的作用来实现的。垂直尾翼的作用类似于风向标的尾部，而机身好像风向标的头部，在直线飞行和转弯飞行中，无论是由于飞行员的操纵还是由于湍流的影响，如果飞机偏离飞行轨迹，相对风会对垂直尾翼的一侧施加一个力，驱使飞机回到原来的飞行方向，如图 4-23 所示。

（2）恢复方向稳定的操纵。

飞机的方向操纵性是指飞行员操纵方向舵以后，飞机绕立轴偏转而改变其侧滑角等飞行状态的特性。

方向舵是一个连接在垂直安定面后缘并且可以活动的操纵面，它可以通过机械传动装置与驾驶舱的方向控制踏板相连，左右方向舵踏板的运动控制方向舵。

踩踏左踏板，方向舵向左移动，改变了垂直安定面/方向舵周围的气流，产生一个侧向力，把尾部向右移动，使得飞机头向左偏航，如图 4-24 所示，反之亦然。

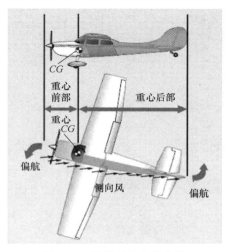

图 4-23　飞机的方向稳定性

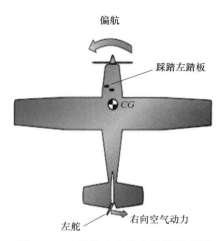

图 4-24　飞机的方向稳定操纵示意图

 知识拓展卡 4

关于飞机飞行速度的测量

在飞机的前面安装有一个空速管，当飞机向前飞行时，气流便冲进空速管，在管子末端的感应器会感受到气流的冲击力量，即动压。飞机飞得越快，动压就越大。如果将空气静止时的压力即静压与动压相比就可以知道冲进来的空气有多快，也就是飞机飞得有多快。

现代的空速管除了在正前方开孔外，还在管的四周开有很多小孔，并用另一根管子通到空速表内来测量静止大气压力，这一压力称为静压。空速表内膜盒的变形大小就是由膜盒外的静压与膜盒内的动压的差决定的。

空速管是飞机上极为重要的测量工具，它的安装位置一定要在飞机外面气流较少受到飞机影响的区域，一般在机头正前方、垂尾或翼尖前方。同时为了保险起见，一架飞机通常安装 2 副以上空速管。有的飞机在机身两侧装有 2 根小的空速管，有的飞机上的空速管外侧还装有几片小叶片，也可以起到类似作用。垂直安装的叶片可用来测量飞机侧滑角，水平安装的叶片可用来测量飞机迎角。

空速管测量出来的静压还可以用来作为高度表的计算参数。如果膜盒完全密封，里面的压力始终保持相当于地面空气的压力，这样当飞机飞到空中时，高度增加，空速管测得的静压下降，膜盒便会鼓起来，测量膜盒的变形即可测得飞机高度。这种高度表称为气压式高度表，利用空速管测得的静压还可以制成"升降速度表"，即测量飞机高度变化快慢（爬升率）。

复习与思考题

复习题

1. 大气层的结构怎么划分？适合飞行的大气层具有什么特点？

2. 有哪些物理参数可以反映大气的特征？它们与飞行有什么关系？

3. 飞机机翼升力是怎么产生的？

4. 作用在飞机上的力有哪些？它们是怎么平衡的？

5. 飞机的三轴与飞行控制是什么关系？

6. 飞机的稳定性、平衡与操纵性是如何获得的？

思考题

既然机翼产生了升力，那么怎么保证机翼结构的可靠性？

第五章
飞行性能与飞行安全

本章导读

飞行性能是一架飞机的重要特征，不同用途的飞机，其飞行性能不同，也就体现了飞机的品质，飞行性能决定了飞机驾驶要求、飞机的起降场地条件、气象条件等。从民航诞生之日起，民航安全就是一个绕不开的话题，特别是民航发展早期，民航安全困扰着民航的发展，甚至危及人们生命安危的安全事故频发。今天，飞机的可靠性、驾驶技术，以及保障制度与安全管理水平的提高，使民航安全已经达到很高的水平，民航运输成为最安全、最便捷的交通工具之一。安全是民航的生命线，飞行必须安全，但安全不是绝对的，影响安全的因素是客观存在的，只有具有牢固的安全意识，树立"安全第一"的观念，坚守"敬畏生命、敬畏规章、敬畏职责"的"三敬畏"，民航安全才有保证。

学习要求

1. 了解飞行性能的含义；
2. 熟悉飞行性能的主要参数；
3. 熟悉飞机起飞、降落的过程与步骤；
4. 了解不同飞行阶段的安全特性；
5. 熟悉影响飞行安全的主要因素；
6. 理解人为因素对飞行安全的影响。

第一节　飞行性能

一、飞行性能的含义

"性能"可用于描述飞机完成对特定目的有用的某些事情的能力。飞机飞行性能，简称飞行性能，主要指研究飞机质心移动规律的各项参数，包括飞机的速度、高度、飞行距离和时间、起飞、着陆、机动飞行等性能，也包括运营及对旅客影响的其他方面。对飞行而言，这些具体性能也可合并成一些表示飞机特定飞行阶段的综合性能。对于民航飞机而言，飞行性能参数主要体现为起飞、爬升、巡航、下降、等待和着陆性能。通过对这些飞行阶段性能的计算分析，确定既保证飞行安全又有较好经济效益的飞行参数值，如起飞速度、允许的最大起飞重和着陆重、最省油或成本最低的爬升、巡航、下降速度和巡航高度，以及为制订飞行计划提供上述各飞行阶段的飞行时间和燃油耗量等。

通常飞机制造厂在所提供的飞行手册、使用手册或相应的计算机程序中，给出经飞行验证的上述各飞行阶段的飞行性能，供航空公司使用和参考。飞行性能是评价飞机的主要内容之一，也是分析该机型是否适合所飞航线的主要依据。

二、民用飞机飞行性能的主要参数

（一）速度性能

（1）最大平飞速度：是指飞机在一定的高度上水平飞行时，发动机以最大推力工作所能达到的最大飞行速度，通常简称为最大速度，常用马赫数表示。这是衡量飞机性能的一个重要指标。

（2）最小平飞速度：是指在一定飞行高度上能维持飞机定常水平飞行的最小速度。最小平飞速度越小，飞机的起飞、着陆和盘旋性能越好。

（3）巡航速度：是指发动机在每千米消耗燃油最少的情况下飞机的飞行速度。这个速度一般为飞机最大平飞速度的 70%～80%，巡航速度状态的飞行最经济而且飞机的航程最大。这是衡量远程轰炸机和运输机性能的一个重要指标。

当飞机以最大平飞速度飞行时，发动机的油门开到最大，若飞行时间太长就会导致发动机的损坏，而且消耗的燃油太多，所以一般只是在战斗中使用，而飞机做长途飞行时都是使用巡航速度。

（二）高度性能

1．爬升性能（爬升率）

飞机的爬升依赖于储备功率或者推力。储备功率是在超过一定速度下维持水平飞行所需要的功率后的可用功率，如果一架飞机装配的发动机能够产生 200 总可用马力，在某一水平飞行速度上只要 130 马力，那么爬升可用的功率就是 70（200-130=70）马力。因此，在稳定爬升期间，爬升率是额外推力的函数。

当然，额外推力为零时，航迹的倾斜度也是零，飞机将处于稳定而水平的飞行状态。当推力大于阻力时，额外的推力将使得飞机爬升，爬升角的大小取决于额外推力的大小。也就是说，当推力小于阻力时，推力的不足将得到下降角。爬升性能的最直接影响是障碍物间隙。它的最明显目的是可以用于从短的距离或者受限机场爬升越过障碍物。

重量对飞机的性能有非常显著的影响。如果向飞机增加重量，就必须以更大的迎角飞行来维持一个给定的高度和速度。这增加了机翼的诱导阻力和飞机的寄生阻力。阻力的增加意味着需要额外推力来克服，进而就意味着爬升可用的储备功率更少。因为重量对性能相关的因素有如此重大的影响，飞机的设计者应尽极大的努力使飞机重量最小。

另外，海拔高度的增加也会增加要求功率和降低可用功率。因此，一架飞机的爬升性能随着海拔的增加而降低。在最大爬升率、最大爬升角、最大和最小水平飞行时的空速随高度而变化。当高度增加时，这些不同的速度最终汇聚到飞机的绝对升限。

2．升限

升限是指飞机能进行平飞的最大飞行高度，有理论升限与实用升限两个概念。理论升限是飞机能维持等速平飞的最大高度，在此高度上飞机只能以唯一的速度做等速平飞。随着高度的增加，剩余推力越来越小，最大爬升率也随之变小渐至为零，所以要达到爬升率为零的高度所需要的时间将为无穷大，因此用定常直线上升的办法实际上达不到这样的高度，故称这一高度为理论升限。在实践中规定最大爬升率略大于零的某一定值（对喷气式飞机通常取 5m/s）所对应的高度为实用升限。

3．上升时间

飞机从一个高度爬升到另一高度所需的时间，即上升时间。在爬升过程中采用相应高度的最大爬升率，便可得到最短的上升时间。由于最大爬升率随高度增加而下降，所以高度越高，爬升单位高度所需要的时间就越长。

（三）飞行距离

1．航程性能

航程性能是指一架飞机把燃油能量转换成飞行距离的能力，是飞机在不加油的情况下所能达到的最远水平飞行距离，是飞机性能的最重要方面之一。在一定的装载条件下，航程越大，民航飞机的经济性就越好。

在一定速度条件下，航程大小受飞机总重量、海拔高度以及飞机的外部空气动力配置三个主要变量的影响。

2．续航时间

续航时间是指飞机耗尽其可用燃料所能持续飞行的时间。这一性能指标对于海上巡逻机和反潜机十分重要，飞得越久就意味着能更好地完成巡逻和搜索任务。

（四）起飞和着陆性能

起飞和着陆性能是加速与减速运动的一种状态。例如，在起飞期间，飞机从零速度起飞加速至起飞速度而升空。在降落期间，飞机以着陆速度接地，减速至零速度。

飞机起飞和着陆的性能优劣主要是看飞机在起飞和着陆时滑跑距离的长短，距离越短则性能越优。

1．起飞性能

最小起飞距离对任何飞机的运行都会产生主要影响，因为它确定了跑道要求。最小起飞距离是通过以某一最小安全速度起飞来得到的，这个最小安全速度是指即使飞机遭遇失速，仍能保持足够的速度，以确保飞机能够维持所需的控制并具备初始爬升率。提供符合要求的控制和初始爬升率。一般地，升空速度是飞机起飞设定条件下的失速速度或者最小可控速度的某一固定百分比。同样地，升空将发生在某一特定的升力系数和迎角数值。根据飞机的特性，升空速度约是失速速度或者最小可控速度的 1.05～1.25 倍。

除了发动机推力和正确的程序等重要因素之外，还有很多其他变量影响飞机的起飞性能。在起飞滑跑期间改变起飞速度或加速度的任何细节都会影响起飞距离。其中，总重量对起飞距离的影响是重大的，另外还有风、压力高度、环境温度以及跑道坡度和状况等的影响。

2．着陆性能

在多数情况下，用飞机的着陆距离确定飞行运行的跑道要求。最小着陆距离是通过以某一最小安全速度着陆而得到的，这个速度在失速速度之上留有足够的余度，能够提供满意的控制和复飞能力。总的来说，着陆速度是飞机以着陆设定条件下的失速速度或者最小可控速度的某一固定百分比。为得到特定着陆速度下的最小着陆距离，作用于飞机的力在着陆滑跑期间必须提供最大减速能力。

着陆性能的大多数临界条件是一些因素组合的结果，如着落重量、能见度、风、跑道干湿度、飞机状况及机场的气压高度等。

（五）经济性能

经济性能是飞机的综合性能指标，包括燃油利用率、维修性和可靠性、适应性和飞机的初成本。它是民航运营对飞机的主要要求之一，不单单体现在购机成本和油耗成本上，涉及飞机在使用寿命期间的全部成本。

（六）安全性与舒适性

安全性与舒适性同样是飞机的综合性能指标，包括主要部件的安全性和可靠性、电子设施的先进性和监控与告警能力。另外，乘坐者乘坐飞机过程的体验，更是不可忽视的因素，涉及乘客对机型的选择，也就决定了航空运输的市场竞争。在激烈的空运市场竞争中，目前飞机在使用空间、座位的舒适性、饮食娱乐、乘客服务上都做了周到的安排和考虑。

三、飞行过程及安全特性

（一）飞行过程

一个完整的飞行过程，是指飞机从起飞机场到达目标机场的整个过程，目标机场可以是飞机最后到达的机场，也可以是飞机航程中的过站机场。一般而言，飞行过程包括起飞、上升、平飞（巡航）、下降和着陆几个阶段，如图 5-1 所示。在整个飞行过程中，操作最复杂的是起飞阶段和着陆阶段，据统计 68% 的航空事故出现在这两个阶段，因而在飞机设计上和驾驶员的训练上这两个阶段都是重点，以确保飞行安全。

图 5-1　民航飞机的飞行过程

1．起飞

起飞是飞机从跑道上开始滑跑，加速到抬前轮速度时抬前轮，并离地上升到距起飞表面

50 英尺高度，速度达到起飞安全速度的运动过程。民航飞机的起飞过程分为起飞滑跑、抬前轮离地、初始上升三个阶段，如图 5-2 所示。

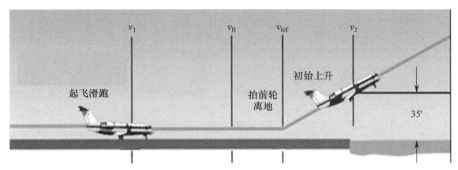

图 5-2　民航飞机起飞的过程

与起飞相关的有四个速度，直接决定着起飞过程。

第一是 v_1，即飞机的滑跑到达的起飞放弃临界速度，称为起飞决断速度，是当发生紧急情况需要中断起飞时的最大速度。超过 v_1 速度以后由于不能保证有效的跑道制动距离，飞机必须继续完成起飞。

第二是 v_R，即抬前轮速度。起飞抬前轮速度保证即便在一台引擎故障下，飞机也能够正常离地，并且在 35 英尺高度上能够加速到 v_2 速度以上（或者等于 v_2 速度）。抬前轮速度要大于或等于 v_1 和 v_{mu}（最小离地速度）。

第三是 v_2，即安全起飞速度。它是当一台发动机在 v_{ef}（临界发动机失效速度）失效之后用规定的抬前轮速度（v_R）抬前轮，到飞机距离起飞表面 35 英尺或 35 英尺之前所达到的速度。v_2 确保飞机能够得到最低限度需要的爬升坡度，并且保证飞机可控。

第四是 v_{lof}，即离地速度。飞机离地时的速度，即与跑道不接触时的校正空速。

起飞是飞机从跑道上滑跑开始，到抬前轮速度 v_R 时抬前轮离地，上升到距起飞表面 50 英尺高度，速度达到安全起飞速度 v_2 的运动过程。因此，飞机的起飞是速度不断增加、高度不断变大的过程。它涉及起飞前的准备和起飞的技术过程，按民航有关技术标准的说明，起飞是以"从使用起飞功率开始，经滑跑直至到达距跑道标高之上 35 英尺高度，或直至开始收起起落架为止，以先到者为准"为界定的。

一般在起飞前，飞行员的准备工作包括对飞机的各种工作状态进行调整。例如，调整发动机的功率，使之处于正常工作状态；将襟翼和配平设置于起飞位；调定高度表，按照机场和航路的飞行要求正确地选择飞行高度的参考零点，并等待得到塔台许可后进入跑道。

在起飞过程中，为了提高飞机的起飞性能，缩短地面滑跑距离，飞行员应使用最大油门，放下襟翼一定角度，朝着逆风方向起飞。情况许可时，适当减轻飞机重量或利用下坡起飞，可进一步缩短起飞滑跑距离和起飞距离，从而提高飞机的起飞性能。

在特殊情况下，会出现中止起飞的情况，因而飞机不能完成起飞。通常在飞机起飞过程中在没有达到起飞决断速度 v_1 之前决定中止起飞，如图 5-3 所示。通常中止起飞仅在飞机速度低于起飞决断速度（v_1）前执行，对于大型飞机，该速度在每次起飞前计算。在起飞决断速度之下时，飞机应该能在跑道末端前安全停止。如果超过起飞决断速度仍中断起飞，飞机滑行可能会超出跑道，因此通常不会在超出该速度时仍中断起飞，除非有理由怀疑飞机的继续飞行能力。

如果超过 v_1 时发生或怀疑存在严重故障，但飞机仍可继续飞行的，飞机仍将继续起飞，但将尝试尽快着陆。

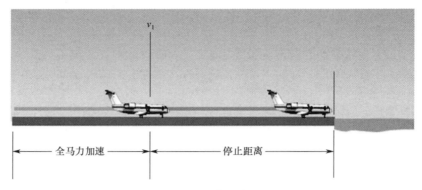

图 5-3　飞机起飞的过程

2．上升

上升是飞机获得高度最基本的方法，这个过程从起飞结束高度爬升到巡航高度止。在稳定上升阶段，作用在飞机上的各作用力保持平衡。飞行员需要在上升过程中加大发动机的功率，并保持后拉驾驶杆，使飞机稳定在所需要的上升角和垂直上升速度。另外，飞行员可以根据飞行任务所需，调整飞机获得不同的上升状态，如可通过调整发动机的状态使飞机尽快上升到某一高度或增加飞机的上升角以飞越某一障碍。

飞机的上升方式有固定的角度持续爬升和阶梯式上升两种。前者节省时间，但发动机所需的功率大，燃料消耗大；后者，在飞行到某一高度后，驾驶飞机保持水平飞行，以降低发动机温度，再上升到第二高度，如此经过几个阶段后上升到预定高度，利于发动机的有效工作，节省燃料，同时飞行员不必长时间保持同一操纵姿势，有助于减轻飞行员的工作强度。目前，绝大部分飞机都采用阶梯式上升方式，如空客 A320 采用的是阶梯上升方式，如图 5-4 所示。

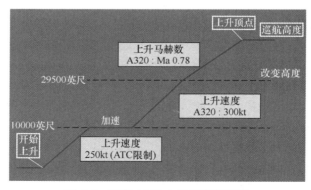

图 5-4　空客 A320 上升过程剖面图

3．平飞

平飞即巡航状态，即飞机达到预定高度后，保持水平等速飞行状态，飞机的升力平衡重力保持飞行高度不变，发动机拉力平衡阻力保持等速飞行。这时如果没有天气变化的影响，驾驶员可以按照选定的航线以一定速度和姿态稳定飞行，飞机几乎不需要操纵，驾驶员一般只需进行必要的监控。这一阶段的飞行事故率最低。

在巡航飞行中，飞机的飞行性能主要体现在最大平飞速度、最小平飞速度、平飞有利速度和平飞经济速度，不同的机型各不相同，由飞机在设计时决定。

4．下降

飞机从巡航高度降至 1500 英尺（450m）的阶段称为下降阶段，这个阶段和爬升阶段相对应，通常在距离机场半个小时的航程时开始下降。

根据飞机的动力状态不同，下降阶段分为零拉力下降（闭油门）、正拉力下降和负拉力下降（使用发动机反推）。在正常飞行中，下降过程都采用正拉力下降的方式，但飞行员要时刻做好发动机停车后丧失动力的准备，即在下降过程中可能被迫选择零拉力下降，但采用负拉力下降的情况很少见。

当发动机在空中停车时，飞机即便丧失动力也不会立即从空中自由落体掉到地面上，相反会飞行相当长的一段距离。这就是飞机的滑翔能力。当动力失去时，飞行员应该尽量延长飞机在空中滑翔的时间，这样会有更多的时间来选择紧急着陆地点，或再次启动发动机并与空中交通管制员联络。在零拉力下降过程中，为保证滑翔时间最长，也就是实现最大的航时，就必须将飞机单位时间内下降的高度（下降率）降到最低，此时对应的速度为久航速度。

下降与上升的状态不同，为了保证飞机下降状态的平稳与安全，通常选择下降角和下降率最小、下降时前进的水平距离最长的下降方式。

5．着陆

飞机在机场或指定空域下降到一定高度时，由地面管制人员指挥对准跑道，继续下降过程中减速、放下襟翼和起落架，并降落地面滑跑直至完全停止运动的整个过程，称为着陆，如图 5-5 所示。着陆是飞机高度不断降低、速度不断减慢的过程。首先是拉平，飞机拉平后，飞行速度仍然较大，不能立即接地，需要在离地 0.5～1m 的高度上继续减小速度，这个拉平后继续减小速度的过程，就是平飘。在这个过程中，随着飞行速度的不断减小，飞行员不断后拉驾驶杆以保持升力等于重力。在离地 0.15～0.25m 时，将飞机拉成接地所需的迎角，升力稍小于重力，飞机轻柔飘落接地。飞机接地后，还需要滑跑减速直至飞机完全停下来，这个滑跑减速过程就是着陆滑跑。由此可见，飞机的着陆过程一般可分为五个阶段：下滑、拉平、平飘、接地和着陆滑跑。

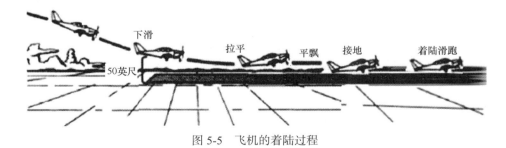

图 5-5　飞机的着陆过程

（1）下滑。

飞机从安全高度下滑过渡到接地滑跑直至完全停止的整个减速运动过程，即为飞机着陆过程。下滑阶段发动机处于慢车状态（例如，−7～−1℃）。下滑到离地面 6～12m 时，向后拉驾驶杆将机头抬起，进入拉平阶段。

（2）拉平。

拉平是飞机由下滑转入平飘的曲线运动过程，即飞机由下滑状态转入近似平飞状态的过程。

（3）平飘。

飞机转入平飘后，在阻力的作用下，速度逐渐减小，升力不断降低。为了使飞机升力与飞机重力近似相等，让飞机缓慢下沉接近地面，飞行员应相应不断地拉驾驶杆增大迎角，以提高升力。在离地 0.15～0.25m 的高度上将飞机拉成接地迎角姿态，同时速度减至接地速度，使飞机轻轻接地。

（4）接地。

飞机在接地前会出现机头自动下俯的现象。这是因为飞机在下沉过程中，迎角要增大，迎角安定力矩使机头下俯，另外由于飞机接近地面，地面效应的影响增强，下沉速度减小，水平有效迎角增大，平尾产生向上的附加升力，对重心形成的力矩使机头下俯。故在接地前，还要继续向后带杆，飞机才能保持好所需的接地姿态。

为减小接地速度和增大滑跑中的阻力，以缩短着陆滑跑距离，接地时应有较大的迎角，故前三点式飞机以两主轮接地，而后三点式飞机通常以三轮同时接地。

（5）着陆滑跑。

飞机接地后，为尽快减速，缩短着陆滑跑距离，必须在滑跑中增大飞机阻力。滑跑中飞机阻力有气动阻力、机轮摩擦力，以及喷气反推力和螺旋桨负拉力等。滑跑过程中，增大飞机迎角，放减速板，以及使用反推或螺旋桨负拉力、刹车等都能增大飞机阻力。

（二）不同飞行阶段的安全特性

在不同的飞行阶段，飞行的安全性是各不相同的。在飞机的起飞、爬升、巡航、下降、进近和着陆阶段中，飞机在空中巡航飞行阶段用时最长，占总飞行时长的57%，但发生事故的概率是最低的，只占到6%。因为飞机的设计是围绕巡航飞行状态进行的，所以巡航飞行阶段飞机各部位的状态最稳定、最可靠。同时，因为飞机具有足够的高度和速度，如果出现意外，只要不是特别严重，飞行员还有一些时间和选择来化解事故。而在起飞、进近和着陆阶段，尤其是飞机滑出跑道升空后的 3 分钟和飞机着陆前的 8 分钟被称为"最危险的 11 分钟"。其中，飞行时间占总飞行时长的17%，但是发生事故的概率却达到78%。在起飞、进近和着陆等阶段，飞行的高度和处理事故的时间十分有限，若出现意外，飞行员的选择时间几乎为零，因此在这几个阶段发生事故的概率最高。

（1）滑行阶段。在运动形态上，飞机的滑行是简单的二维运动，机场的各种环境因素会引发差错或事故，"大意失荆州"式的人为差错经常发生：一是滑错路线或者观察不周，导致飞机与障碍物相刮碰。国际航空运输协会粗略统计显示，机坪发生包括刮碰在内的不安全事件导致的直接和间接经济损失，每年约为 50 亿美元。二是对滑行道的宽窄评估不准，在转弯时使内侧主轮偏出道面，陷入草地、泥土之中不能自拔。三是跑道入侵，导致与其他飞机相撞。尽管层层设防和把关，这类相撞事故发生的概率不高，但危险程度实在太高了。

（2）起飞阶段。这个阶段虽然时间很短，但最容易发生重大机械故障。起飞爬升，飞机要尽快获得高度、速度，迅速离开机场。发动机在起飞过程中处于大转速、大高温、大功率状态，发动机的叶片除了要接受高温、高压的考验之外，承受的力量相当于在上面挂了 10 多辆大卡车。

当然，发动机再完美，也可能出现失效的情况。飞机在起飞时往往加注了很多燃油，尤其是远程航班，在起飞时都是大载重，滑跑距离长，爬升速度比较缓慢，飞机高度低、速度慢、全重大。此时，机组要收起落架、收襟翼，要改变飞机的状态，对操纵准确性要求高，工作负荷较大。在起飞和初始爬升阶段，除了完成正常的起飞动作，机组还要时刻提防发动机突然失效或者失火，尤其是执行 RNP（所需导航性能）单发返场程序的高原机场。另外，可能遭遇风切变、鸟击或无人机撞击，还可能需要绕飞避让雷暴。

（3）上升阶段。一是繁忙机场选错、飞错离港程序；二是误听或者错误执行管制指令；三是绕飞雷暴，误入或者不得不钻入飞行限制区、危险区甚至禁区。

（4）下降、进近阶段。此阶段容易面临主观的、输出型的"人为因素"风险，即违规违章。一是选错、飞错进港程序。二是忘调、错调高度基准，尤其是飞场压高度基准的军民合用机场。三是低于安全高度，导致可控飞行撞地。随着新技术的推广使用，程序适用的宽度明显变窄，就像悬崖边上的羊肠小道，一脚踏空，就会有风险。

（5）着陆阶段。这是见证飞行技术水平的重要时刻。若处理不好，容易出现以下问题：一是进近不稳定，导致飞机偏出、冲出跑道或者掉到跑道外；二是违规突破最低下降高度（MDA）、决断高度（DA），导致飞机发生可控飞行撞地事故；三是飞行技术水平不高，导致飞机发生重着陆或者擦尾、擦翼尖、擦发动机。

第二节　影响飞行安全的因素

一、飞机装载平衡

按照规章的相关要求，科学合理地控制飞机的重量和平衡，是保障飞机安全飞行的一个关键环节。因此，必须确保飞机合理的运行重量，并将重心配置和控制在规定的范围内。飞机的载重与平衡控制的核心是通过有效的手段控制飞机的重量和重心的位置，确保飞机在飞行过程中，在允许的范围内，保障飞行安全。因此，飞机的载重与平衡问题既是重量和重心的控制问题，也是飞行安全的保证问题。图 5-6 所示为因装载平衡引起的飞行事故。

图 5-6　因装载平衡引起的飞行事故

（一）飞机重量对飞行的影响概述

1. 飞机的重量

飞机重量是在保证飞行安全前提下，提供最大商务载重量而规定的各项重量的总称。在不同的情况下，飞机的重量有几种内涵：飞机基本重量（包括空机重量、固定设备重量、润滑油重量、空勤组人员重量、为旅客服务的用品重量）、飞机燃油重量、飞机起飞重量和飞机着陆重量等。每架飞机的基本重量通常是固定的，但其他重量是变化的，一般一定时期需要进行核定。

其中，最重要的是"最大起飞重量"和"最大着陆重量"。飞机起飞重量是根据飞机结构强度和动力装置的功率等因素确定的，并受机场起飞条件的限制，其限额称为"最大起飞重量"；飞机着陆重量是根据飞机的起落装置和机体结构所能承受的冲击荷载等因素确定的，其限额称为"最大着陆重量"。

在计算飞机重量时，需要考虑飞机燃油重量。由于大型运输机的燃油一般装在机翼内，其重量可与机翼升力的一部分相抵消，从而减小机翼应力，故按机翼结构强度考虑，有"最大无燃油重量"的规定，据以对最大商务载重量进行限制。可见，飞机的重量在不同的飞行阶段是不同的，需要严格按规范限制，以确保飞行安全。

2．飞机的重心

飞机的各个部位都具有重力，所有重力的合力为整架飞机的重力，飞机重力的着力点称为飞机的重心。飞机的重心是一个假设的点，假定飞机的全部重量都集中在这个点上并支撑起飞机，飞机就可以保持平衡。飞机做任何转动都是围绕飞机的重心进行的。飞机重心的位置取决于载重量在飞机上的分布，除了在重心位置以外，飞机上任何部位的载重量发生变化，都会使飞机的重心位置发生移动，并且重心总是向载重增大的方向移动。为了保证飞机的稳定性和操纵性，飞机重心位置必须限制。

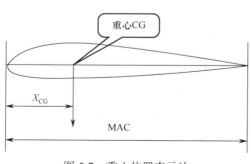

图 5-7　重心位置表示法

重心的位置通常以与平均空气动力弦的相对位置来表示。设重心的投影点到机翼前缘的距离为 X_{CG}，平均空气动力弦长为 MAC，则重心相对位置可用下式表示：$X_{重}=X_{CG}/MAC \times 100\%$。图 5-7 所示为重心位置表示法。

飞机重心的上下、左右位置也可用类似的方法表示。飞机的重心位置是随着飞机装载的数量和位置的变化而变化的。只要装载的数量和位置不变，无论飞机飞行状态如何变化，重心的位置总是不变的。

3．飞机重量对飞行的影响

飞机的重量不仅影响飞机的飞行性能，也对飞行安全构成重大影响。一架飞机的起飞/爬升和着陆性能是根据它的最大起飞重量和最大着陆重量来确定的，重量过大会导致较长的起飞滑跑和较慢的爬升，也会导致着地速度较快，着陆滑行较长。同时，过载对爬升和巡航性能都有相反的影响，爬升时，发动机部件过热增加磨损，燃油消耗增加，巡航速度变慢，缩短了最大航程。

从安全角度讲，飞机重量和平衡必须严格遵守各种对飞机所规定的操作限制，重量和重心必须限制在允许的范围内，任何偏差都会导致结构损坏甚至是飞机结构的完全失效。同时，过大的重量本身就降低了飞行操纵可用的安全余度，特别是当其他降低性能的因素和超载结合时甚至变得更加危险，因此，飞行员也必须考虑发生紧急情况时飞机超载的严重性，例如起飞时一个发动机失效，或者在低高度的时候机身结冰，就会降低飞行员可用的安全余度。

飞机的大小不同，业务载重量差别很大，小型飞机只有几百千克，大型飞机有 100 多吨，航空公司在计算实际业务载重量时，行李、邮件、货物的重量按照实际重量计算，而旅客的体重计算方法，按照相关部门对承运人颁布的相关规定计算。

（二）平衡对飞行的影响概述

1．平衡

平衡是围绕飞机的重心而言的，如前文所述，飞机的重心是飞机上所有重量的集中点，也是整架飞机的平衡点，飞机的重心有设计重心和实际重心，设计重心是固定的。由于重心位置直接影响飞机的稳定性与性能，在飞行前，需要将实际重心控制在允许的范围内，使飞机处于平衡状态，保证飞机在安全载荷下飞行。

飞机的平衡实质上是力矩平衡，而力矩的平衡取决于重心（CG）的位置，处于平衡状态，即无任何方向的倾斜和转动，表明其各个方向的力矩之和为零。飞机装载后，飞机重心就会发生变化，飞机重心的位置取决于载荷在飞机上的分布，需要配载平衡管理与控制系统。一般飞机上安装有基于声音原理的简单而有序的程序，用于判断载荷状态。在很多现代飞机上，基本不可能装满行李舱、座位和燃油箱，但飞机仍然处于核准的重量和平衡限制范围内。如果承载了最大乘客载荷，通常必须降低燃油载荷或者行李的重量。

2．平衡对飞行的影响

飞机的载重平衡主要分为三种类型：超过最大载重、前部载重过大和后部载重过大。一旦出现过载，就会造成飞机发动机功率变大、稳定性降低、俯仰力矩变大等，任何一种情况都可能导致严重的后果。

飞机的平衡不仅影响飞机的飞行性能，也对飞行安全构成重大影响。不利的平衡状态对飞机飞行特性的影响非常类似于过重状态下出现的影响方式。此外，有两个主要的飞机特性可能因不当平衡而受到严重的影响：稳定性和控制性。在纵轴方向，头重状态下的载荷会导致控制和抬升机头时出现问题，特别在起飞和着陆时表现得更加显著。尾重状态下的载荷对纵向稳定性有最严重的影响，会影响飞机从失速和螺旋状态中恢复的能力。由尾重载荷产生的另一个不期望的问题是飞机的控制力问题，尾部载荷失衡会使飞行员很容易地无意间使飞机承受过大应力。在横轴方向，需要机身中心线两侧相应重量在相应的位置，以保持飞机的横向平衡，如果出现横向不平衡的载荷，会使飞行翻转。在飞行中，如果从飞机一侧的油箱不均衡地向发动机供应燃油，导致燃油载荷管理不善，就会发生横向不平衡，此时可以通过调整副翼配平片或者在副翼上保持持续的控制压力来抵消发生的机翼变重状态，但增加了阻力，进而降低了飞行效率。平衡对飞行的影响如图 5-8 所示。

(a) 纵向不平衡引起噪声或机尾过重

(b) 横向不平衡引起机翼重量不平衡

图 5-8　平衡对飞行的影响

任何时候，驾驶一架不平衡状态的飞机，都会导致飞行员疲劳度的增加，明显地影响飞行安全和效率。飞行员对纵向不平衡的正常纠正就是改变配平来消除过大的控制飞机的压力。然而，过量的配平从效果上不仅降低了气动效率，还影响了配平所在方向上的基本控制能力。

重量和平衡控制应该是所有飞行员都要考虑的事情。飞行员要对特定飞机的载重和燃油（这两个变化因素都会改变飞机的总重和重心位置）管理有所掌控。航空公司应该确保飞行员可以获得需要使用的飞机内的最新信息，也应该保证在完成维修或者替换之后在飞机记录中有准确的记录。一旦任何影响重量的事件发生，变化项目必须加以记录，并在重量和平衡记录中标以正确的符号，加以提示。

在任何飞行之前，飞行员都应该确定飞机的重量和平衡状态。飞机制造商已经设计出基于声音原理的简单而有序的程序，用于判断载荷状态。飞行员必须会使用这些程序并不断练习，对飞机的平衡状态进行准确的判断。

 知识拓展卡 5

载重平衡工作

飞机作为民航运输的工具，其本身的结构强度、动力装置功率以及运行条件等因素对自身的工作性质就有一定的限制，在起飞、着陆和飞行的各个阶段都有额定的最大装载重量，这就必须对飞机装载重量严格控制，绝不允许超载。不仅飞机的载重受到严格的限制，而且载重在飞机上的分布也必须符合平衡的要求。载重平衡工作若是做得好，不仅能达到较高的载运率，而且对飞行安全、飞机结构都有益，还可以在飞行中节省耗油量，从而降低营运成本。为此，在旅客提前登机到舱门关闭这段时间，相关部门就要开展飞机的载重计算与配平的载重平衡工作。

载重平衡工作的过程包括准备、预配、调整、结算、与机组交接随机文件、拍发电报。

（1）准备：在准备阶段，工作人员一般都被要求在航班起飞前70分钟到岗，主要工作内容包括开启并检查设施设备，准备业务资料，了解航班计划，掌握航班动态。

（2）预配：预配就是在航班起飞前一定时间内，根据飞机的可用业务载量、预计的客货邮的总数，对飞机所载货物进行配运，并求出预配重心的过程。通过合理分配各航段的最大许用载量，估计旅客人数和行李、邮件数量，为货物预留吨位，保证最大限度地利用业务载量，并依据货运部门的预配货为货物安排实际舱位、为旅客安排座位、预配飞机飞行中重心允许变化范围等。

（3）调整：在飞行前航班的实际业载会发生一定变化，需要在预配的基础上进行调整，主要的调整工作内容包括关注航班待运变化情况；通过业载的相关变化进行相应的计算并调整装载量和舱位；在接收危险品信息后，安排其实际装载位置并通知装载人员；及时、准确、全面记录舱位调整信息。

（4）结算：在停止办理旅客乘机手续和货物、邮件、行李装载结束后，应对航班实际运载的旅客、货物、邮件、行李进行结算，填制载重表和平衡图。核对舱单上的信息，包括航班号、飞机号、机组人数、加油量、耗油量、货邮重量、旅客人数等。

（5）与机组交接随机文件：随机文件是地面保障部门与机组交接的重要文件，它的主要内容包括机载平衡图表、货邮舱单、旅客舱单、装载通知单等。

随机文件应由业务袋统一封装，并在航班离站时间前与机组进行交接。如果是电子舱单也可以通过 ACARS 系统直接上传至飞机，实现非人工交接。

（6）拍发电报：载重电报是将从本站始发的业务载重情况电告航班前方各经停站和终点站，以便接机；有关的经停站根据载重电报的信息来计算过站业载，并继续进行配载与载重平衡的计算。载重电报应根据载重表上最后结算的数据编制，必须与实际载重情况完全相符。

二、自然环境对飞行安全的影响

（一）气象环境对飞行安全的影响

气象环境对飞行安全的影响是全过程的，包括起降机场和航路飞行阶段。

1．风对飞行安全的影响

风指空气的水平流动，有风向与风速的变化。飞机相对于空气的速度称为空速；飞机相对于地表的速度称为地速。无论是空中还是地面，风都对飞机运动轨迹和姿态产生很大影响。地面大风直接影响飞机起降；风带来的扬沙、沙尘暴可造成低能见度天气；低空风切变则是造成飞行事故的"隐形杀手"，高空风也在很大程度上对飞行造成影响。以下两种情形的风对飞行安全影响最大。

第一，地面大风。在气象上，一般把地面风速大于 12m/s 的风称为大风。风作为有大小和方向的矢量，主要关注的是风的方向与跑道的夹角，其允许起降的最大风速也随着风向的变化而变化。

地面大风主要影响起降阶段的飞行性能与操作，飞机起降时，最关键的是要尽量避免侧向的来风，侧风很容易导致飞机出现横向的侧滑，偏离跑道的中心而出现事故。所以机场跑道的走向应与机场当地的最常见风向平行。

固定翼航空器和直升机在起飞及着陆时通常都需要逆风进行，这是为了在保证有足够升力的前提下尽量降低航空器的地速（航空器相对地面的运动速度），以便缩短在跑道上的滑行距离。

第二，低空风切变。风向和风速在特定方向上的变化称为风切变。风向和风速在水平方向上的变化称为水平风切变，在垂直方向上的变化称为垂直风切变。在不同高度处都可能出现风切变，高度在 500m 以下出现的低空风切变对飞机起降飞行安全的影响很大，曾多次导致严重事故。飞机着陆是高度不断降低、速度不断减小的过程，而起飞则相反，所以着陆阶段往往受到低空风切变的危害更大。风切变的表现往往以多种形式出现，并以其中一种形式为主。风切变的一般形式有顺风切变、逆风切变、侧风切变和下冲气流切变。

2．低能见度对飞行的影响

低能见度的环境对飞机的起飞、着陆等都有相当多的影响。雨、云、雾、沙尘暴、浮尘、烟幕和霾等都能使能见度降低，影响飞行安全。如果地面能见度较低，会导致飞机偏航或者迷航，在降落时影响飞机的正常安全着陆，如果飞行员处理不好，就会酿成事故。如果在航线上能见度很低，会影响地标领航。如果目标区域能见度很低，对目视地标飞行、空投、拍照、视察等活动会有很严重的影响。低能见度对飞行的影响表现在以下三个方面。

第一，云的影响。云底高度在 500m 以下的云，生成和移动较快，短时间内可以掩盖整个机场上空，使能见度迅速降低。图 5-9 所示为机场上空的积云。

云对飞机飞行的影响主要包括：云底很低，造成能见度低，从而影响飞机的降落与起飞；

图 5-9　机场上空的积云

云中的过冷水滴造成飞机窗口结冰，影响飞行员查看前方；云层中明暗不均，导致飞行员容易产生错觉，等等。对飞行影响最大的云是低碎云，由于其云底很低且移动速度快，影响飞行员目视前方，造成飞机在下降着陆时由于高度偏差而容易偏离跑道，甚至引发事故。

第二，降水的影响。降水天气，各处的能见度很差，很容易引起飞机飞行困难，此时飞行员极易产生错觉。在大雨、暴雨、暴雪等较大降水的天气，如果飞机在空中飞行，雪花或雨滴打在飞机挡风玻璃上，使得飞行员无法看清前方从而引起飞行事故，严重威胁飞行安全。特别是在降落过程中，飞机极易受大雨、大雪等天气影响而造成着陆困难。

第三，雾的影响。机场出现大雾天气会对飞机的起降造成严重影响，浓雾将引起飞行员无法看清地面而不能正确判断所处的位置，造成飞行员的操作错误、遗忘或者漏操作等，致使飞机很容易出现飞错或飞过跑道而不能降落在指定位置的现象。飞机在大雾中飞行，不但地标领航会受到影响，而且由于水蒸气的影响，飞机仪表会出现指示不准确的现象，从而导致飞行事故的发生，同时，冷雾也可使机身积冰从而导致飞机失去升力或操作失灵等。

3．雷暴对飞行的影响

雷暴是夏季中最影响飞机飞行的天气因素。雷暴电场和闪电能够严重地干扰中、短波的无线电通信，甚至造成通信的暂时中断。当机场上空有雷暴时，强烈的降水、恶劣的能见度、急剧的风向变化和阵风，对飞行活动以及地面设备都有很大的影响。雷暴天气会对飞行造成很大的困难，严重时会让飞机失去控制、损坏、马力减少，直接危害飞行安全。图 5-10 所示为机场雷暴气象改变飞机航迹示意图。

4．气流的变化和运动对飞行的影响

气流的变化和运动会使飞机产生颠簸，飞机飞行姿态会出现左右摇摆、前后冲击、上下抛掷及机身震颤等现象。对飞行所造成的影响体现在以下方面。

（1）飞机承受载荷发生变化，造成部件损坏。

（2）仪表示度失常，难以靠仪表飞行。

（3）增大飞行阻力，增加燃料消耗，增大航程，使机组人员与旅客困乏疲惫。

图 5-10　机场雷暴气象改变飞机航迹

5．高空急流对飞行的影响

高空急流是一种极端的气象现象，是指高空中飞行速度超过 30m/s 的强、窄气流，但分布较有规律。其对飞行的影响主要体现在以下几方面。

（1）容易使气流产生扰动，造成飞机颠簸。

（2）逆急流时，速度降低，燃料消耗大。

（3）横穿急流时，将产生很大的偏流，对领航计算和保持航线不利。

（4）如果能掌握急流的分布与特点，则可利用急流，顺其飞行，增大速度，节省燃油，缩短航行时间。

6. 积冰对飞行的影响

飞机表面某些部位聚集冰层的现象称为积冰。飞机积冰多出现在机翼、尾翼、发动机进气口、雷达罩等曲率半径较小的突出部位。其对飞行性能的影响主要体现在以下几方面。

（1）空气动力性能变坏，影响稳定性和操控性。

（2）天线积冰妨碍通信联系。

（3）座舱盖积冰使目视飞行发生困难等。

现代飞机普遍装有较完善的防冰、除冰装置，飞行员可以采用热力、化学或机械等方式除冰。

（二）物理环境对飞行安全的影响

1. 地形对飞行的影响

地形属于地面障碍范畴，对飞行的影响是多方面的，有直接的如海拔、地貌（山脉、峭壁或者峡谷等），主要影响飞机的起飞与降落；有间接的多种地形因素引起的飞行环境的变化，给飞行员的飞行带来危险。地形影响风的流向，可能是一个看不见的危险，需要特别警惕。

第一，地形波对飞行的影响。地形波产生的非对流湍流是最强烈的单湍流形式，高 300m 的小山就能产生地形波活动。地形波是气流经过山区时受地形影响而形成的波状的铅直运动。地形波是由地理环境引发的对飞机飞行安全影响很大的天气系统，当风吹过崎岖不平的地形时，气流被扰乱，在极端情况下，会导致大湍流，极具破坏力。地形波对飞行的影响如图 5-11 所示。

背风波中的下降气流不仅使飞机高度下降，也使气压式高度表读数偏高，失去对实际高度的掌控，且机组不易发现飞机的高度变化，极易导致严重事故。

第二，山对飞行的影响。当飞机飞行在山地区域时，当风沿着迎风侧平稳地向上流动时，上升的气流会帮助飞机飞越山脉的顶峰，而背风侧的效果则不一样。当空气流在山的背风侧向下时，空气顺着地形的轮廓流动，湍流逐渐增加。这就趋向于把飞机推向山的一侧。风越强烈，向下的压力和湍流就变得越强烈，如图 5-12 所示。

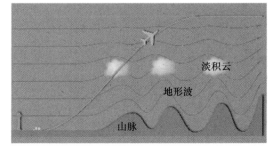

图 5-11　地形波对飞行的影响

图 5-12　山脉形成的湍流

由于在山谷或者峡谷中地形对风的影响，强烈的向下气流可能相当严重，会给飞行安全带来很大的风险。

2．机场条件对飞行的影响

除气象条件和建筑物外，机场的空侧条件对飞行安全的影响也是不可忽视的，而且也是导致大比例飞行安全问题的原因。

第一，跑道入侵情形。机场跑道既是飞机运行的起点也是终点，它是工作人员、航空器以及特种车辆活动相当密集的区域，也是不安全事件多发的场所。国际民航组织认为，在机场地面区域，有一部分专门为航空器的起飞与着陆提供场地的保护区（含跑道、滑行道等），任何设备和人员错误进入该区域的情况，都被称为"跑道入侵"。跑道入侵是目前航空运输行业最重要的危险源之一，几乎不可避免。根据加拿大运输部的一项研究，一个机场的交通量增加20%将使跑道入侵的可能性增加140%。FAA（Federal Aviation Administration，美国联邦航空局）按照失误类型将跑道入侵分为运行失误［空中交通管制员（ATC）的行为］、飞行员偏差（飞行员违反联邦航空规章的行为）、机场人员/设备偏差（机场人员及车辆在未得到允许的情况下进入跑道区域，对航空器的运行造成干扰）等。

第二，跑道条件影响。跑道上有积水、积冰或者雪浆等污染物，这些污染物的存在必定会影响飞机起飞滑跑的距离、方向的保持、中断起飞的停止距离等。许多中断起飞偏出跑道的事故都与跑道上的污染物有关。跑道条件除了自身的物理条件外，往往与气象条件交互作用，危及飞行安全，如能见度低、雷暴等。

第三，无人机及鸟击干扰。由于飞机在起飞、降落阶段飞行高度低、机动能力差，遇到无人机等升空物很难采取有效的手段及时规避，可能发生碰撞进而威胁飞行安全，也可能导致航班延误等不良后果。一般的消费级无人机的重量为1.5～150kg，与鸟类相比重量更大，据测算，如果飞机的时速在300km，与5kg级的无人机相撞将产生$7×10^4$N（7吨左右）的冲击力；如果飞机的时速在900km，与10kg级的无人机相撞将产生$1.25×10^6$N的冲击力。鸟也一样，鸟的重量虽轻，但一旦与飞机相撞，冲击力巨大，后果十分严重。

三、人为因素对飞行安全的影响

（一）飞行员操纵错误

飞机驾驶的程序复杂、技术难度高，即使是受过专业训练的飞行员，也不能保证绝不犯错，特别是在遇到飞行特殊情况时的果断决断能力和对规章执行的坚决程度，对飞行安全构成重大影响，如果违章操作，会导致重大的安全事故。

（二）地勤人员检修错误

地勤人员检修错误包括地勤人员的装卸不当、违规维修、工作懈怠、不负责任等，等于在飞机上放了一个定时炸弹，随时都有可能发生事故。

（三）飞行员通信错误

在飞行过程中，飞行员与空中交通管制员一直保持通信联系，如果通信失效或失误，飞行员和空中交通管制员无法得到及时准确的信息，就可能出现严重的飞行事故。在民航安全适航史上，由于空中交通管制员没有清晰地向飞行员报告高度、表达模糊、违反程序等导致的空难也时有发生。

四、飞机可靠性对飞行安全的影响

（一）引擎故障

发动机是为飞机提供推力的装置，没有发动机飞机就无法飞行。实际上引擎故障远没那么可怕，如今的客机都有两个以上的发动机，一个坏掉一般不至于造成机毁人亡的事故。波音 747 备有四个发动机，坏掉两个发动机都可以正常降落。当然，不怕一万，就怕万一，例如，2009 年英国米德兰航空 092 航班空难的飞行员误把好的发动机关掉引发悲剧。或者两个以上发动机同时坏掉等概率极小的事情发生，都只能回天无力了。

（二）液压失灵

在客机上液压管道连接着飞行员的踏板和手柄，以及飞机的所有控制面、副翼、升力面等。可以说飞机完全是靠它的液压系统来控制的。在一般情况下液压系统非常可靠，不过它有个缺点，即一旦液压管道上有任何裂缝的话里面的液体就会很快漏光，整套液压系统也就没用了。为了防止这样的事故，大型客机上一般装有三套独立的液压系统，以免一套失灵后飞机失控，不过全部液压系统失灵而导致飞行安全的事件也发生过，例如，1985 年日航 123 次航班因为后舱门掉落损坏尾翼，三套液压系统同时失灵，飞机失控坠入山区。

（三）油箱起火

航空燃油在气化状态下非常易燃易爆。油箱起火主要是在飞机坠落之后，其直接后果就是整个飞机发生爆炸，那将是致命的危险。

（四）爆炸性减压

喷气式客机一般飞行在平流层，那里的气压要比地面低很多，没有任何保护措施的话人很快就无法生存。所以客机都装有增压装置，让机舱里的气压保持在地面的水平。这就需要把机身做得严丝合缝，有任何一点缝隙，飞机就会像被刺破的气球一样炸开，这种情况称为爆炸性减压，一旦发生后果严重。例如，2018 年 5 月 14 日川航的 3U8633 航班因驾驶舱右座前风挡玻璃破裂脱落的释压等。

（五）金属疲劳

一架飞机是一整套系统的结合，任何一套系统失灵都可能造成事故。最常见的故障原因是金属疲劳，飞机飞行的时候会产生各种频率的振动，再加上每次起降的增压/减压循环，如果哪个部位没有检查到而发生了疲劳断裂的话就会引发事故。

（六）飞机系统失效

飞机系统包括驾驶控制系统、自动驾驶系统、起落装置系统等。典型的是起落装置系统，是很重要的安全因素，飞机起飞后，起落架将会很快被收入机身或机翼的隔舱中，如果起落架液压系统出现问题或传动系统卡住，起落架不能收起或放下，不仅会给飞机带来极大的空气阻力，更会对飞行安全产生不良影响；飞机的轮胎故障多发生于滑行、起飞或着陆阶段的滑跑中。

复习与思考题

复习题

1. 飞行性能的含义是什么?

2. 代表飞行性能的主要参数有哪些?

3. 飞机的飞行过程包括哪几个阶段?

4. 飞行的不同飞行阶段有什么安全特性?

5. 影响飞行安全的因素包括哪些?

思考题

如何正确认识人为因素对飞行安全的影响?

第六章

飞行保障系统

本章导读

飞行会面临各种复杂的情况，飞行过程中的各种因素都将影响飞行，如空中交通状况、导航、管制、机场和航路的气象、飞行器的状况，如果遇到紧急情况，飞机紧急降落或极端情况下的坠机救援等都是相当复杂的操作。作为一个发达的民航体系，科学高效的飞行保障系统是其重要的组成部分，也是发展水平的重要标志。可以说，民航的整体进步与飞行保障系统密切相关。全面了解民航飞行保障系统的内容，对了解民航运行系统的复杂性、严谨性，多系统的相关性有很大的帮助，也有助于全面了解民航安全的影响因素，树立大民航的观念。当然，民航保障系统十分复杂，这里仅介绍与飞行安全相关的主要问题。

学习要求

1. 了解空中交通管理的任务、机构及发展历史；
2. 熟悉航空器飞行间隔标准；
3. 了解基本规则和目视、仪表飞行规则；
4. 掌握机场管制、进近管制、区域管制服务；
5. 熟悉空中交通管制中的程序管制和雷达管制方法；
6. 熟悉我国空域管理的相关概念和空域的划设；
7. 掌握机务维修的概念与目的；
8. 掌握机务维修的分类；
9. 熟悉气象服务的内容；
10. 熟悉机组获得气象信息的渠道；
11. 掌握紧急救援的概念及必要性；
12. 熟悉机场应急事件的等级及救援等级。

第一节　空中交通管理保障

一、概述

（一）空中交通管理的概念、组成与目的

1. 空中交通管理的概念

一旦空中交通开始实施或运行，就不可能无限期地在航路上消磨或延误，中止的方式就是使航空器降落。因此，航空器在空中时时刻刻都要接受航空管制员的依法管理，严格执行管制员的正确指令，否则就难以保证飞行安全。

空中交通管理（Air Traffic Management，ATM）就是为了有效地维护和促进空中交通安全，维护空中交通秩序，保障空中交通通畅，利用通信、导航、监视，以及航空情报、气象服务等运行保障系统对空中交通和航路、航线及机场区域进行的动态、一体化管理。

国际民航组织对空中交通管理的定义更为简洁：空中交通管理是确保飞机在所有飞行阶段安全且高效的空基与地基功能（包括空中交通服务、空域管理和空中交通流量管理）的综合。该定义特别强调安全与效率的和谐，既要确保安全，又要提高飞行效率。只有建立一整套完整科学的管理体系，安全与效率的目标才能实现，保障到位，才能有效率，也才能保证安全。

2. 空中交通管理的组成

空中交通管理作为飞行航程保障的一部分，从时间和空间的分配上，可以分为三大部分，分别是空中交通服务（ATS）、空域管理（ASM）、空中交通流量管理（ATFM）。三者各尽其责，高效、有速地维护了空中交通秩序，保障了空中交通的高效、畅通与安全。

3. 空中交通管理的目的

空中交通管理的目的是防止航空器与航空器相撞，以及在机动区内的航空器与障碍物相撞，维持和加速空中交通的有序流动。

（二）空中交通管理的任务

空中交通管理的任务由构成空中交通管理的空中交通服务、空域管理、空中交通流量管理三部分的具体任务而构成。

1. 空中交通服务的任务

空中交通服务是指对航空器的空中活动进行管理和控制的业务，是空中交通管制服务、飞行情报服务和告警服务的总称。

飞行中的民用航空器，由空中交通管制单位提供空中交通服务。空中交通服务是空中交通管理的主要任务。它由空中交通管制（ATC）、飞行情报服务（FIS）、告警服务（AS）三部分组成。空中交通服务的主要目的体现在以下几个方面：第一，防止航空器相撞；第二，防止在机动区内的航空器与该区内的障碍物相撞；第三，加速并维持有秩序的空中交通流量；第四，提供有助于安全和有效地实施飞行的建议与情报；第五，通知有关组织关于航空器需要搜寻与救援的信息，并根据需要协助该组织开展相关搜寻与救援工作。

2．空域管理的任务

空域管理是指为维护国家安全，兼顾民用、军用航空的需要和公众利益，统一规划，合理、充分、有效地利用空域的管理工作。空域管理的任务是依据既定空域结构条件，实现对空域的充分利用，尽可能满足经营人对空域的需求。

3．空中交通流量管理的任务

空中交通流量管理是指在空中交通流量接近或达到空中交通管制可用能力时，预先或适时采取适当措施，保证空中交通最佳地流入或通过相应区域，尽可能提高机场、空域可用容量的利用率。空中交通流量管理分为先期流量管理、飞行前流量管理和实时流量管理。

空中交通流量管理的任务是在空中交通管制的最大容量期间内，保证空中交通安全、有序地流向和通过该区域，为飞机运营提供及时、精确的信息，准确地预报飞行情报，减少延误。

（三）空中交通管理的发展及我国的状况

1．空中交通管理的发展

从空中交通管理诞生至今，世界空中交通管理的发展可分为四个阶段，每一阶段都有显著的技术进步。

第一阶段（1929—1934 年）的标志是飞机的出现。这一阶段的飞行特点是主要使用螺旋桨飞机，飞机少、航程短、飞行速度慢；空管技术是采用目视飞行规则，使用无线电通信设备。基本导航方式主要采用地标领航和推测领航，如信号灯、旗帜等。第一阶段的标志如图 6-1 所示。

（a）小飞机的目视飞行　　　　　（b）信号灯　　　　　（c）红旗和绿旗

图 6-1　第一阶段的标志

在空中管制中，管制员用红旗和绿旗来控制飞机的起飞和降落，但由于这种方式受到天气和时间的影响，所以很快就由信号灯取代了旗子，处于机场最高位置的塔台也随后建立起来。

第二阶段（1935—1945 年）的飞行特点是飞机增多增快、以军事飞行为主；空管技术开始实施程序管制，主要依靠管制员和飞行员经验；空中飞行主要按照约定的规则，使用无线电通信设备和简单导航设施。图 6-2 所示为无线电通信设备和导航设施。管制员通过无线电与飞行员相互通话，可使飞行员在看不到地面的情况下也能确定飞机的位置和姿态，从而增加了飞行的安全性。

第三阶段（1946 年—20 世纪 80 年代）：这个阶段主要是雷达管制和仪表着陆系统的应用。雷达管制通过雷达设备对飞机进行实时监控，确保飞机之间的安全间隔。仪表着陆系统则是一种辅助飞机着陆的系统，提高了飞机着陆的安全性和准确性。雷达管制如图 6-3 所示。

图 6-2　无线电通信设备和导航设施

图 6-3　雷达管制

　　第四阶段（20世纪80年代至今）：这个阶段主要是空中交通管理取代空中交通管制。在这个阶段，空中交通管理更加注重整体性和系统性，它不仅要确保飞机之间的安全间隔，还要考虑航线的规划、飞行计划的制订、飞行情报的提供等多方面因素，以实现更加高效、安全的空中交通管理。

　　此阶段的飞行特点是航路和机场拥塞较多、机载设备较发达；形成了空中交通管理的概念。随着电子、计算机技术以及卫星技术的发展，机载设备和地面导航设施广泛使用。图 6-4 所示为先进空管、航电系统和卫星导航应用。

（a）空间系统　　　　　　　　（b）空地协同　　　　　　　　（c）航电系统

图 6-4　先进空管、航电系统和卫星导航应用

　　总的来说，空中交通管理的发展历程是一个不断适应航空活动发展、科技进步和安全管理需求的过程。从最初的目视飞行规则，到程序管制，再到雷达管制和仪表着陆系统，以及现在的空中交通管理，每个阶段都是对前一个阶段的改进和发展，以更好地满足航空活动的需求。

2．我国空中交通管理的发展

中华人民共和国成立后，我国空管事业得到快速发展。1949 年 11 月 2 日，人民革命军事委员会民航局成立。1950 年 11 月 1 日，毛泽东主席签发了《中华人民共和国飞行基本规则》，是我国第一部规范空中交通活动的基本法规。1986 年 1 月 30 日，成立国务院、中央军委空中交通管制委员会，统一领导全国的空中交通管制工作。

1993 年，国务院、中央军委下发文件确定了空管体制改革"三步走"战略：第一步，将北京—广州—深圳航路交由民航管制指挥；第二步，分期分批将全国航路和部分飞行繁忙的航线升格为航路后交由民航管制指挥，航路外由军航负责管制指挥，实现"一个空域，一家管制"的体制；第三步，建立国家统一空中管制的雏形。

1994 年，完成了北京—广州—深圳航路交由民航管制指挥的体质改革试点。1994 年 8 月，成立中国民用航空总局空中交通管理局，标志着空管体制改革的开始，负责民用航空空域管理以及空中交通服务的组织实施，以保证航空器的飞行安全，维护和加快空中交通的有序流动。2000 年 6 月，全国空中航路全部交由民航管制指挥，初步形成了一个空域内由一家管制指挥的体制格局。同年 7 月 24 日，国务院、中央军委颁布了修改后的《中华人民共和国飞行基本规则》，对这一体制加以明确。2002 年开始的政企彻底分离、政资分离和行业重组改革，形成了民航局空管局—地区空管局—空管分局（站）三级管理与运营的体制架构，并进而按照"政事分开、运行一体化"原则进一步理顺空管体制。

随着我国民航事业的发展，民航通信、导航、监视业务逐步得到全面的发展，空管设施设备建设初具规模。

截至 2018 年 9 月，全国共划设 11 个飞行情报区，有高空管制区共计 28 个，中低空管制区共计 37 个，其中 28 个由相应的高空管制区兼管，绝大部分民用机场（含军民合用机场）均设置了塔台管制区域。

空管局成立之初，空中交通管制工作主要采用传统的所谓"一张标图桌、一部电台、一部电话"程序管制方式。仅用 20 多年，民航空管系统就完成了由程序管制向雷达管制的变迁。在新技术使用方面，广泛推进 RNAV 和 RNP、ADS-B、LAAS（GBAS）、CNS/ATM、ATM 等技术应用；在重大保障任务方面，多次成功处置了复杂危急的空中特殊情况，出色完成了保障专机、抢险救灾、科学实验及国际会议等一系列急难险重任务。自空管局成立以来，空管队伍总体规模已达到近 3 万人。

（四）我国空中交通管理机构和管制单位

1．空中交通管理机构

中国民用航空局空中交通管理局（简称民航局空管局）是民航局管理全国空中交通服务、民用航空通信、导航、监视、航空气象、航行情报的职能机构。中国民航空管系统现行行业管理体制为民航局空管局、地区空管局、空管分局三级管理；运行组织形式基本是以区域管制、进近管制、机场管制为主线的三级空中交通服务系统。

2．管制单位

民用航空空中交通管制工作的实施单位包括空中交通服务报告室、机场塔台管制单位（简称塔台管制单位）、进近管制单位、区域管制单位、地区空中交通运行管理单位及全国空中交通运行管理单位。

管制单位应当履行下列空中交通服务的职责：

（1）空中交通服务报告室负责受理和审核飞行计划的申请，向有关管制单位和飞行保障单位通报飞行计划与动态。

（2）塔台管制单位负责本塔台管辖范围内航空器的推出、开车、滑行、起飞、着陆和与其有关的机动飞行的空中交通服务。

（3）进近管制单位负责一个或者数个机场的航空器进、离场及其空域范围内其他飞行的空中交通服务。

（4）区域管制单位负责向本管制区内受管制的航空器提供空中交通服务，负责管制并向有关单位通报飞行申请和动态。

（5）地区空中交通运行管理单位负责统一协调所辖区域内民航空中交通管制工作，监控所辖区域内民航空中交通管理系统的日常运行情况，协调处理所辖区域内特殊情况下的飞行，承担本地区搜寻援救协调中心职责。

（6）全国空中交通运行管理单位负责统一协调全国民航空中交通管制工作，监控全国民航空中交通管理系统的日常运行情况，协调处理特殊情况下的飞行，承担民航局搜寻援救协调中心职责。

3．管制员执照及培训

管制员分为程序管制员和雷达管制员。按照工作岗位，又可分为塔台管制员、进近管制员、区域管制员。中国民航管制员技术等级可分为 7 级，由上至下为：高级管制员、一级管制员、二级管制员、三级管制员、四级管制员、五级管制员和见习管制员。中国民航管制员岗位类别可以划分为七大类。第一类：管制勤务员；第二类：见习管制员；第三类：助理管制员；第四类：管制员；第五类：主任管制员；第六类：管制督察员；第七类：独立管制检查员。

（1）管制员执照。

管制员执照是执照持有人从事空中交通管制岗位工作的资格证书，管制员执照由民航局颁发。从事空中交通管制工作的人员应当按照规定参加体检并取得相应的体检合格证，完成规定的培训，通过理论考试和技能考核，获得必要的申请经历，取得执照，方可从事与其执照相适应的空中交通管制工作。管制员执照类别包括机场管制、进近管制、区域管制、进近雷达管制、精密进近雷达管制、区域雷达管制、飞行服务和运行监控等八类。管制员执照的申请、考试、考核、颁发、注册、暂停、暂扣、吊销等，按照《民用航空空中交通管制员执照管理规则》执行。空中交通管制检查员负责对管制员的技术状况及其职责的履行情况、管制单位的运行情况进行监督检查。

（2）管制员培训。

民航局对管制员培训工作进行统一管理。管制员的培训工作，按照民航局关于管制员培训的规定执行。完成管制基础专业培训前，受训人员应当在空中交通管制岗位上进行实习，了解管制员基本工作情况。完成管制基础专业培训的人员可以获得见习管制员资质。管制单位应当每年安排管制员加入机组进行航线实习或者参加飞行模拟机培训。

二、飞行间隔标准

飞行间隔标准是为保证飞行安全、防止航空器相撞而配备的间隔标准，是由管制单位根据规定提供空中交通管制服务的间隔最低标准，一般分为垂直间隔和水平间隔两种。空中交通管制单位为管制的航空器配备间隔时，应当为航空器提供至少配备两种间隔中的一种间隔。所采用的管制间隔，应当符合间隔标准，同时，为了加速空中交通流量，也应当充分合理使用间隔，避免间隔过大。

（一）飞行高度层

1. 高度层的定义

飞行高度层简称"高度层"。以 1013.2 百帕（标准海平面）气压面为基准，按一定垂直间隔对航空器的飞行高度进行划分。将飞行中的航空器配备在不同的高度层上，使航空器之间保持垂直间隔，用以维护飞行秩序，防止航空器相撞。有主用、备用飞行高度层和冬季、夏季飞行高度层。

民用航空器飞行的高度是指航空器在空中的位置和所选定的基准面之间的高度差值，由于所设定的基准面不同，因而也有不同的飞行高度定义。一般飞行器高度用气压高度来表示，即通过大气压中气压值随高度的增加而减少的规律来确定高度。为了保持障碍物和航空器之间以及航空器和航空器之间有适当的高度差，在航班的实际运行中，飞机在不同的飞行阶段会使用不同的气压基准面来确定气压高度。

民航飞机上的高度表有两类：气压高度表和无线电高度表。无线电高度表用于测量飞机距离地面的垂直高度，即真实高度。气压高度表根据气压来确定高度，在飞行的不同阶段使用不同的气压基准面来确定高度。

2. 飞行高度层配备方案

（1）飞行高度层配备标准。

2007 年 11 月 22 日零时（北京时间），我国正式实施缩小垂直间隔（《中国民航实施缩小8400 米以上飞行高度层垂直间隔方案》），成为世界上首个使用米制飞行高度层实施缩小垂直间隔的国家。新的飞行高度层垂直间隔配备方法的实施范围为：在我国境内沈阳、北京、上海、广州、昆明、武汉、兰州、乌鲁木齐飞行情报区，以及三亚飞行情报区的岛内空域（不含已经实施缩小垂直间隔的三亚飞行情报区海洋空域，以及香港、台北飞行情报区）。将在上述飞行情报区内 8900m 以上至 12500m 定义为缩小垂直间隔空域。不符合 RVSM 运行要求的飞机将不得在缩小垂直间隔空域内运行。

缩小垂直间隔在国际民航界通常称为"Reduced Vertical Separation Minimum（RVSM）"，即在高度层 8900m 至 12500m 之间的高度层空间范围内，飞机之间的最小垂直间隔由过去的 600m 缩小为 300m；该空间范围内飞行高度层的数量从原有的 7 个增加到 13 个，新增 6 个飞行高度层，可用飞行高度层数量增加了 86%，显著增加了空域容量；这个高度层空间范围刚好是现代喷气式民航客机巡航阶段所主用的高度层，从而能有效增加空域容量，提高航空公司的运行效益，减轻空中交通管制指挥的工作负荷。RVSM 示意图如图 6-5 所示。

在我国现行 8400m 以下飞行高度层实行每隔 300m 为一个飞行高度层；8400m 至 8900m，每隔 500m 为一个飞行高度层；8900m 至 12500m，每隔 300m 为一个飞行高度层；12500m 以上，每隔 600m 为

图 6-5 RVSM 示意图

一个飞行高度层。飞行高度层飞行标准示意图如图 6-6 所示。

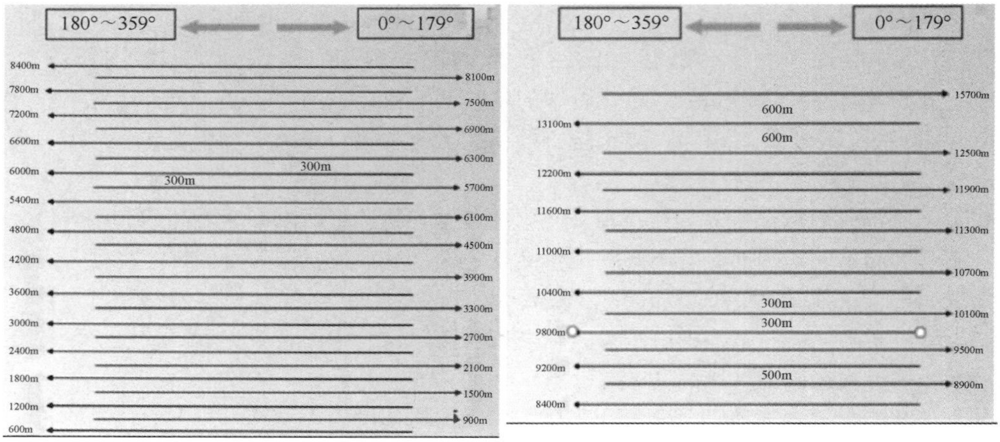

(a) 8400m 以下　　　　　　　　　　　　(b) 8400m 以上

图 6-6　飞行高度层飞行标准示意图

航路、航线飞行或者转场飞行的垂直间隔，按照飞行高度层配备。飞行高度层按照以下标准划分。

① 真航线角在 0° ~179° 范围内，高度在 900~8100m，每隔 600m 为一个高度层；高度在 8900~12500m，每隔 600m 为一个高度层；高度在 12500m 以上，每隔 1200m 为一个高度层。

② 真航线角在 180° ~359° 范围内，高度在 600~8400m，每隔 600m 为一个高度层；高度在 9200~12200m，每隔 600m 为一个高度层；高度在 13100m 以上，每隔 1200m 为一个高度层。

③ 飞行高度层应当根据标准大气压条件下假定海平面计算。真航线角应当从航线起点和转弯点量取。飞行高度层应当根据飞行任务的性质、航空器性能、飞行区域以及航线的地形、天气和飞行情况等配备。航路、航线飞行或者转场飞行的航空器起飞前，应当将场面气压的数值调整到航空器上气压高度表的固定指标，使气压高度表的指针指到零的位置。

（2）非巡航高度层配备。

机场塔台或进近管制室管制区域内的飞行高度层配备，不论使用何种高度表拨正值，也不论航向如何，航空器垂直间隔在 12500m 以下不得小于 300m。

600~8400m（含），每隔 300m 为一个高度层；8400~8900m，每隔 500m 为一个高度层；8900~12500m，每隔 300m 为一个高度层；12500m 以上，每隔 600m 为一个高度层。做起落航线飞行的航空器与最低安全高度层上的航空器，其垂直间隔不得小于 300m。

机场管制塔台或进近管制室管制区域内的飞行高度层，不论使用何种高度表拨正值，航空器之间的垂直间隔在 8400m（含）以下时不得小于 300m，8900（含）~12500（含）时不得小于 300m，12500m 以上时不得小于 600m。最低飞行高度层不得低于扇区最低安全高度。

机场等待空域的飞行高度层配备，从 600m 开始，每隔 300m 为一个高度层。最低等待高度层距离地面最高障碍物的真实高度不得小于 600m，距离仪表进近程序起始高度不得小于 300m。

航路等待空域的飞行高度层配备，高度在 8400m 以下时，每隔 300m 为一个等待高度层；高度在 8400~8900m，500m 为一个等待高度层；高度在 8900~12500m，每隔 300m 为一个等待高度层；高度在 12500m 以上，每隔 600m 为一个等待高度层。航路等待空域的最低飞行高度层不得低于航线最低安全高度。

（二）水平间隔

根据目视飞行与仪表飞行的不同，各有不同的间隔标准。航空器进行目视飞行时，空中交通管制员、飞行指挥员应当根据目视飞行规则的条件，配备垂直间隔、纵向间隔或者横向间隔。航空器按照目视飞行规则飞行，包括按照目视飞行规则飞行高度在 6000m（不含）以上做跨音速或者超音速飞行，以及飞行高度在 3000m（不含）以下且指示空速大于 450km/h 飞行时，应当经飞行管制部门批准。而仪表飞行的水平间隔对同航迹、同高度、同速度飞行的航空器之间以及同航迹、同高度、不同速度飞行的航空器的纵向间隔等做了明确的规定。本部分将结合目视飞行与仪表飞行的飞行规则进行介绍。

同航迹、同高度、同速度飞行的航空器之间，纵向间隔为 10 分钟。

同航迹、同高度、不同速度飞行的航空器之间，当前行航空器保持的真空速比后随航空器快 40km/h（含）以上时，两架航空器飞越同一位置报告点后应当有 5 分钟的纵向间隔；当前行航空器保持的真空速比后随航空器快 80km/h（含）以上时，则两架航空器飞越同一位置报告点后应当有 3 分钟的纵向间隔。

在同高度上，航迹交叉飞行的两架航空器，在相互穿越对方航路中心线或者航线时，应当有 15 分钟的纵向间隔，如果可以利用导航设备经常测定位置和速度，应当有 10 分钟的纵向间隔。

改变高度的航空器，穿越同航迹的另一航空器的高度层时，在上升或者下降至被穿越航空器的上一个或者下一个高度层之间，与被穿越的航空器之间应当有 15 分钟的纵向间隔，如果能够利用导航设备经常测定位置和速度，可以缩小为 10 分钟的纵向间隔；如果前后两架航空器飞越同一位置报告点，在后一架航空器飞越位置报告点 10 分钟内，其中改变高度的航空器开始穿越的时间应当与被穿越航空器之间有 5 分钟的纵向间隔。

改变高度的航空器，穿越逆向飞行的另一航空器的高度层时，如果在预计相遇点前 10 分钟，可以上升或者下降至被穿越航空器的上一个或者下一个高度层；如果在预计相遇点后 10 分钟，可相互穿越或者占用同一高度层；如果接到报告，两架航空器都已经飞越同一全向信标台、无方向信标台或者测距台定位点 2 分钟后，可以相互穿越或者占用同一高度层。

使用测距台飞行时，航空器之间的纵向间隔应当符合下列规定。

（1）同航迹、同高度飞行的航空器，同时使用航路、航线上的同一测距台测距时，纵向间隔为 40km；当前行航空器保持的真空速比后随航空器快 40km/h（含）以上时，纵向间隔为 20km。

（2）同高度、航迹交叉飞行的两架航空器，并且航迹差小于 90°，同时使用位于航迹交叉点的测距台测距，纵向间隔为 40km；当前行航空器保持的真空速比后随航空器快 40km/h（含）以上时，纵向间隔为 20km。

（3）同航迹飞行的两架航空器同时使用航路、航线上的同一测距台测距定位，一架航空器穿越另一架保持平飞的航空器所在的高度层时，应当保持不小于 20km 纵向间隔上升或者下降至被穿越航空器的上一个或者下一个高度层。

（4）逆向飞行的航空器同时使用航路上的同一测距台测距定位，只有两架航空器已相遇过且相距最小 20km 时，方可相互穿越或者占用同一高度层。

（三）垂直间隔

按照仪表或者飞行规则飞行的航空器，其垂直间隔标准应当符合相关规定。这在后面章节中进行介绍。

三、通用飞行规则

《中华人民共和国飞行基本规则》作为飞行的通用规则是各种类型飞机共同遵守的飞行规则。

（一）一般规则

1．保护人身和财物的安全

飞机未经特殊允许或紧急情况不得在稠密居民区上空飞行，飞机上不得下抛任何物体，不得拖曳其他物体或做特技飞行。

2．避免碰撞

（1）航空器不得飞近到与另一个航空器有可能相撞的区域，除特殊允许，不得到禁区飞行。

（2）航路权（优先通行权）：航空器在保证安全的情况下实行右侧通行权，在超越时按如下规定：

① 进近时：两架飞机相向飞行，各自右转。

② 交汇时：左面的航空器给右面的航空器让路。

③ 超越时：超越者要改变高度或者向右转。

④ 降落时：空中或地面的飞机为在最后着陆的飞机让出航道，高度高的飞机为高度低的飞机让路。

⑤ 起飞时：滑行的飞机为起飞飞机让路。

⑥ 在已知一架飞机处于紧急状态时其他航空器都要让出路权。

3．飞行计划

飞机每次飞行都要向空管部门提交飞行计划。

4．时间

使用世界协调时间，24 小时制计时。实施一次受管制飞行之前，以及必要时在飞行中的其他时间，必须校正时间。数据链通信使用时间，与世界协调时间误差必须不超过 1 秒。

5．信号

航空器运行时涉及的重要信号包括遇险信号和紧急信号、拦截时所使用的信号、用以警告未经批准的航空器正在或即将进入限制区或危险区的目视信号、机场交通信号以及指挥信号。这些信号都是国际通用的，有自己的固定含义。

6．非法干扰

受到非法干扰的航空器必须设法将此事实通知有关空中交通管制单位，以便空中交通管制单位能对该航空器给予优先权，并使之与其他航空器的冲突减至最小。

7．拦截

当民用航空器误入禁区时，前去拦截的航空器通常为军机。

8．符合空中交通管制的要求

（1）空管许可：飞机的管制飞行必须获得空管许可后才能进行。

（2）位置报告：在空中管制飞行中，在规定的报告点，航空器必须尽快报告飞越的时间、高度，在没有设定报告点的区域，飞行人员定时向空管单位报告位置。

（二）目视飞行规则

目视飞行是指在可见天地线和地标的条件下，能够判明航空器飞行状态和目视判定方位的飞行。目视飞行机长对航空器间隔、距离及安全高度负责。目视飞行规则（VFR）是指在目视气象条件下实施飞行管理的规则。

实施目视飞行时，航空器驾驶员必须加强空中观察。航空器应当与云保持一定的水平距离和垂直距离。目视飞行时，航空器驾驶员对保持航空器之间的间隔和航空器距地面障碍物的安全高度是否正确负责。

1．目视飞行规则适用范围

（1）昼间，飞行高度 6000m 以下。

（2）巡航表速在 250km/h 以下。

（3）云下飞行，低云量不超过 3/8。

（4）符合规定的目视气象条件（Visual Meteorological Conditions，VMC），即航空器距云的水平距离不小于 1500m，垂直距离不小于 300m；在修正海平面气压高度 3000m（含）以上，能见度不小于 8000m，高度 3000m 以下，能见度不小于 5000m。

2．目视飞行规则飞行时应遵守的一般规定

（1）飞行航空器与地面障碍物的垂直间隔规定。

① 机场区域内目视飞行最低安全高度。

巡航表速 250km/h（不含）以上，按照机场区域内仪表飞行规则飞行最低安全高度的规定执行；巡航表速 250km/h（含）以下，距离最高障碍物的真实高度不得小于 100m。

② 航线目视飞行最低安全高度。

巡航表速 250km/h（不含）以上，通常按区域内仪表飞行相关规定执行；巡航表速 250km/h（含）以下，通常按区域内仪表飞行相关规定执行；如果低于最低高度层飞行，距航线两侧 5km 地带内的真实高度，平原和丘陵地区不得低于 100m，山区不得低于 300m。

（2）目视飞行规则飞行时航空器之间的水平间隔规定。

根据不同空域、飞行器的不同类别，以及不同飞行阶段，有不同的侧向间隔和纵向间隔要求。

（3）目视飞行航空器使用同一跑道起飞、着陆时其最低间隔标准。

① 在前面航空器已飞越跑道末端或在跑道上空改变航向已无相撞危险前，或者根据目视或前面航空器报告确认该航空器已脱离跑道前，后面航空器不得开始起飞滑跑。

② 在前面航空器已飞越跑道末端或在跑道上空改变航向已无相撞危险前，或者根据目视或前面航空器报告确认该航空器已脱离跑道前，后面航空器不得飞越使用跑道的起始端。

3．目视飞行规则下的管制工作

按目视飞行规则飞行的航空器未经有关空管单位批准，不得在高度 6000m 以上飞行，也不得做跨音速或超音速飞行。

（1）飞行前应当预先向有关空管单位申请，获得对应的目视飞行许可。

（2）飞行中严格按照批准的飞行计划飞行，持续收听有关空中交通管制单位的频率，并建立双向通信联络。

（3）按要求向有关空中交通管制单位报告飞越每一个位置报告点的时刻和高度层。

4．目视飞行规则条件下的燃油要求

（1）在飞机上装载足够的燃油，这些燃油能够保证飞机飞到第一个预定着陆点着陆，并且此后按正常的巡航速度还能至少飞行 30 分钟（昼间）或 45 分钟（夜间）。

（2）直升机驾驶员在旋翼机装载足够的燃油，能够保证旋翼机飞到第一个预定着陆点着陆，并且此后按正常巡航速度还能至少飞行 20 分钟。

5．改为仪表飞行规则

按目视飞行规则飞行的航空器要求改为按仪表飞行规则飞行时，应当遵守下列规定。

（1）立即向有关空中交通管制单位报告对现行飞行计划将要进行的更改。

（2）在管制空域内遇到天气低于目视飞行规则的最低气象条件时，能按仪表飞行规则飞行的航空器驾驶员，应当立即向有关空中交通管制单位报告，经空中交通管制单位许可后，改按仪表飞行规则飞行；只能按目视飞行规则飞行的航空器驾驶员，应当立即返航或者去就近机场着陆。

（三）仪表飞行规则

仪表飞行是指完全或部分地按照航行驾驶仪表判定航空器飞行状态及其位置的飞行。仪表飞行规则（IFR）是指在仪表气象条件下实施飞行管理程序的有关规则。由于依靠仪表而不是依靠驾驶员的视觉来飞行，其对气象条件的要求比目视飞行时低，即使飞行员目视大多看不到其他飞机，管制员也会通过对 IFR 飞机配备间隔来保障飞行安全。采用 IFR 飞行时，必须提交飞行计划，整个飞行过程受管制员的监控，需要听从管制指挥。仪表飞行的航空器必须具有姿态指引、高度指示、位置判断和时钟等设备，其机长必须具有仪表飞行等级的有效驾驶执照。

1．仪表飞行规则适用范围

（1）在仪表气象条件（Instrument Meteorological Conditions，IMC）（低于目视气象条件）下飞行时。

（2）在云层、云上目视气象条件下飞行时。

（3）夜间飞行时。

（4）在高度 6000m 以上飞行时。

2．仪表飞行的最低安全高度

最低安全高度指航空器与地面障碍物之间的最低垂直间隔。除为起飞、着陆所必需或经有关当局特殊批准外，IFR 飞行的高度层不得低于被飞越的领土国家规定的最低飞行高度，或者在未规定最低飞行高度的地区：高原山地环境距离最高障碍物至少 600m，其他地区距离最高障碍物至少 300m。

航路、航线飞行或者转场飞行的安全高度，在高原和山区应当高出航路中心线、航线两侧各 25km 以内最高标准高度 600m；在其他地区应当高出航路中心线、航线两侧各 25km 以内最高标准高度 400m；但是当预先知道高原或山区存在严重乱流时，IFR 飞行至少高出航路中心线、航线两侧各 25km 以内最高标准高度 1000m。

3. 仪表飞行适用的规则

仪表飞行时，航空器在指定空域内和仪表进近过程中，必须保持规定的高度，按照仪表进近程序图规定的航线飞行；进、离机场塔台管制区域的航空器，必须按照标准仪表进、离场图的规定，在指定的高度上飞行；在航线上飞行的航空器，必须保持规定的航线、高度层和速度。

（1）适用于一切仪表飞行规则的飞行。

① 在管制空域内的 IFR 飞行必须遵守空中交通管制服务的规定。

② 航空器必须装置适当的仪表和适宜于所飞航路的无线电导航设备，满足所飞管制区对航空器通信、导航、监视和安全方面的能力要求。

③ 按照 IFR 在管制空域内巡航飞行时必须在一巡航高度层上飞行；如经批准采用巡航爬升技术，则须在两个高度层之间或一个高度层之上飞行。

④ 要有规定的最低高度（层）。除非为起飞、降落所必需或经有关当局特殊批准，仪表飞行规则飞行的高度（层），不得低于飞越国家所规定的最低飞行高度；在未规定最低飞行高度的地区，也应按相关标准执行。

⑤ 按仪表飞行规则飞行的航空器拟改为按目视飞行规则飞行时，如已提交了飞行计划，必须通知有关空中交通服务单位说明取消仪表飞行规则飞行，并报告对现行飞行计划所要做的更改。

按仪表飞行规则飞行的航空器进入或遇到目视飞行气象条件时，除非预计并打算进行相当长时间的、不间断的在目视气象条件下飞行外，不得取消按仪表飞行规则飞行。

（2）适用于在管制空域内仪表飞行规则的飞行。

在管制空域内的 IFR 飞行必须遵守空中交通管制相关规定。按照 IFR 在管制空域内巡航飞行时必须在 ICAO 规定的可用巡航高度层上。

① 按照仪表飞行规则飞行的航空器，应当装备仪表飞行所需的设备以及与所飞航路相适应的无线电导航设备。

② 按仪表飞行规则飞行的航空器，要求改为按目视飞行规则飞行的，应当事先向有关空中交通管制单位报告，得到许可后方可改变。

③ 按照仪表飞行规则飞行的航空器在飞行中遇到目视飞行规则的气象条件时，除预计能够长时间、不间断地在目视气象条件下飞行外，不得提出改变原来申请并经批准的仪表飞行规则飞行计划。

④ 按仪表飞行规则飞行的航空器做水平巡航时，应当保持在空中交通管制单位指定的巡航高度层飞行。

⑤ 按仪表飞行规则飞行时，航空器驾驶员应当在规定频率上持续守听，并向有关空中交通管制单位报告相关事项，如飞行时间、地点、影响飞行的气象条件以及一切与安全相关的任何信息。

4. 飞行中失去地空通信联络的有关规定

按仪表飞行规则飞行时，机长应当按照飞行计划中指定的高度层和预计到达时间，飞往着陆机场导航台上空。塔台管制员应当在该航空器预计到达前 10 分钟，将等待空域内该航空器的飞行高度层空出。

5．目视飞行和仪表飞行并存的有关规定

同时有目视飞行和仪表飞行时，目视飞行的航空器之间的间隔按照目视飞行规则执行；目视飞行和仪表飞行的航空器之间的间隔按照仪表飞行规则执行。

四、空中交通管制服务

空中交通管制是指利用通信、导航技术和监控手段，对飞行中的航空器提供空中交通管制服务，并实施有效的监督管理，保证飞行安全和有秩序飞行。通过空中交通管制，防止航空器与航空器及障碍物相撞，并且使空中交通有序高效地运行。

空中交通管制的任务主要体现在以下几个方面：①为每个航空器提供其他航空器的即时信息和动态（它们将要运动的方向和变化）；②由这些信息确定各个航空器之间的相对位置；③发出管制许可，使用许可和信息防止航空器相撞，保障空中交通通畅；④用管制许可来保证在控制空域内各航班的间隔，保证飞行安全；⑤从航空器的运动和发出的许可记录来分析空中交通状况，从而对管制的方法和间隔的使用进行改进，使空中交通的流量提高。

机场设有塔台，机场空中交通管制员（机场地面交通管制员和机场空中交通管制员）透过宽阔的玻璃窗观察机场和周围的空域。

空中交通管制服务根据航空器运行的不同阶段又可细分为三类：机场管制服务、进近管制服务和区域管制服务。

（一）机场管制服务

1．机场管制的任务

机场管制服务由机场管制塔台提供，因此管制员也称塔台管制员。机场地面交通管制负责控制在跑道之外的机场地面，包括滑行道、停机坪上所有航空器的运动。机场空中交通管制负责飞机进入跑道后的运动和在机场控制的起落航线上目视飞行规则的交通管制。

机场管制地带通常是圆形或者椭圆形的，水平边界为以机场管制地带基准点为圆心、以不小于 10km 为半径的圆。机场管制地带的下限一般为地面或者水面，上限通常为终端（进近）管制区的下限。

机场管制塔台为使在机场内和机场附近的空中交通安全、有序和迅速地流通，必须对在其管制下的航空器提供情报及发布空中交通管制许可，以防止在其管制下的航空器与航空器之间、航空器与地面车辆之间及航空器与地面障碍物之间发生相撞；防止在机场周围的起落航线上飞行的航空器与航空器之间发生相撞；防止在机动区内运行的航空器与航空器之间发生相撞；防止着陆航空器与起飞航空器之间发生相撞；防止机动区内的航空器与该区内的障碍物相撞。

2．机场管制工作内容

对进、离场航空器实施管制时，机场管制的工作主要包括以下内容。

（1）航空器预计起飞或者着陆前 30 分钟完成以下准备工作：了解天气情况、了解通信导航设备可用状况、校对时钟、检查风向风速及气压显示。

（2）航空器预计起飞前和预计进入机场塔台管制区前 20 分钟，通知开放本机场通信导航设备，了解跑道适用情况。

（3）放行航空器时，应当根据飞行计划和任务性质以及各型航空器的性能，合理放行航空器，放行的管制间隔应当符合规定。

（4）按照规定条件安排航空器进入跑道和起飞，并将起飞时间通知空中交通服务报告室或者直接拍发起飞电报；航空器从起飞滑跑至上升到100m（夜间150m）的过程中，一般不与航空器驾驶员通话。

（5）安排航空器按照离场程序飞行，按照规定向进近管制单位或者区域管制单位进行管制移交。

（6）与已经接受管制的进场航空器建立联络后，通知航空器驾驶员进场程序、着陆条件、发生显著变化的本机场天气。

（7）着陆航空器滑跑冲程结束，通知航空器驾驶员脱离跑道程序；有地面管制席的，通知航空器驾驶员转换频率联系地面管制；将着陆时间通知空中交通服务报告室或者直接拍发落地电报。

3．非常情况的处理

（1）发生以及即将发生侵入跑道的事件的处理。

在符合飞行条件时，塔台应向其管制下的航空器发布情报和管制许可。在发布起飞许可或者着陆许可后，塔台管制员得知跑道上或者跑道附近有可能危害起飞或者降落航空器安全的障碍，或者已经发生以及即将发生侵入跑道的事件时，应当采取下列措施。

① 取消离场航空器的起飞许可。

② 指挥降落的航空器复飞或者中断进近。

③ 通知航空器驾驶员出现跑道入侵或者跑道上有障碍以及障碍在跑道上的位置。航空器驾驶员应当根据管制员通报的情况和航空器所处的运行情况，做出判断和采取适当的措施。

（2）飞行航空器出现不正常情况的处理。

塔台管制员观察到或者收到航空器出现不正常状态的报告时，应当及时将有关情况通知相关航空器。航空器出现不正常状态包括起落架没有放下或者部分放下、航空器的任何部位出现不正常的烟雾及其他影响航空器正常运行的情况。

（二）进近管制服务

进近管制是针对按仪表飞行规则飞行的航空器的起飞和着陆的管制。进近管制是塔台管制和区域管制的中间环节，飞机在本区域接受进近管制室或进近管制中心的指挥，开始进近管制服务。进近管制是针对按仪表飞行规则飞行的航空器起飞后进入航路和着陆前由航路到机场管制区的管制提供服务。进近管制包括离场管制和进场管制。离场是航空器起飞至加入航路（线）点之间的飞行过程；进场是航空器从航路（线）脱离点至落地的飞行过程。

1．空中交通管制放行许可

空中交通管制放行许可简称放行许可，是批准航空器按照航空管制部门规定的条件继续飞行的许可。放行许可只能根据掌握的、影响运行中航空器安全的交通情况进行。放行许可内容包括：

（1）滑行及空中滑行路线。

（2）必要时，起飞顺序。

（3）等待点、等待位置。

（4）使用跑道。

（5）进近管制单位和区域管制单位对离场航空器的有关要求。

（6）其他事项。

2．进近管制服务的工作程序

进近管制员对进、离场航空器实施管制时，应当按照下列程序工作。

（1）航空器预计进入进近管制空域前 30 分钟完成以下准备工作：了解天气情况、取得最近的天气实况、了解通信导航监视设备可用状况、校对飞行申请和计划、准备飞行进程单、安排进离场次序。

（2）进场航空器预计进入进近管制空域前 20 分钟开始守听，通知开放导航设备，向塔台管制单位取得航空器着陆程序和使用跑道。

（3）本管制区内离场航空器预计开车前 10 分钟开始守听，将离场程序通知塔台管制单位。

（4）收到进、离场航空器进入进近管制空域的位置报告后，指示其按照程序飞行，通知空中有关飞行活动。

（5）通知进、离场航空器分别转换频率与塔台管制单位或者区域管制单位联络，按照规定进行管制移交。

（6）当塔台管制员通知最低等待高度层空出后，安排进场等待的该层以上的航空器逐层下降，航空器脱离第二等待高度层或者双方协议明确的高度层时，通知航空器驾驶员转换至塔台管制单位频率联络。

（7）接到航空器驾驶员报告已与区域管制单位或者塔台管制单位建立联络，并且飞离进近管制空域时，准许航空器脱离联络。

（三）区域管制服务

航空器在航路上的飞行由区域管制中心提供空中交通管制服务，每一个区域管制中心负责一定区域上空的航路、航线网的空中交通的管理。

1．区域管制的工作内容

（1）审理各空中交通服务报告室申报的飞行申请和计划，并将批准的飞行申请通知有关的管制单位和当地飞行管制部门。

（2）航空器预计在本区内起飞前或者预计进入本管制区边界前 30 分钟校对军用和民用航空器的飞行申请，阅读航行通告，拟订管制方案，听取天气讲解，研究航路、备降机场的天气实况和预报。

（3）收到航空器起飞的通报后，按照飞行计划电报和各位置报告点的预计时间，填写飞行进程单，配备管制间隔，调配飞行冲突。

（4）航空器在本管制区内的机场起飞的，应当在预计起飞前 10 分钟开始守听；航空器在本管制区内着陆或者飞越的，应当在航空器预计进入本管制区边界前 30 分钟开始守听。

（5）已经接受管制移交的航空器，超过预计进入管制空域边界时间尚未建立联络的，应当立即询问有关管制单位，同时采取措施建立联络。

（6）充分利用通信、导航设备以及航空器的位置报告，准确掌握航空器位置，监督其保持规定的航路和间隔飞行，超过预计飞越位置报告点 3 分钟尚未收到报告的，应当立即查问情况。

（7）按规定与区域、进近或者塔台管制单位进行管制协调，取得进入条件后通知航空器，航空器进入下一管制空域之前，通知航空器转换至下一管制单位的频率联络。

（8）航空器变更预计起飞时间的，管制员应当按照更改后的预计起飞时间开始工作，接到航空器驾驶员报告不能沿预定航线飞行的，或者着陆机场关闭的，区域管制员应当按照下列程序工作。

① 提供航线、备降机场的天气情况和航空器驾驶员要求并能够提供的资料。

② 按照航空器驾驶员返航或者备降的决定，立即通知有关管制单位以及当地飞行管制部门，并发出有关电报。

③ 充分利用各种导航设备，掌握航空器位置。

④ 航空器要求改变飞行高度层或者改航时，应当查明空中情况，在取得有关管制单位同意后，方可允许航空器改变飞行高度层或者改航；收到航空器驾驶员已被迫改变飞行高度层或者改航的报告后，立即将改变的情况通知空中有关的航空器以及有关的管制单位。

2．航路放行许可

区域管制单位和进近管制单位应当于航空器起飞前或者进入本管制区前 30 分钟，发出允许进入本管制区的航路放行许可或者按管制协议执行，并通过有关管制单位通知航空器驾驶员。

航路放行许可应当包括以下内容。

（1）航空器呼号或者识别标志。

（2）管制许可的界限，包括定位点或者目的地等。

（3）放行航路、航线。

（4）航路或者部分航路的飞行高度层和需要时高度层的改变。

（5）其他必要的指示和资料。

全航路或者部分航路中的各管制单位之间，应当进行协调，以便向航空器发出自起飞地点到预定着陆地点的全航路放行许可。因资料或者协调原因不能全航路放行而只能放行到某一点时，管制员应当通知航空器驾驶员。未经双方管制区协调，不得放行航空器进入另一管制区。

区域管制单位或者进近管制单位得知本管制区除已接受的飞行活动外，在某一时间一定航段内不能容纳其他飞行或者只能在某一限制下容纳飞行活动时，应当通知有关管制单位、飞经本管制区的航空器驾驶员。

管制员在航空器预计飞越报告点 3 分钟后仍未收到报告的，应当立即查问情况并设法取得位置报告。

（四）空中交通管制的方式

1．程序管制

程序管制是指用无线电通信按照规定的程序来完成的管制。程序管制方式对设备的要求较低，不需要相应监视设备的支持，其主要的设备是地空通话设备。管制员通过飞行员的位置报告分析、了解飞机间的位置关系，推断空中交通状况及其变化趋势，向飞机发布放行许可，指挥飞机飞行。

在组织飞行时，程序管制员掌握的基本信息和手段来自飞行计划与飞行进程单。航空器起飞前，机长必须将飞行计划呈交给报告室，经批准后方可实施。飞机飞行计划内容包括飞机航线、使用的导航台、预计飞越各点的时间、携带油量和备降机场等。空中交通管制员将批准的飞行计划的内容填写在飞行进程单内。当空中交通管制员收到航空器机长报告的位置和相关资料后，立即同飞行进程单的内容进行比较，当发现航空器之间小于规定垂直、纵向、横向间隔时，立即采取措施调配间隔。这种方式速度慢、精确度差，为了保证安全，需要对空中飞行设置很多限制条件。例如，当机型相同的两架飞机处于同一航路、同一高度时，它们之间必须有10分钟的飞行时间间隔，这就造成在规定的空域所能容纳的航空器较少。这种交通管制方式是我国民航管制工作在以往很长一段时间使用的主要方法。现在，当雷达失效时，该方式也在雷达管制区内使用。

2. 雷达管制

雷达管制是为了克服程序管制对交通量的局限性，随着监视雷达的出现而逐渐形成的一种交通管制方法。管制员根据雷达的显示可以了解本管制空域雷达波覆盖范围内所有航空器的精确位置，因此能够大大缩短航空器之间的最低间隔，从而可在一定空域内增加交通量。

雷达管制按空中交通管制规则，依靠雷达监视的手段进行管制，即它对飞行中的飞机进行雷达跟踪监视，随时掌握飞机的航迹位置和有关的飞行数据，并主动引导飞机运行。

（1）雷达系统的组成。

雷达系统由雷达和应答机组成，雷达具有识别功能，管制员根据雷达显示，可以了解本管制空域内航空器的精确位置，雷达分为一次雷达和二次雷达。

一次雷达是一次监视雷达发射的一小部分无线电脉冲被目标反射回来，并由该雷达收回加以处理和显示，在显示器上只显示一个亮点而无其他数据。管制员在工作时，通过飞行员的位置报告分析、了解飞机间的位置关系，推断空中交通状况及变化趋势，同时向飞机发布放行许可，指挥飞机飞行。一次雷达只能探测出空中飞行物的方位和距离，但无法知道其飞行高度及性质，因此它只用于监控，只有和二次雷达配套使用才能实现空中交通的雷达管制。

二次雷达由地面询问机、机载应答机组成。管制员从二次雷达上很容易知道飞机的编号、位置、高度、速度、方向等参数，可以实时地掌握飞机的飞行动态，有计划地指挥飞行。

（2）雷达管制的功能。

① 目标的识别和移交。

对某一航空器提供雷达服务之前必须确定雷达识别标志，并且告知机组，此后应保持使用该标志直至雷达服务终止。在确认航空器是在接受方管制员的雷达覆盖区内后，再完成从一个雷达管制员到另一个雷达管制员的雷达识别移交。如果失去雷达识别标志，必须如实通知机组，适时发布有关指令。雷达识别分为二次雷达识别和一次雷达识别。

② 雷达间隔。

雷达管制员通过综合考虑航空器的航向、速度、雷达限制、工作负荷等各种因素来确定航空器之间的最小安全间隔，并保证不能低于此安全间隔。雷达间隔仅限于在已被识别的航空器之间使用。雷达管制的航空器在进入非雷达管制区域前一定要建立非雷达间隔。

③ 雷达协助导航。

在特殊情况下，雷达可以协助导航，例如，提供雷达引导以帮助飞行员领航，使其飞向或飞离某个无线电导航设备，或者飞离或绕飞恶劣天气。

④ 调整速度。

根据有关空中交通管制部门规定的条件，包括对航空器性能限制的考虑，雷达管制员为了雷达管理或减少雷达引导的需要，可以要求在雷达管制下的航空器以指定的方法调整其速度。

⑤ 最低安全高度警告。

通过雷达进行最低飞行高度（层）的检查，并根据情况发出高度警告。

另外，特殊情况下可以采用高级雷达管制，如紧急情况（emergency）、相撞危险的情报（traffic information）、设备失效、航空器应答机失效以及航空器发生紧急情况处理（如紧急和遇险时——编码）等。

五、空域管理

（一）空域及空域管理的概念

1. 空域的概念

空域是指地球表面以上可供航空器飞行的空气空间，同国家的领土、领海一样，空域也是国家经济社会发展的重要战略资源。

2. 空域管理的概念

《民用航空空中交通管理规则》给出的空域管理的定义是，空域管理是指依据既定空域结构条件，实现对空域的充分利用，尽量满足经营人对空域的需求；为维护国家安全，兼顾民用、军用航空的需要和公众利益，统一规划，合理、充分、有效地利用空域的管理工作。空域的划设应当考虑国家安全、飞行需要、飞行管制能力和通信、导航、雷达设施建设以及机场分布、环境保护等因素。

（二）我国空域的分类

1. 飞行情报区

飞行情报区是指为提供飞行情报服务和告警服务而划定范围的空域。飞行情报区包括我国领空，以及根据我国缔约或者参加的国际公约确立由我国提供空中交通服务的空域。划设飞行情报区应当便于提供飞行情报服务和告警服务，并按规定公布。为了便于对在我国境内和经国际民航组织批准由我国管理的境外空域内飞行的航空器提供空中交通管制，全国共划分沈阳、北京、上海、广州、昆明、武汉、兰州、乌鲁木齐、香港、台北和三亚 11 个飞行情报区。为了及时有效地对在我国飞行情报区内遇险失事的航空器实施搜寻援救，在我国境内及其附近海域上空划设搜寻援救区。

2. 管制空域

管制空域应当根据所划空域内的航路结构和通信、导航、监视和气象保障能力划分，以便对所划空域内的航空器飞行提供有效的空中交通管制服务。

在我国空域内，沿航路、航线地带和民用机场区域设置管制空域，包括高空管制空域、中低空管制空域、进近管制空域和机场管制地带，分别为 A、B、C、D 4 类空域，如图 6-7 所示。

A 类空域为高空管制空域，在我国境内，6000m（不含）以上至巡航高度层上限的空间划分为若干个高空管制空域。A 类空域只允许 IFR 飞行，并对所有在其中飞行的航空器提供空中交通管制。高空管制空域的空中交通管制服务由高空区域管制室负责。

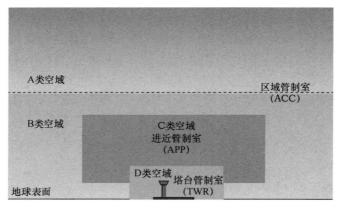

图 6-7　我国境内的管制空域的划分

B 类空域为中低空管制空域。在我国境内 6000m（含）以下，最低高度层以上的空间划分为若干个中低空管制空域。B 类空域接受 IFR 飞行或 VFR 飞行，并对所有在其中飞行的航空器提供空中交通管制。中低空管制空域的空中交通管制服务由中低空区域管制室负责。

C 类空域为进近管制空域。设置在一个或几个机场附近的航路汇合处划设的便于进场和离场航空器飞行的管制空域。它是中低空管制空域与塔台管制空域之间的连接部分，其垂直范围通常在 6000m（含）以下，最低高度层以上，水平范围通常为以机场基准点为中心半径 50km或走廊进出口以内的除机场塔台管制范围以外的空间。C 类空域接受 IFR 飞行或 VFR 飞行，但VFR 飞行应由航空器驾驶员提出申请并经进近管制室批准。进近管制区或终端管制区为 C 类空域所对应的地域范围。该空域的空中交通管制服务由相应的进近管制室负责。

D 类空域为塔台管制空域，通常包括起落航线和最后进近定位点以后以及第一等待高度层（含）及其以下、地球表面以上的空间和机场活动区，即管制地带。D 类空域接受 IFR 飞行或VFR 飞行，并对所有在其中飞行的航空器提供空中交通管制服务。但 VFR 飞行应由航空器驾驶员提出申请并经塔台管制室批准。该空域的空中交通管制服务由塔台管制室负责。

3．特殊区域

特殊区域是指国家为了政治、军事或科学试验的需要，划设一定的限制或禁止航空器进入的空域，通常分为空中禁区、空中危险区、空中限制区，是空域的重要组成部分，对保护地面目标安全至关重要。特殊区域包括空中放油区、试飞区域、训练区域、空中禁区、空中限制区、空中危险区和临时飞行空域。

空中禁区、空中限制区、空中危险区是根据需要经批准划设的空域，未经特别批准，任何航空器不得飞入空中禁区和临时空中禁区；在规定时限内，未经飞行管制部门许可的航空器，不得飞入空中限制区或者临时空中限制区；在规定时限内，禁止无关航空器飞入空中危险区或者临时空中危险区。

飞行中的航空器应当利用机载和地面导航设备，准确掌握航空器位置，防止航空器误入空中危险区、空中限制区、空中禁区。管制单位应当严密监控飞行中的航空器动态，发现航空器即将误入空中危险区、空中限制区、空中禁区时，应当及时提醒航空器，必要时采取措施予以纠正。

空中放油区应当根据机场能够起降的最大类型的航空器所需的范围确定，并考虑气象条件和环境保护等方面的要求。试飞区域应当根据试飞航空器的性能和试飞项目的要求确定。训练区域应当根据训练航空器的性能和训练科目的要求确定。

4．航线和航路

航线（Air Route）是指航空器在空中飞行的预定路线，沿线须有为保障飞行安全所必需的设施。航路（Air Way）是指以空中航道形式建立的，设有无线电导航设施或者对沿该航道飞行的航空器存在导航要求的管制区域或者管制区域的一部分。

空中交通管制航路各段的中心线，从该航路上的一个导航设施或者交叉点开始，至另一个导航设施或交叉点为止。各段中心线连接起来成为航路的中心线。

空中交通管制航路的宽度为 20km，其中心线两侧各 10km；航路的某一段受到条件限制的，可以减少宽度，但不得小于 8km；在航路方向改变时，航路宽度则包括航路段边界线延长至相交点所包围的空域。

空中交通管制航路和航线的下限应当不低于最低飞行高度层，其上限与飞行高度层的上限一致。

为了帮助航路和航线上的航空器保持在规定的范围内运行，空中交通管制航路和航线应当根据要求设置导航系统。导航设施的类型和布局应当符合有关技术规范。

5．空中交通管制扇区

为了充分合理地利用空域资源，有效地减轻管制人员的工作负荷，降低无线电陆空通话频次，提高空中交通服务能力，管制单位可以根据有关规定，将其管制责任范围分为若干空中交通管制扇区（以下简称"管制扇区"）。

（三）我国现行的空域管理体制

空管体制就全国来说，实行统一管制、分别指挥的体制，即在国务院、中央军委空中交通管制委员会的领导下，由空军负责实施全国的飞行管制，军用飞机由空军和海军航空兵实施指挥，民用飞行和外航飞行由民航实施指挥。由于这一体制存在某种局限性，目前正在着手改革。就民航内部来说，空管系统实行"分级管理"的体制，即各级空管部门分别隶属民航局、地区管理局、省（区、市）局以及航站。民航局空管局对民航空管系统实行业务领导，其余工作包括人事、财务、行政管理及基本建设等均由各地区管理局、省（区、市）局以及航站负责。

六、空中交通流量管理

（一）空中交通流量管理的含义及目的

1．空中交通流量管理的含义

空中交通流量管理是指有助于空中交通安全、有序和快捷地流通，以确保最大限度地利用空中交通管制服务的容量并符合有关空中交通服务主管部门公布的标准和容量而设置的服务。

2．空中交通流量管理的目的

空中交通流量管理的目的主要是在需要和预期需要超过空中交通管制（ATC）系统的可用容量期间内，为空中交通安全、有序和流量的加速提供服务，确保最大限度地利用 ATC 容量，保证空中交通最佳地流向或通过这些区域，为飞机运营者提供及时、精确的信息以规划和实施一种经济的空中运输，以尽可能准确地预报飞行情报而减少延误。

（二）空中交通流量管理分类

为防止出现和纠正在航路、机场区域内出现航空器过度集中超过规定限额的现象，必须对航空器的运行采取适当控制措施。空中交通流量管理分为先期流量管理（或称战略流量管理）、飞行前流量管理（或称战术流量管理）和实时流量管理（或称动态流量管理）。

1．先期流量管理

先期流量管理包括对全国和地区航线结构的合理调整、班机航线走向的管理、制定班期时刻表和飞行前对非定期航班的飞行时刻进行协调。其目的是防止航空器在某一地区或机场过于集中和出现超负荷流量，危及飞行安全，影响航班正常。

2．飞行前流量管理

飞行前流量管理是指当发生恶劣天气、通信导航监视设施故障、预计扇区或者区域流量超负荷等情况时，采取改变航线、改变航空器开车/起飞时间等方法，疏导空中交通，维持正常飞行秩序，使航空器与航空器之间的飞行间隔符合管制规定的系列行动。

3．实时流量管理

实时流量管理是指当飞行中发现或者按照飞行计划将要在某一段航路、某一区域或某一机场出现飞行流量超负荷时，采取改变航段，增开扇区，限制起飞、着陆时刻，限制进入管制区时刻或者限制通过某一导航设备上空的时刻，安排航空器空中等待，调整航空器速度等方法，控制航空器按照规定间隔有序飞行的系列行动。

（三）空中交通流量管理方法

空中交通的需求超过或者将要超过公布的容量时，应当实施空中交通流量管理。实施空中交通流量管理的原则是以先期流量管理和飞行前流量管理为主，实时流量管理为辅。

为了防止空中交通流量超过负荷，管制单位可以采取增开扇区或者限制起飞、着陆时刻和空中等待等措施。区域管制单位可以限制本管制区内机场的起飞时刻或者进入本管制区移交点的时刻，可以向相邻管制单位提出航空器飞入本管制区的限制条件。进近管制单位可以向相邻管制单位提出对飞入本管制区航空器的限制条件。塔台管制单位可以向相邻管制单位提出对飞入本管制区航空器着陆时刻的限制；限制航空器的开车和起飞时间。上述管制单位提出限制要求时，应当将限制的原因、要求及预计的时间长度通知其他有关管制单位，由该管制单位向航空器发出限制指令。

当管制扇区或者机场的空中交通需求已经或者将要超过负荷时，管制单位应当通知有关的管制单位，以及相关的空中交通流量管理单位。如果可能，管制单位应当将可能的延误和限制情况通知飞往该区域的航空器驾驶员和有关运营人。

实施空中交通流量管理的空管单位应当与航空器运营人、机场共同建立基于信息共享和交换的协调流量管理与协同决策机制。

 知识拓展卡 6

航行情报服务

航行情报服务的任务是向驾驶员和有关航行部门提供及时、准确、完整的飞行前和飞行中所需的情报。其服务内容包括如下几方面。

（1）航行资料汇编：按照 ICAO 的要求，把对外开放的机场资料、气象、空中规则、导航设施、服务程序、航图等资料以活页形式汇编对外提供，并定期修改；国内以航线手册、机场细则的形式提供。

（2）航图：包括航空地图和特种航图（航路图、仪表进近图、机场图、机场障碍图、机场地面活动图、标准仪表进场图、标准仪表离场图、精密进近地形图等）。

（3）通告：航行通告（NOTAM）和雪情通告（SNOWTAM），航行设施、服务、程序的建立与变化，并通过国际航空固定电信网（AFTN）提前 7 天发布。

（4）飞行前和飞行后航行资料服务：为直接为每日飞行所提供的航行情报服务，是机场航行情报室的主要工作任务。

（5）飞行情报服务：重要天气情报、航行通告未发布的但是对飞行安全有重要影响的内容、导航设施、机场设施、飞行区、跑道冰雪霜积水情况、沿航线天气、交通情报等。

我国航行情报服务体制是：民航局情报中心、地区管理局情报中心和机场航行情报室三级服务体系。

第二节　机务维修保障

安全飞行是飞机使用的本质要求和使用目的，因此，民航飞机是一个既要一次飞行中的安全可靠，又要保证长期重复使用、寿命周期内的安全可靠，同时，飞机使用过程中要有良好的经济性和乘坐体验。而飞机是一个十分复杂的系统，使用环境严酷，飞机在使用过程中，避免不了由于零部件疲劳、损坏或功能失效而使飞行存在安全隐患。可见，飞机的地面维护、有针对性的维修和保障，是飞机安全可靠使用的前提和能力特性有效发挥的保障，可以保证飞机在各种环境条件下安全可靠地使用。

一、机务维修的概念

为保证航空器、发动机及其部件在设计可靠性和安全水平上持续执行预定功能而进行的一切工作即机务维修，包括养护、调整、更换、修复、大修等。我们常说的飞机维修，顾名思义也就是对飞机进行维护、修理、检查、更换、改装和排故。

通过机务维修保障安全飞行，提高航班正点率，同时，延长飞机的寿命，进而提高航空运输企业的经济效益。

机务维修包含维护和修理两大类。一般意义而言，维修是维护和修理的简称。维护就是保持某一事物或状态不消失、不衰竭、相对稳定；修理就是使损坏了的东西恢复到能重新使用，即恢复原有的功能。

保持飞机处于规定状态的活动，通常称为维护（servicing），有时也称为保养，如润滑、检查、清洁、添加油料等。使处于故障、损坏或失调状态的飞机恢复到规定状态，所采取的措施称为修理或修复，如调整、更换、原件修复等。大部分情况下，维护和修理不能截然分开，维护过程往往伴随必要的修理，修理过程必然伴随维护，所以统称维修。

二、机务维修的分类

飞机维修部门是民航正常运作的重要保障单位，负责保持飞机处于"适航"和"完好"状态并保证航空器能够安全运行。"适航"意味着航空器符合民航当局有关适航标准和规定；"完好"意味着航空器保持美观和舒适。

通常，飞机的维修分为两级，即内厂维修（维修基地维修）和外场维修（航线维修）。

一级是维修基地维修，也称内厂维修。维修基地是一个维修工厂，它具备大型维修工具和机器以及维修厂房，负责飞机定期维修、大修，拆换大型部件和改装。

二级是航线维修，也称外场维修，飞机一般不进入车间，在航线上对运行飞机进行维护保养和修理。这类航线维护包括航行前、航行后和过站维护。

小型航空公司可以没有自己的维修基地，把高级定检和修理工作委托给专门维修公司或大型航空公司的维修基地完成。

三、不同级别维修的主要工作

（一）内厂维修——维修基地维修

维修基地是一个维修工厂，它具备大型维修工具和机器以及维修厂房，负责飞机的定期维修、大修，拆换大型部件和改装，可以属于航空公司，也可以是专门的飞机维修公司。

根据使用情况，飞机、发动机和机载设备在经过一段时间的飞行（飞行周期）后，可能发生磨损、松动、腐蚀等现象，飞机各系统使用的工作介质，如液压油、润滑油等也可能变质和短缺，需要进行更换或添加，所以经过一段时间的飞行后，必须送维修基地进行相关的检查和修理，并对飞机各系统进行检查和测试，发现和排除存在的故障与缺陷，使飞机恢复到原有的可靠性，来完成下一个飞行周期的任务。

一般基地维修机构（MRO）需要取得 CAAC、FAA、EASA 等适航管理机构颁发的维修许可证方可接受客户维修委托业务。2019 年世界专门飞机维修公司的前十名如表 6-1 所示。

表 6-1 2019 年世界专门飞机维修公司的前十名

排名	企业名称	机器维修工时/万	总维修工时/万	总营业收入/亿美元
1	新科宇航（ST Aerospace）	1250	未公开	12
2	香港飞机工程有限公司（HAECO）	1030	1280	18
3	AAR	530	未公开	未公开
4	MRO Holdings	430	470	未公开
5	汉莎技术（LHT）	420	800	56
6	法荷航工程维修公司（AFI-KLM E&M）	370	未公开	46
7	北京飞机维修工程有限公司（Ameco）	310	480	未公开
8	Turkish Technic	300	600	未公开
9	广州飞机维修工程有限公司（GAMECO）	280	520	未公开
10	航空技术服务公司（ATS）	260	300	未公开

国内最大的飞机维修机构之一是广州飞机维修工程有限公司（GAMECO），获取了CAAC、FAA、EASA以及亚太地区多个国家和地区的航空当局维修许可证，可以向国内外航空公司机队中的波音B737/747/757/767/777、空中客车A300/319/320/321/330及EMB145提供高质量飞机维修工程服务。

国内的主要航空公司，如国航、东航、南航、海航、川航等均有内厂维修基地与维修能力。如四川国际航空发动机维修有限公司是亚洲最大的发动机维修基地；南航沈阳飞机维修基地已成为亚太地区首个具备普惠加拿大APS5000型APU修理能力的修理厂，还有浦东维修基地外航维修等。

同时，为了满足不同航空公司的需要，各大机场均有飞机维修部门，为没有设立专门维修机构的航空公司提供内厂和外场的维修保障。

（二）外场维修——航线维修

航线维修主要是针对飞机当日的飞行任务进行例行检查、一般勤务、故障处理等，可分为航前（每日第一个航班之前）工作、过站（经停）工作和航后（每日最后一个航班落地后）工作。

航线维修时，飞机一般不进入车间，在航线上对运行的飞机进行维护保养和修理。这类航线维护包括航行前、航行后和过站（短停）维护。

（1）航行前维护：每天执行飞行任务前的维护工作。

（2）过站（短停）维护：每次执行完一个飞行任务后，准备再次投入下一个飞行任务前，在机场短暂停留期间进行的维护工作。

过站维护主要是检查飞机外观和飞机的技术状态，调节有关参数，排除故障，添加各类工作介质（如润滑油、轮胎充气等），在符合安全标准的前提下，适当保留无法排除并对安全不构成影响的故障，确保飞机执行下一个飞行任务。

（3）航行后维护：也称过夜检查，每天执行完飞行任务后的维护工作，一般在飞机所在基地完成，排除空、地勤人员反映的运行故障，彻底排除每日飞行任务中按相关安全标准保留的故障项目，并做飞机内外的清洁工作。

以上各类维护的定义仅针对一般情况，依据具体飞行任务安排各航空公司都有自己的相关规定，如飞机在基地停留超过一定时间就必须进行航行后维护，而不论当天飞行任务是否全部完成；飞机飞回基地做短暂停留期间也可能要按航行后维护标准执行维护工作。

（三）特种维修（维护）

由于某种特殊原因而进行的维修称为特种维修，这类维修一般包括以下几方面。

（1）经过雷击、重着陆或颠簸飞行后对某些设备、飞机结构的特定部位进行的特别检查和修理。

（2）受外来物撞击、碰伤后的修理。

（3）发现飞机某部位发生不正常腐蚀后的除锈、防腐处理。

（4）按适航部门或制造厂家的要求对飞机进行加、改装工作。

（5）在两次D检之间加做的中检或客舱更新。（注：按飞行小时或起落架次，维护维修分为A、B、C、D检等级别，D检的级别最高。）

四、飞机交接

飞机交接是将飞机交给机务的过程，是对机组机务的信任，同时，也是机务承担责任的开始。

（一）接飞机

所谓接飞机，就是飞机在机场降落后，由机务人员负责指挥，配合飞行人员将飞机平稳、安全地停入指定停机位。这个工作是机场的一个必要的而不容马虎的事情，因为一个飞机场一天的吞吐量是巨大的，尤其是国际机场，所以，这个工作是要紧张而有序地进行的。

（二）责任交接

责任交接就是明确航空器监护责任的交接，目的是保证飞机在地面停发期间的安全。飞机交给机场护卫监护前，监护人员需清理工作现场，清点工具，关闭必须关闭的舱门，无关梯架和车辆撤离飞机，飞机轮挡挡好，飞机舱门贴上封条（视机场规定），做好交接记录；监护人员在接收飞机之前，必须绕飞机检查，检查飞机外表、舱门封条（如有）是否完好，如果没有异常可接收飞机。如果发现异常情况，协助机场护卫保护好现场，并进行"信息通报"，分清责任后，方可接收飞机。

（三）资料交接

飞行员会在旅客离开飞机后交给机务工作者一个公文包，里面主要包含三个材料——飞行记录本、技术记录本和客舱记录本，分别记录本次航班的飞行数据、飞机状态和客舱状态。在飞机的驾驶舱内，机长、乘务长会在每一个记录本上签字。在签字交接的那一刻，对于飞行员来说代表着一种信任，而对于机务来说则代表着一份责任的开始。由此，飞机正式交由机务主管。

五、机务放行

机务放行分为技术放行和签派放行。技术放行是指该架飞机的状态是适航的，飞机过站和航行前都需要机务人员进行检查，由放行人员签字整机放行。

当一架飞机落地后，会在机场短暂停留，进行客舱清洁、燃油加注等工作。同时，机务人员在这期间对飞机进行认真细致的检查，依次从右侧机头、右侧机身、机翼、发动机、起落架等检查飞机，确认飞机各部位状态良好，如果有故障，就必须排除后才能放行。同时，还要检查机舱内部设备状态，排除故障，检查显示舱门关闭好的指示灯是否处于正常状态，并从舱外检查应急门是否完全关好，工作事无巨细不容半点疏忽。检查完毕后，飞行员还要在检查单上签字。

第三节　航空气象服务

就像鸟儿飞翔一样，人类的航空活动只有依靠大气才能够实现。由于大气的不断运动变化产生了各种天气现象，飞行活动必然直接或者间接地受到气象要素和天气的影响。除了人类肉眼可见的天气影响，大气条件和大气环境以人类肉眼看不到的形态与方式影响着飞行安全与效率。

为了保证安全，不同的机场、跑道、机型等都有其最低运行标准，只有在所有条件都符合最低运行标准时，飞机才能起飞或者降落。风、能见度、云底高度都是机场最低运行标准的主要指标。例如，能见度过低会使飞行员无法看清跑道，从而影响着陆安全；云底高度很低的云层会妨碍飞机起降等。

一、航空气象服务概述

（一）航空气象服务的概念

航空气象服务是指为保障飞行安全正常、提高飞行效率，民航气象部门会探测、收集、分析、处理气象资料，制作发布航空气象产品，及时准确地提供民用航空活动需要的气象信息。

航空气象学是气象学的分支，属于应用气象学，主要是研究气象同飞行活动、气象同航空技术之间的关系以及航空气象服务的方式和方法的一门科学。它是在气象学与航空运输密切联系中发展起来的，航空气象服务的目的是保证飞行安全、航班正常运行和有效提高飞行效率。

（二）航空气象学的产生和发展

自 20 世纪初航空活动兴起之后，航空与气象就结下了不解之缘。

1903 年，美国莱特兄弟在进行人类首次飞行时，先用叶轮式风速表观测了地面风速，这是第一次航空气象观测。在此之后的近百年，云、雾、雷暴、积冰、大气湍流、大气能见度等以及它们的预报方法，也都成为航空气象学研究的内容。随着现代科学技术的进步，人们越来越认识到气象对航空运输的重要性。

1919 年，国际气象组织在巴黎召开会议，决定建立航空气象学应用委员会，1935 年，华沙会议决定将其改名为国际航空气象学委员会；1951 年，世界气象组织又将国际航空气象学委员会改名为航空气象学委员会。在中国，自 1927 年起，在为数不多的机场就设有测候所。中华人民共和国成立后，建立起了比较完善的航空气象组织，使中国的民用航空气象事业迅速发展。

二、航空气象服务体系

（一）国际航空气象服务体系

世界区域预报系统（WAFS）隶属国际民航组织，其目的是用图形和数字形式为航空气象部门及其他用户提供航线气象条件的预报。该系统下设有两个预报中心（WAFC）：伦敦世界区域预报中心、华盛顿世界区域预报中心。航空气象服务是国家化的活动，WAFC 发布数值或图表形式的气象产品，其提供的服务包括：一是数值或图表形式的全球高空风、温预报；二是对流层顶高度和最大风预报；三是重要天气预报等产品。

按照《国际民用航空公约》附件《国际航行气象服务程序》和《国际飞行气象供应办法》的要求，各公约签约国的主管国际航行部门均提供机场天气报告、特殊天气报告、趋势型着陆天气预报、机场天气预报、航线天气预报、重要气象情报、重要天气预报图、高空风和气温预报图等飞行气象文件。中国民用航空局同样提供有关国际飞行所必需的各种气象情报。

（二）我国航空气象服务体系

航空气象工作的基本任务是收集、加工、处理、分析气象情报和资料，及时、准确地提供航空运输所需的气象情报，为飞行安全、正常和效率服务。

1. 我国航空气象管理机构

我国由民航局直属的航空气象服务部负责全国的航空气象服务工作，分别在七大地区管理局设有气象服务部。

2. 民航气象运行机构

（1）气象中心和地区气象中心。

目前在中国大陆地区设有民航北京气象中心、6个地区气象中心（广州、上海、成都、西安、沈阳、乌鲁木齐）。

（2）机场气象台。

目前，我国有140多个机场气象台和航空气象站。机场气象台，按任务可以划分为两类，其责任分工为：①飞行繁忙的机场气象台负责：24小时定时或不定时机场天气预报；24小时定时天气报告或不定时天气报告、趋势型着陆天气预报、特殊天气报告、机场天气警报；服务区内的机场起飞的航空器中、低空飞行航路天气预报以及通用航空飞行的气象服务；收集与交换气象情报；机组、管制人员和飞行签派人员需要的天气讲解、飞行气象文件或飞行天气报告表以及协议的特殊项目服务。②一般机场气象台负责：不定时的机场天气预报；指定时间的天气报告、特殊天气报告、机场天气警报；收集与交换气象情报；机组、管制人员和飞行签派人员需要的天气讲解、飞行气象文件或飞行天气报告表以及经协议的特殊项目服务。

（3）气象观测站。

负责提供不定时的天气报告和特殊天气报告。

3. 民航气象业务运行模式

现行的业务模式，按民航北京气象中心、地区气象中心、省（区、市）局气象台及机场气象台四级业务模式运行。

4. 民航气象系统的任务

中国民航气象系统依照国际民航组织制定的服务标准和建议措施，建立业务运行和服务体系，其任务如下。

（1）实施机场天气的观测和探测，制作发布天气报告、天气预报、重要气象情报、警报等。

（2）组织飞行气象情报的收集与交换，制作飞行气象文件。

（3）航空公司人员可直接向气象服务人员咨询、磋商，也可收听机场甚高频（VHF）或高频（HF）气象广播，通过气象信息网获取飞行气象文件和所关心的最新气象信息。

三、航空气象服务的内容

（一）为航空公司提供气象服务

航空公司充分掌握并利用气象情报，不但可以减少乃至避免因天气原因对飞行安全的影响，而且可以为飞行正常和效率做出贡献。为航空公司提供的气象服务主要体现在以下两个方面。

（1）为航空公司的航务部门制订飞行计划提供气象信息。航务部门根据起飞、降落机场当时的天气情况、未来的天气变化以及航路上的天气状况等气象情报，制订或修改飞行计划，在燃料的携带、飞机的配载等环节充分考虑气象因素，从而最大限度地提高航空公司的经济效益。

（2）在飞机起飞前，为机组人员提供气象服务。飞机在起飞前，机组人员或签派代理必须到机场气象台了解天气情况，索取飞行气象文件。气象预报员将提供包括起飞机场、备降机场及目的地机场的重要天气现象以及高空风和高空温度预报等多种航空气象服务产品，并提供咨询服务。

（二）为空管提供气象服务

空中交通管理人员在实施空中交通管制服务时，也必须对当前的天气状况有充分的了解。通过在空中交通管制部门安装自动观测系统及气象雷达显示终端，向空中交通管理人员提供机场地区的温度、气压、风向、风速、跑道视程以及云的分布情况。当然，还可以直接向空中交通管理人员提供机场天气报告及预报等航空气象产品。

（三）为机场提供气象服务

机场是航空气象服务的重要用户之一。机场大量的场外设施和停场飞机也会受到大风、冰雹、雷暴等恶劣天气的侵袭。当机场受到恶劣天气的威胁时，航空气象部门应及时掌握气象信息，采取措施，减少恶劣天气造成的危害，确保机场的正常运行。

在沿海地区，当台风出现时，航空气象部门都会通过各种探测手段监测其移动和变化，及时向机场管理部门发布台风机场警报。而在北方地区，机场气象部门会及时发布大雪机场警报，使机场管理部门得以合理安排除雪机械扫除跑道积雪，以减少航班延误时间。另外，无论是新航线的开辟，还是新机场的选址建设，都需要航空气象服务。

（四）重要气象情报、机场警报和风切变警报

1．重要气象情报

重要气象情报，是指有关特定航路上可能影响飞行安全的天气现象以及简要说明这些现象在时间和空间的发展。这种情报一般包括下列出现或预期出现的一种或多种天气现象：积雨云、活跃的雷暴、热带风暴、强烈飑线、冰雹、中度或严重颠簸、中度或严重积冰、显著的地形波、大片的沙暴或尘暴。

为亚音速航空器提供重要气象情报的电报，必须在报首用"SIGMET"标志；为超音速航空器在跨音速或超音速飞行阶段提供重要气象情报的电报，必须在报首用"SIGMETSST"标志。

2．机场警报

当机场出现或预期出现一种或多种天气现象，并威胁飞行中或停场的航空器以及机场设施的安全时，必须向有关单位发布下列警报：热带风暴、雷暴、冰雹、大雪、强沙（尘）暴、强地面风、飑、霜、冻雨和暴雨。

3．风切变警报

当进近或起飞路径上已经观测到或预测将要出现风切变影响飞行安全时，必须发布风切变警报。航空器在进近或起飞路径上，观测到风切变存在时，机长应当及时通报管制员，管制员除通报其他航空器外，还应当转告值班预报员。

四、飞行前的天气查询

飞行前可以在机场气象服务室的计算机终端查看天气信息，进行天气咨询，获得沿飞行航线、预定着陆机场、备降机场和其他有关机场的现时与预期的最新天气情报。

（一）计算机资料

计算机资料包括图表资料和电码资料。

1．图表资料

（1）雷达资料图。主要是由测雨雷达观测的强对流天气资料，包括雷达综述图、降水分布图，主要包括积雨云和降水区的范围、顶高、底高及其移动方向和移动速度。

（2）航空天气图。有地面分析图、天气区分布图、危险天气预告图、12小时高空风预报图。

（3）卫星云图。同时提供世界范围的可见光云图和红外云图，并可进行动画显示。

2．电码资料

电码资料包括机场的天气实况报告、航站天气预报、区域天气预报概要和目视飞行条件、区域危险天气预报和警报、飞行员天气报告、重要气象情报、重要对流天气预报、高空风和温度预报等。

（二）飞行前机组应该获得的气象资料

飞行前，机组应取得翔实有效的天气实况和航路天气预报，分析可能出现的天气，制定可靠的飞行预案。

（1）高空风和高空气温预报。

（2）预期的航路上重要天气预报和有影响的对流层顶高度和急流分布。

（3）机场天气预报。

（4）持续飞行时间在两小时之内时，还需提供机场天气报告、特殊天气报告、重要气象情报和有关空中特殊报告。

（5）热带区域或短航线飞行时，可用现时的高空风和高空气温代替预报图。

第四节　机场应急救援保障

机场应急属于航空交通灾害危机管理范畴，根本目的是在航空交通灾害及其他影响机场运行的紧急事件临近或已发生时，如何在有效时间内采取救援行动，尽量减少生命和财产损失，适用于灾害临近或已发生时的管理。理想的和绝对的安全是难以达到或者根本无法实现的。当事故或灾害不可避免时，有效的应急救援行动是唯一可以抵御事故或灾害蔓延并减缓危害后果的有力措施。

《国务院关于促进民航业发展的若干意见》中强调"加强应急救援体系建设，完善重大突发事件应急预案"是着力提高航空安全水平的重要举措。因此，机场应急救援是民航安全保障体系中的重要工作。

一、国际条约、相关法规及要求

（一）有关国际公约

《国际民用航空公约》附件14——《机场》，对于民用运输机场的规划和运行安全保障提出了一系列国际标准建议措施，在附件14第九章中，介绍了民用运输机场的应急计划、救援和消防以及航空器搬移工作等内容，对于民用运输机场内部和周边地区发生的紧急事件的应急救援体系提出了具体要求。在国际民航组织出版物《机场勤务手册》中，第一、第五和第七部分分别详细介绍了民用运输机场的消防和救援、机场应急计划以及航空器搬移等工作。该公约是各个缔约国制定本国民用机场各种规章的基础，按照国际民航组织《芝加哥公约》对缔约国的要求，对于缔约国本国规章和措施中与国际民航组织附件、技术文件之间的任何差异，应当通知国际民航组织。

（二）将民航机场应急纳入法律体系

美国"9·11 事件"发生后，越来越多的国家重视应急救援管理的研究，我国也出台了多项法律法规，形成了比较完善的机场应急救援法律法规体系，明确了机场应急救援的机制、组织结构和工作规范。

（1）《中华人民共和国安全生产法》明确了企业在安全生产中的主体责任，并在应急救援制度中引入了三套对策体系：事前预防——超前预防对策体系；事中救援——事故应急救援体系；事后处理——事故调查、报告和责任追究体系。

（2）《中华人民共和国民用航空法》属于国家法律，是民用航空法规体系的龙头，是制定民航法规、规章的依据，其中也规定：机场应具备处理特殊情况的应急计划以及相应的设施和人员。

（3）《中华人民共和国搜寻援救民用航空器规定》规定：民用机场及其邻近区域发生的事故，其应急救援和现场保护工作按照《民用运输机场突发事件应急救援管理规则》执行。

（4）《民用运输机场突发事件应急救援管理规则》对突发事件分类和应急救援响应等级、应急救援组织机构及其职责、突发事件应急救援预案、应急救援的设施设备及人员、应急救援的处置和基本要求、应急救援的日常管理和演练、法律责任等进行了具体说明与相应规定。

二、机场应急事件分类

应急救援面对的一定是飞机的紧急情况，亦即救援是针对机场应急事件的。通常，民用运输机场突发事件（以下简称"突发事件"）是指在机场及其邻近区域内，航空器或者机场设施发生或者可能发生的严重损坏以及其他导致或者可能导致人员伤亡和财产严重损失的情况。机场突发事件包括航空器突发事件和非航空器突发事件。

（一）航空器突发事件

（1）航空器失事。

（2）航空器空中故障。

（3）航空器受到非法干扰，包括劫持、爆炸物威胁。

（4）航空器与航空器相撞。

（5）航空器与障碍物相撞。

（6）涉及航空器的其他紧急事件。

（二）非航空器突发事件

（1）对机场设施的爆炸物威胁。

（2）建筑物失火。

（3）危险物品污染。

（4）自然灾害。

（5）医学紧急情况。

（6）不涉及航空器的其他紧急事件。

三、航空器突发事件的应急救援响应等级

1．原地待命

航空器在空中发生故障等突发事件，但该故障仅对航空器安全着陆造成困难，各救援单位应当做好紧急出动的准备。

2．集结待命

航空器在空中出现故障等紧急情况，随时有可能发生航空器坠毁、爆炸、起火、严重损坏，或者航空器受到非法干扰等紧急情况，各救援单位应当按照指令在指定地点集结。

3．紧急出动

已发生航空器失事、爆炸、起火、严重损坏等情况，各救援单位应当按照指令立即出动，以最快速度赶赴事故现场。

非航空器突发事件的应急救援响应不分等级。发生非航空器突发事件时，按照相应预案实施救援。

四、机场应急救援的责任主体

机场管理机构负责应急救援指挥、提供有关救援设备和人员，同各个救援单位一起，快速实施救援，最大限度地降低人员伤亡和财产损失。

机场管理机构应当在地方人民政府统一领导下成立机场应急救援工作领导小组。机场应急救援总指挥由机场管理机构主要负责人或者其授权人担任，全面负责机场应急救援的指挥工作，并下设机场应急救援指挥中心，作为机场应急救援领导小组的常设办事机构，同时也是机场应急救援工作的管理机构和发生突发事件时的应急指挥机构。机场空中交通管理部门、机场消防部门、机场医疗救护部门、航空器营运人或其代理人及机场地面保障部门等均参与应急救援工作，承担相应的责任。

民用机场制订机场应急计划，并且报不同级别的民航管理部门审批。在民用机场基准点8km范围以内发生的航空器紧急事件，机场管理机构负责实施救援工作。机场应急计划中对紧急事件的级别和各个救援部门的职责加以规定，同时，各个机场根据具体运行环境，制定针对航空器紧急事件、自然灾害和各种社会灾害的应急预案。

在紧急事件的快速反应过程中，中国民用航空总局要求机场管理机构重视应急指挥、应急通信和救援程序等问题，同时，颁布有关管理程序和说明性文件加以解释。机场管理机构负责应急救援的指挥，提供有关救援设备和人员，同各个救援单位一起，快速实施救援，最大限度地降低人员伤亡和财产损失。在实施救援过程中，中国民用航空总局要求各个机场制定标准信息通报程序和包括手势、灯光等通信方式在内的通信手段，同时配备相应通信设施，最大限度地降低各种紧急事件对机场运行的影响。参照国际民航组织有关推荐措施，中国民用航空总局正在加强标准救援程序的研究，尤其是针对各种航空器紧急事件，制定航空器消防、救援、医护和信息沟通等标准工作程序，在演习演练过程中加以训练。

五、机场突发事件应急救援预案

应急救援预案是应急管理的文本体现，是应急管理的指导性文件，一般包括紧急事件的类型和应急救援等级、各类紧急事件的通知程序和通知事项、各类紧急事件中所涉及的单位及其职责等内容。

机场管理机构应当依据本规则制定机场突发事件应急救援预案，该预案应当纳入地方人民政府突发事件应急救援预案体系，并协调统一。该预案主要包括下列内容。

（1）针对各种具体突发事件的应急救援预案，包括应急救援程序及检查单等。

（2）根据地方人民政府的相关规定、本规则和机场的实际情况，确定参与应急救援的各单位在机场不同突发事件中的主要职责、权利、义务和指挥权以及突发事件类型及相应的应急救援响应等级。

（3）针对不同突发事件的报告、通知程序和通知事项。

（4）各类突发事件所涉及单位、应急救援的责任主体单位的名称、联系方式。

（5）应急救援设施、设备和器材的名称、数量、存放地点。

（6）机场及其邻近区域的应急救援方格网图。

（7）残损航空器的搬移及恢复机场正常运行的程序。

（8）在各类紧急突发事件中可能产生的人员紧急疏散方案，该方案应当包括警报、广播、各相关岗位工作人员在引导人员疏散时的职责、疏散路线、对被疏散人员的临时管理措施等内容。

（9）与应急救援有关的协议。

六、机场应急救援的演练

机场应急救援的演练是锻炼和提高各参加应急救援单位遇到紧急情况时的信息传递、应急反应、救援处置、协调配合、决策指挥等方面能力和水平的重要手段，对积累救援经验、检验和完善应急救援计划及预案具有重要意义。机场管理机构应当把应急救援演练作为保证运行安全的重要内容，列入年度工作计划，定期组织落实。我国机场管理机构定期举办机场应急救援综合演练，深挖细节、优化程序、提高能力，演练后均进行总结，发现不足，不断完善预案的可操作性，提高机场处置突发事件的能力和水平，真正做到出动迅速、反应敏捷、处置高效、救援有力，预防和减少人民的生命财产损失。

民航局、地区管理局、机场监管局均应定期开展机场应急救援管理的监察工作，就应急救援领导小组的设置更新、应急救援指挥中心、应急救援演练计划与实施、应急救援预案的编制、应急救援通信报告机制等进行监察。

复习与思考题

复习题

1. 什么是空中交通管理？其组成与任务是什么？

2. 飞行的基本规则包括哪些方面？

3. 目视飞行规则、仪表飞行规则的基本内容是什么？

4. 什么是机场管制、进近管制、区域管制服务？主要内容分别是什么？

5. 程序管制和雷达管制的内容与区别是什么？

6. 我国的空域是如何划分的?

7. 机务维修的目的是什么？如何分类？

8. 机组获得气象信息有哪些渠道?

9. 机场应急事件的等级及救援等级是如何划分的?

思考题

1. 简述空中交通管理与民航发展水平的关系。

2. 简述机务维修保障服务与飞行安全的关系。

第三篇

民航系统运行篇

第七章

民用机场与运行

本章导读

从有飞机的那一天开始，机场的发展与民航的发展就命运相连。从莱特兄弟的第一架飞机冲上天空，到民航客机的诞生，民航人除了探索如何制造更好的飞机、如何利用飞机去完成航空运输外，与之相伴的是解决了飞机降落场地，即机场的问题。在单架飞机或有限数量飞机飞行的情况下，机场问题似乎还没有成为人们的困扰，但随着飞机数量的剧增，机场区域就会"拥挤"，飞行安全问题凸显，再先进的飞机，如果没有机场及其附属设施的保障，飞机的使用功能就会大打折扣，必将制约民航的整体发展。今天的机场，可谓是承载飞机起降和社会连通的多重功能，从一块草皮、一杆旗的简易机场，到今天的导航设备齐全，机场不仅内涵更加丰富，而且其功能的外延，使其已经成为区域经济、社会进步以及所在城市的标志，进一步彰显了现代民航对社会发展的拉动力。

学习要求

1. 了解机场的定义和演变过程；
2. 熟悉机场的不同区域划分及其功用；
3. 了解跑道及其附属区域的位置、作用；
4. 掌握机场飞行区及机场等级划分的方法；
5. 熟悉跑道及滑行道上各种标志符号的含义；
6. 熟悉机场内各种标记牌的含义；
7. 掌握航站楼区域功能与服务项目；
8. 了解机场运行的模式；
9. 熟悉机场运行指挥中心（AOC）的功能。

第一节　民用机场概述

一、机场的概念解析

（一）机场的定义

国际民航组织将机场（航空港）定义为：供航空器起飞、降落和地面活动而划定的一块地域或水域，包括域内的各种建筑物和设备装置。机场有不同的大小，除了跑道之外，机场通常还设有塔台、停机坪、航空客运站、维修厂等设施，并提供机场管制服务、空中交通管制服务等。

（二）机场的概念解读

1. 机场是一个三维立体空间

从功能层面看，机场为航空器起飞、降落和地面活动区域或水域，机场不仅包括飞机活动的平面区域，也包括机场的空中维度，航空器的起飞与降落，除了地面的二维空间，还包括空间活动的第三维度。

2. 机场的保障能力凸显

航空器活动，特别是在繁忙机场多流量的条件下，航空器在机场的活动必须得到安全保障，必须由相应管理机构进行组织，通过有效的方法进行管控，通过先进的设备提供技术支持，因此，机场必须有运行管理的部门、空管以及与之配套的建筑物、装置和设施。

3. 为旅客出行提供便利条件

在传统机场的概念中，更强调为航空器活动服务的核心，但现在的机场将为航空器活动服务和旅客出行服务并重，而且，对后者愈加重视也成为民航发展的趋势，旅客出行活动的区域功能不断丰富，服务内容不断拓展，服务水平不断提高。

4. 机场社会经济功能的拓展

随着民航的发展，机场的角色也在不断增加，从服务飞机、服务旅客，到带动区域发展、拉动经济发展，可以说，现代机场的概念已经从地点延伸到区域，延伸到社会、经济领域，机场往往成为一座城市的标志，成为区域经济发展的驱动力。

二、机场的功能与作用

（一）机场的功能

随着社会进步与经济发展，现代机场突破了传统意义上的范畴，被赋予了更多的拓展功能，特别是在区域经济、腹地经济及人们对美好生活的追求方面，机场的社会角色更加凸显，服务经济发展、服务旅客出行、推动社会进步，呈现出"一场矗立，造福四方"的局面。

1. 运行与保障功能

（1）飞行运行功能。提供飞机可以安全、有序、高效地进行起降的运行场地，包括起飞、降落、滑行、经停等。

（2）飞机停留服务功能。在飞机起飞前、着陆后以及飞机经停过夜时，提供指定的飞机停靠机位。

（3）飞行保障服务功能。包括空管、通信导航监视、机务维修、航空气象、航行情报、油料供给、应急救援。

2．旅客进/出港和货物运输服务功能

（1）提供旅客进/出港服务。通过一系列登机手续，提供出发旅客登机出港，或到达旅客进港服务。

（2）提供货物运输服务。航空货物运输业务与服务。

3．商务服务功能

提供各种商业服务，如餐饮、购物、会展、休闲服务等。

4．地面交通运输服务功能

为乘机和下机的客、货、邮提供方便的地面交通组织和设施，如停车场和停车楼。

5．拓展功能

依托机场还可建立物流园区、临空产业区、临空经济区以及航空城等。

（二）机场的作用

机场不仅是连接打通空中交通的纽带，使空中交通网络无限地延伸，触及人们想要到达的地方，从更广阔的视野全方位去考察，它又是区域经济、机场腹地经济社会发展的支撑，经济开发的重要纽带，增加发展活力的重要因素。所以，从全方位去考察机场的作用，才能认清机场所蕴藏的潜能。

（1）奠定民航发展的基础。航空运输是国家竞争力的重要基础，机场是国家的基础设施，是民航运输能力的保证。

（2）打通对外开放的通道。机场是国门，构建了与世界交往与合作的"空中走廊"，打通对外开放新通道，使一个国家融入全球化的发展行列。

（3）拉动区域经济的发展。机场不仅带来人员流动的便利，也带来物流的畅通，从而实现生产要素的空间极化，同时，增加了区域的综合实力和产业升级的驱动力，拉动旅游相关产业的发展，为机场腹地的社会与经济发展赋能。

（4）架构航空运输的网络。有机场才有航空运输，在这个空运的网络上，机场就是航空运输网络的节点，决定着航线的分布、连接方式以及辐射范围，成为民航运输服务社会能力的基础。

（5）展示机场属地的形象。机场往往是具有标准特征的建筑群，是差异化的社会人文表达，扮演着重要的角色，既代表了机场属地形象，也是国家形象的展示。如北京大兴国际机场，除了作为航空运输枢纽外，还是新"国门"，是国家形象的展示窗口和北京的城市入口，承担着特殊的政治和文化含义的表达。

（6）体现科学技术的进步。现代机场集成了云计算、大数据、物联网、移动互联网、人工智能等"工业 4.0 时代"的数字信息化、智能化技术的发展成果，展现了国家的综合实力，展现着科技创新及相关产业的发展与进步。

三、机场的分类

根据机场的不同特征，可以将机场分成不同的类型，以便于机场的运行与管理。如图 7-1 所示为民用机场主要分类。

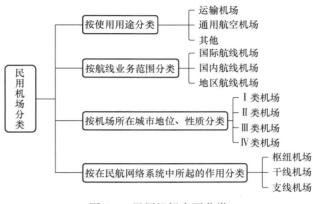

图 7-1 民用机场主要分类

（一）按使用性质分类

1．军用机场

军用机场就是为用于军事用途的飞机起飞、降落、停放，以及组织、保障飞行活动的机场。军用机场是国家防卫和安全的需要，是封闭的，神圣不可侵犯。

2．民用机场

民用机场就是专门为民用飞机起飞、降落、停放，以及组织、保障飞行活动的机场，是开放的，但有严格的管理标准与运控体系。

3．军民两用机场

军民两用机场在不具有专门民用机场的地方，利用军用机场，在保证军事用途的前提下为民航服务。随着新的民用机场的建设现在这类机场越来越少。

（二）按航线业务范围分类

1．国际机场

国际机场是指可接受来自其他国家的班机着陆和起飞的机场，以国际机场为起降点，可以形成连接两个国家或两个以上国家的航线；除国际航班外，国际机场同样具有国内航线，接待国内航班，因此，国际机场具有服务国内和国际的双重功能。

2．国内机场

国内机场是指专供一个国家境内航行的班机使用的机场，供航空公司国内运输活动使用。目前，截至 2020 年底我国境内运输机场（不含香港、澳门和台湾地区）241 个，其中有 76 个是国际机场，其余均为国内机场。

3．地区航线机场

地区航线机场是指内地民航运输企业与香港、澳门地区之间定期或不定期航班飞行使用，并没有相应联检机构的机场。

（三）按在民航运输体系中的作用分类

1．枢纽机场

枢纽机场是指国际、国内航班密度、客货吞吐量规模大的民用机场。这类机场处于交通网络的节点位置，起着连接不同经济区域核心的纽带作用，经由枢纽机场，可以到达多个目的地，便于旅客及货物进行中转。枢纽机场具有显著的洲际连接、国际中转、辐射区域功能，中国有北上广三个门户复合枢纽机场，有重庆江北国际机场、成都双流国际机场、武汉天河国际机场、郑州新郑国际机场、沈阳桃仙国际机场、西安咸阳国际机场、昆明长水国际机场、乌鲁木齐地窝堡国际机场等八大区域性枢纽机场。这些枢纽机场，构成了我国民航运输网络的关键节点，构建了覆盖广泛、通达通畅、便捷高效的国内航空运输网络、国际航空运输通道。

2．干线机场

干线机场以国内航线为主，建立跨省跨地区的国内航线的，可开辟少量国际航线。在设计标准上，干线机场的年吞吐量在千万级，可起降空客、波音干线客机。通常跑道长度为2～3km或更长，根据机场的等级和海拔等因素确定，此类机场一般设置在省会或计划单列市级别的城市中。深圳、南京、杭州、青岛、大连、长沙、厦门、哈尔滨、南昌、南宁、兰州、呼和浩特为中国十二大干线机场。

3．支线机场

支线机场是指经济较发达的中小城市或经济欠发达但地面交通不便的城市地方机场，在设计标准上，支线机场目标年旅客吞吐量小于50万人次（含），主要起降短程飞机，规划的直达航班一般在800～1500km范围内。

（四）按照使用用途不同分类

1．运输机场

运输机场是指主要为定期航班运输提供服务的机场，其规模较大、功能较全、使用较频繁、知名度也较大。

2．通用航空机场

通用航空机场主要供专业飞行之用，使用场地较小，因此一般规模较小，功能单一，对场地的要求不高，设备也相对简陋。

（五）按机场所在城市的地位、性质不同分类

1．Ⅰ类机场

Ⅰ类机场是指处于全国政治、经济、文化中心城市的机场，是全国航空运输网络和国际航线的枢纽，运输业务量特别大，吞吐量在4000万人次以上，除承担直达客货运输功能外，还具有中转功能。北京首都国际机场、上海浦东国际机场、广州白云国际机场等均属于此类机场。

2．Ⅱ类机场

Ⅱ类机场是指省会、自治区首府、直辖市和重要经济特区、开放城市和旅游城市或经济发达、人口密集城市的机场，可以全方位建立跨省、跨地区的国内航线，是区域或省区内航空运输的枢纽，有的可开辟少量国际航线，吞吐量在1000万～4000万人次。Ⅱ类机场也可称为国内干线机场。

3．Ⅲ类机场

Ⅲ类机场是指国内经济比较发达的中小城市，或一般的对外开放和旅游城市的机场，能与有关省区中心城市建立航线，吞吐量在200万～1000万人次。Ⅲ类机场也可以称为次干线机场。

4．Ⅳ类机场

Ⅳ类机场是指支线机场及通用航空中的直升机场，吞吐量在 200 万人次以下，年实际旅客吞吐量一般低于 100 万人次。这些机场的航线多为本省区航线或邻近省区支线。

四、机场的发展

截至 2020 年底，全国颁证运输机场达到 241 个，其中 4F 级机场 13 个，4E 级机场 38 个，4D 级机场 38 个，4C 级机场 147 个，3C 级机场 4 个，3C 级以下机场 1 个，基本形成了大、中、小型机场配套，辐射范围较全的机场网络布局。

五、机场功能区划分

为了保证飞机安全、有序地起飞和着陆，需要对机场进行功能区划分，以便对不同功能区进行管理，建立起不同功能区之间的联系，使之成为一个运行良好的有机整体，以最大限度地发挥机场的作用。通常，机场功能区分为三部分：飞行区、航站（楼）区、进出机场的地面运输区。机场功能区分布如图 7-2 所示。

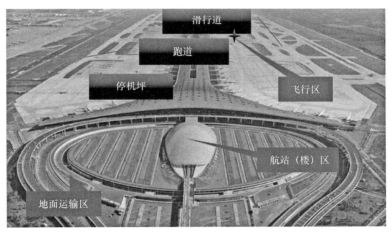

图 7-2　机场功能区分布

（一）飞行区

飞行区是围绕飞行活动而设定的主要区域，属于机场的核心，由地面和空中两个维度组成。地面部分以跑道、滑行道、停机坪和登机门为主体，并配套维修、油料和空中交通管制服务的设施与场地等的服务保障区，如机库、塔台、救援中心等；空中部分即机场的空域，包括净空道、进场及离场的航路，与同航路系统相通。为了突出飞行区的飞行特征，也可以把其称为空侧，以此表明所有飞行区的活动都是为飞行服务的。另外，飞行区地面的上空区域是无障碍的，而且必须按统一的规则组织飞机的活动。

机场飞行区的布局是影响机场效率的最重要因素之一，飞行区的容量决定了机场的容量，而跑道数量和构型决定了机场飞行区的容量。为保证飞行区能满足未来多年的运输需求，更有效率、更安全地运行，促进当地经济发展，飞行区的布局必须经过科学的分析，既立足于满足当下的需要，又充分考虑未来社会与经济发展对机场吞吐量的要求。

（二）航站（楼）区

航站楼是航站（楼）区的主体建筑，是一个地区或国家的窗口，通过各种服务与设施，不断地集散旅客及其迎送者。航站（楼）区包括航站楼本身以及航站楼外的登机机坪和旅客出入车道，它是地面交通和空中交通的结合部，是机场对旅客服务的中心地区。航站楼以服务旅客进出港为核心，通过航站（楼）区完成旅客出行或到达的服务，同时航站楼设有机场管理部门及航空公司营运的必要的办公室，以及为旅客提供的商务活动。

从民航运输角度看，航站（楼）区的布局关系到登机效率，进而决定旅客出行的便利程度，同时，航站（楼）区又是旅客出行必须经过的区域，往往人流密度大，其内部的功能布局、服务设施、服务流程及服务水平直接决定了旅客出行的体验。今天，以提高旅客体验度为核心，以智能化、智慧化设备为依托的现代化航站（楼）区已经成为趋势，如新近建设的北京大兴国际机场是典型的代表。

（三）地面运输区

地面运输区是车辆和旅客活动，以及航空运输物资的流动区域。通过城市地面交通系统（高速公路、轨道交通、高速铁路），旅客、货物与城市相连，顺畅进出机场。

进出机场的地面运输从表面上看是一个交通运输问题，但本质上影响着机场的运行效率，也就是说，只有飞行区、航站（楼）区、地面运输区等环节达到顺畅均衡，机场才能正常运营，而地面交通运输与城市相连，涉及人员、物资的疏散与汇集，高效顺畅的地面交通运输已经成为现代化机场必不可少的条件。

第二节　机场飞行区

飞行区是指供飞机起飞、着陆、滑行和停放使用的场地，包括跑道、升降带、跑道端安全区、滑行道、机坪以及机场周边对障碍物有限制要求的区域。这里主要介绍与飞机地面活动关系密切的跑道、滑行道以及机场内的各种目视助航设施。

一、跑道及其附属区域

跑道及其附属区域是一个整体，是为飞机安全起降而设计的特定区域，包括跑道、跑道道肩、停止道、净空道、升降带和跑道端安全区等，如图 7-3 所示。

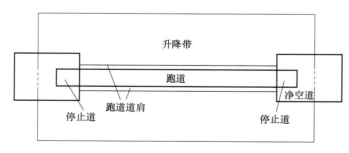

图 7-3　跑道及其附属区域

（一）跑道

1. 跑道的定义

跑道是飞行区的主体工程，是指用于飞机起飞滑跑和着陆滑跑的超长条形区域，由于承受飞行起降的动载，它应具有承受飞机安全起飞滑跑、着陆滑跑及运转的功能，结构道面要经过专门的设计和建造，大型机场跑道材质多是沥青或混凝土。

2．跑道的特性

跑道的方位和条数根据机场净空条件、风力负荷、航空器运行的类别和架次、与城市和相邻机场之间的关系、机场周围的地形和地貌、工程地质和水文地质情况、噪声等环境影响等各项因素综合分析确定。主跑道的方向一般和当地的主风向一致，这样就能保证飞机在逆风中起降，增加空速，使升力增加，飞机就能在较短的距离中完成起降动作。

3．跑道的分类

民航运输机场通常只设一条跑道，有的运输量大的机场设两条甚至更多跑道。跑道按其作用可分为主要跑道、辅助跑道、起飞跑道等三种。

（1）主要跑道是指在条件许可时相比其他跑道优先使用的跑道，它按使用该机场最大机型的要求修建，长度较长，承载力也较高。

（2）辅助跑道也称次要跑道，是指因受侧风影响，飞机不能在主要跑道上起飞或着陆时，供辅助起降用的跑道。由于飞机在辅助跑道上起降都有逆风影响，所以其长度比主要跑道短些。

（3）起飞跑道是指只供起飞用的跑道。

4．跑道号

每个机场都至少有一条跑道，有的机场甚至有好几条跑道。为了使驾驶员能准确地辨认跑道，每一条跑道都有一个编号，它就相当于跑道的法定名字。

（1）飞机最好是逆风起降，而且过大的侧风会妨碍飞机起降，因此，跑道的方位应尽量与当地常年主导风向一致，并充分考虑机场净空条件、风力负荷、飞机运行的类别和架次、与城市和相邻机场之间的关系、现场的地形和地貌、工程地质和水文地质情况、噪声影响、空域条件、管制运行方式等各项因素，并且要减少噪声和环境污染。

（2）跑道号的确定。跑道号是按跑道的大致方向编制的。所谓方向，是指从驾驶员看过去的方向，也就是从起飞或降落时前进的方向。跑道方向一般以跑道磁方向角度表示，由北顺时针转动为正。跑道方位识别号码由两位阿拉伯数字组成，为精确起见，采用 360° 的方位予以表示。以正北为 0°，顺时针旋转到正东为 90°、正南为 180°、正西为 270°，再回到正北为 360° 或 0°。每一度又可以分为 60′；每一分又可以分为 60″。每一条跑道都以它所朝向的度数作为其编号。为了简明易记，跑道编号只用方向度数的百位数和十位数，个位数按四舍五入进入十位数。例如，一条指向为西北 284° 的跑道，它的编号是 28；如果是 285°，编号就是 29。同一条跑道，因为有两个朝向，所以有两个编号。例如，一条正北正南的跑道，从北端向南看，它的编号是 18；从南端向北看，它的编号就是 36。跑道号都是两位数，如果只有一位数则用 0 补齐。如果某机场有同方向的几条平行跑道，就再分别冠以 L（左）、C（中）、R（右）等英文字母以示区别。跑道号与跑道方位的关系如图 7-4 所示。

5．跑道的布局

跑道的布局，即跑道的数量和方位，以及跑道和航站（楼）区的相对位置，又称机场构型。跑道构型取决于跑道的数量和方位，跑道的数量主要取决于航空交通量的大小。在航空交通量较小、常年风向相对集中时，只需设置单条跑道；在航空交通量较大时，则需设置两条或多条跑道。国际上，跑道数量较多的机场有：芝加哥奥黑尔国际机场有 8 条跑道、达拉斯沃思堡国际机场有 7 条跑道等；中国大多数机场都只有单条跑道，但也有许多条跑道的机场，如上海浦东国际机场（4 条）、北京大兴国际机场（4 条，另有一条军用跑道，未来规划是 7 条跑道），北京首都国际机场、广州白云国际机场、重庆江北国际机场、成都天府国际机场等有 3 条跑道。

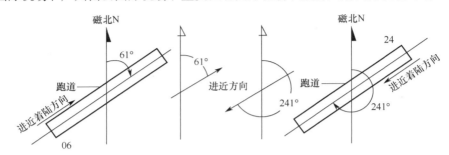

图 7-4　跑道号与跑道方位的关系

跑道构型由单条跑道、平行跑道、交叉跑道和开口 V 形跑道、混合跑道等基本构型组成。

（1）单条跑道构型是最简单的一种构型。单条跑道的容量较小，但这种构型占地少，适用于中小型地方机场或飞行量不大的干线机场，是目前大多数机场跑道的主要构型。

（2）平行跑道构型是指两条跑道的中心线平行或近似平行。平行跑道是为了解决单条跑道的容量饱和问题。两条平行跑道的容量取决于跑道之间的间距。平行跑道之间的最小间距应根据跑道类型（仪表或非仪表跑道）、运行方式以及当地地形等因素综合确定。图 7-5 所示为上海浦东国际机场 4 条平行跑道布局。

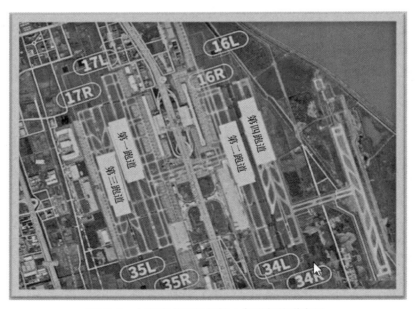

图 7-5　上海浦东国际机场 4 条平行跑道布局

（3）当相对强烈的风从一个以上的方向吹来时，如果只有一条跑道，就会造成过大的侧风，此时就需要采用交叉跑道构型。交叉跑道是指机场内两条或更多条跑道以不同方向互相交叉。

对于两条交叉跑道，当风强时，只能用其中的一条；当风相对较弱时，两条跑道可以单独使用。交叉跑道的容量通常取决于交叉点与跑道端的距离以及跑道的使用方式，交叉点离跑道起飞端和入口越远，容量越低；当交叉点接近跑道起飞端和入口时，容量最大。旧金山国际机场（SFO）4 条交叉跑道构型如图 7-6 所示。目前较少机场采用交叉跑道构型，除非受到场地或者其他因素限制。

（4）开口 V 形跑道构型，两条跑道方向散开而不相交的跑道称为开口 V 形跑道。像交叉跑道那样，当风从一个方向强烈吹来时，开口 V 形跑道只能用其中一条。当风力轻微时，两条跑道可以同时使用，航站（楼）区通常布置在两条跑道所夹的场地上，机场容量取决于飞机起飞或着陆时是否从 V 形顶端向外运行，当从 V 形顶端向外运行时，容量最大。马德里巴拉哈斯机场 4 条跑道构型如图 7-7 所示。

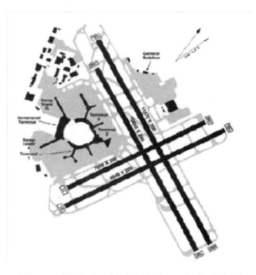

图 7-6　旧金山国际机场（SFO）4 条交叉跑道构型　　　图 7-7　马德里巴拉哈斯机场 4 条跑道构型

（5）混合跑道构型。

随着机场所在地经济发展，仅有两条跑道的机场已不能满足航空运输量的需求，因此需要新建多条跑道，各负其责。离航站楼近的跑道用于起飞，离航站楼远的跑道用于降落。有的跑道专用于货机起降，等级低的跑道用于小型飞机起降，等级高的跑道用于大型飞机起降。在风向多变地区，还可以利用不同方向的跑道，应对多种气候变化。

跑道数量较多的机场多采用混合构型方式，跑道分为几组，组内平行、组与组之间相互交叉或者呈相应角度，如芝加哥奥黑尔（ORD）（见图 7-8）、丹佛（DEN）、达拉斯（DFW）等机场。

（二）跑道的附属区域

跑道的附属区域主要包括跑道道肩、停止道、净空道、升降带和跑道端安全区等，如图 7-9 所示。

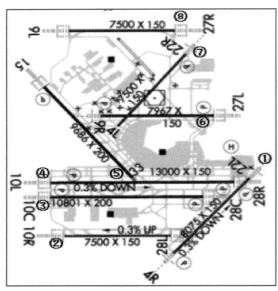

图 7-8　芝加哥奥黑尔国际机场 8 条跑道构型　　　图 7-9　跑道的附属区域

1．跑道道肩

跑道两边设有道肩，跑道道肩是指紧接跑道边缘作为跑道道面和邻接表面之间过渡用的区域，设置跑道道肩的目的是在飞机因侧风偏离跑道中心线时，不致引起飞机受损。

2．停止道

停止道是指在可用起飞滑跑距离末端以外地面上一块划定的长方形区域。设置停止道的目的是缩短跑道全强度道面长度，弥补飞机出现故障放弃起飞时全强度道面长度的不足，使其保障飞机在放弃起飞时能在其上面停住。

3．净空道

净空道是指选定或准备的使飞机可在其上空进行一部分起始爬升并达到一个规定高度的地面或水面上划定的一块长方形区域。设置净空道的目的是确保全强度跑道长度较短情况下飞机能安全完成初始爬升（达到 10.7m）。净空道的起始点在可用起飞滑跑距离的末端，长度不超过可用起飞滑跑距离的一半，宽度从跑道中心线延长线分别向两侧横向延伸至少 75m，对于净空道上空可能对飞机造成危险的物体视为障碍物，应予以移去。跑道净空道如图 7-10 所示。

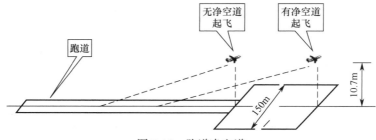

图 7-10　跑道净空道

4．升降带

升降带是指一块划定的包括跑道和停止道（如果设有的话）的场地，是跑道周边一定范围的事故缓冲区。升降带的主要功能有两个：一是减少飞机冲出跑道时遭受损坏的危险；二是保障飞机在起飞或着陆过程中在其上空安全飞过。

5．跑道端安全区

在升降带两端，应提供跑道端安全区。跑道端安全区用来减少飞机偶尔冲出跑道及提前接地时遭受损坏的危险，其地面必须平整、压实，并且不能有危及飞机飞行安全的障碍物。

二、滑行道区

飞机在跑道完成起飞前，需要从停机坪完成移动，这就需要专用道路。滑行道是机场内供飞机滑行的规定通道，通过滑行道，可以将飞行从航站（楼）区、跑道端、停放区、维修区及供应区滑行到预定位置，使机场最大限度地发挥其容量潜力并提高运行效率。某机场滑行道平面示意图如图 7-11 所示。

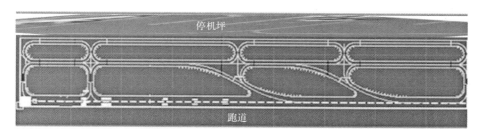

图 7-11　某机场滑行道平面示意图

机场中的飞机飞行活动十分繁忙，因此，滑行道是一个通道系统，主要包括主滑行道、进出滑行道、飞机机位滑行通道、机坪滑行道、辅助滑行道、滑行道道肩及滑行带。为了机场安全，在设置滑行道时，应确保刚着陆的飞机不与滑行起飞的飞机相互干扰。同时，在任何情况下，滑行道的路线都应避免同使用中的跑道相互交叉。

三、停机坪区

停机坪区是在机场上为飞机上下旅客、装卸货物/邮件、加油、停放或维修而划定的一个区域。停机坪区设有停放飞机的机位，机位周边必须有安全空间，在飞机进出机位过程中对停放的地面设施、车辆和行人有符合规定的安全净距。

根据使用目的和功能，停机坪可分为上下旅客停机坪、等待起飞机坪、等候机位机坪和维修坪等。其中，上下旅客停机坪主要供旅客上下飞机、装卸货物等；等待起飞机坪设在跑道端部，常称为"试车坪"或"预热机坪"，机坪要足够大，供飞机在起飞前做最后的检查，以及飞机等待放行；等候机位机坪是在机场设置一个地点合适的相对小的机坪，作为临时停放飞机用，当旅客上下停机坪停机门位数不足时，空管部门就可以指挥飞机到等候机位机坪，等有了停机门位时再到旅客上下停机坪，旅客乘坐摆渡车到达机坪；维修坪是供飞机维修使用的停机坪，应具备飞机维修所需的水、电、热、气等必要的设施。

四、机场等级划分

（一）机场等级划分标准

机场等级代表着机场的保障能力，是机场运行的基础，也是航空公司机型配备、运控的基础。通常，机场等级常用飞行区等级来代表，由两个指标组合而成：飞行区指标Ⅰ（见表 7-1）和飞行区指标Ⅱ（见表 7-2）。飞行区指标Ⅰ按拟使用机场跑道的各类飞机中最长的基准飞行场地长度，分为 1、2、3、4 四个等级；飞行区指标Ⅱ按拟使用该机场飞行区的各类飞机中的最大翼展或最大主起落架外轮外侧边的间距，分为 A、B、C、D、E、F 六个等级，两者中取其较高等级。从分级中可以看出，飞行区等级并不直接与机场跑道长度、宽度等同，而是根据我国《民用机场飞行区技术标准》加以规范，将飞行区指标Ⅰ和飞行区指标Ⅱ有关飞行区机场特性的许多规定与飞机特性联系起来综合确定，从而对在该飞机场运行的飞机提供适合的服务设施。

表 7-1　飞行区指标Ⅰ

飞行区指标Ⅰ	飞机基准飞行场地长度/m
1	＜ 800
2	800～＜ 1200
3	1200～＜ 1800
4	≥1800

表 7-2　飞行区指标Ⅱ

飞行区指标Ⅱ	飞机翼展/m	飞机主起落架外轮外侧边间距/m
A	＜ 15	＜ 4.5
B	15～＜ 24	4.5～＜ 6
C	24～＜ 36	6～＜ 9
D	36～＜ 52	9～＜ 14
E	25～＜ 65	9～＜ 14
F	65～＜ 80	14～＜ 16

飞行区等级可以向下兼容，如我国机场最常见的 4E 级飞行区常常用来起降国内航班最常见的 4C 级飞机（如空中客车 A320、波音 737 等），飞机一般使用跑道长度一半以下（约 1500m）即可离地起飞或使用联络道快速脱离跑道。在天气与跑道长度允许的情况下偶尔可在低等级飞行区起降高等级飞机，如我国大部分 4E 级机场均可以减载起降 4F 级的空中客车 A380，但这会造成跑道寿命降低，并需要在起降后人工检查跑道道面。

（二）我国现有机场等级情况

截至 2020 年底，我国有 4F 级机场 15 个、4E 级机场 38 个、4D 级机场 38 个、4C 级机场 147 个、3C 级机场 4 个、3C 级以下机场 1 个。我国现有机场等级情况如表 7-3 所示。

表 7-3　我国现有机场等级情况

飞行区等级	最大可起降飞机种类举例	国内该飞行区等级机场举例
4F	空客 A380 等四发远程宽体超大客机	北京首都国际机场、上海浦东国际机场、广州白云国际机场、深圳宝安国际机场、杭州萧山国际机场、昆明长水国际机场、武汉天河国际机场、成都双流国际机场、西安咸阳国际机场、天津滨海国际机场、青岛胶东国际机场（在建）、南京马鞍国际机场（在建）、厦门翔安国际机场、合肥新桥国际机场（二期）、郑州新郑国际机场（二期）
4E	波音 747、空客 A340 等四发远程宽体客机	石家庄正定国际机场、上海虹桥国际机场、南京禄口国际机场、南昌昌北国际机场、太原武宿国际机场、长沙黄花国际机场、呼和浩特白塔国际机场、福州长乐国际机场、常州奔牛国际机场、贵阳龙洞堡国际机场等
4D	波音 767、空客 A300 等双发中程宽体客机	西双版纳嘎洒国际机场、黄山国际机场、运城关公机场、绵阳南郊机场、东营永安机场、威海国际机场等
4C	空客 A320、波音 737 等双发中程窄体客机	梅州机场、张家口宁远机场、扬州泰州机场、安庆天柱山机场、九江庐山机场、池州九华山机场、北京南苑机场等
3C	波音 733、ERJ、ARJ、CRJ 等中短程支线客机	内蒙古乌海机场等

五、目视助航设施

　　飞行员在机场飞行区内及其附近驾驶飞机，需要一定的起飞、进近、着陆和滑行标识来引导，现代化导航设备提高了飞行的安全裕度，但目视助航设施作为传统、可靠的目视助航设施更是不可缺少的。

　　机场一般设有无线电导航设备和空中交通管制设施，给进近和着陆的飞机提供所需的仪表信息，但当机场用于目视气象条件时，或者飞机在着陆前目视飞行时，飞行员就需要相应的目视助航设施来完成目视盘旋和进近着陆。目视助航设施一般由道面标志、标记牌、机场灯光系统等组成。

（一）道面标志

　　道面标志主要包括跑道道面标志、滑行道道面标志及其他标志。在跑道、滑行道和停机坪等道面上标示鲜明的线条、字码和符号等目视标志。跑道上用白色标志，滑行道和停机坪上用黄色标志。

1. 跑道道面标志

　　跑道道面标志包括入口标志、号码标志、中线标志、中心圆标志、边线标志、接地地带标志、定距标志、跑道掉头坪标志等，如图 7-12 所示。

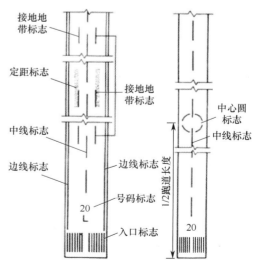

图 7-12　跑道道面标志

（1）跑道入口前标志。

当跑道入口前有长度不小于 60m 的铺筑面，且不适合飞机的正常使用时，应在跑道入口前用 ">" 形符号予以标志，">" 形符号的方向应该指向跑道方向，如图 7-13 所示。

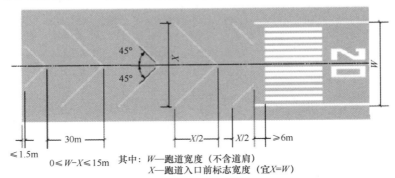

其中：W—跑道宽度（不含道肩）
X—跑道入口前标志宽度（宜 X=W）

图 7-13　跑道入口前标志

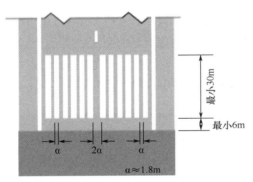

图 7-14　跑道入口标志

（2）入口标志。

跑道两端入口处应设置跑道入口标志，标志应由一组尺寸相同、位置对称于跑道中心线的纵向线段组成。入口标志的线段应从距跑道入口 6m 处开始，线段的总数应按跑道宽度确定，如图 7-14 所示。如果入口移位时，需要设置移位入口标志示之。

（3）号码标志。

号码标志由跑道中心线从进近方向看的磁方位的两位数字组成，如跑道号码 28，即表示磁方位为 180° ± 5°。当同时有两条或三条平行跑道时，还需加标 L、R、C，以分清左跑道、右跑道或中间跑道。号码标志所用的数字、字母以及位置具有严格的标准，如图 7-15 所示。

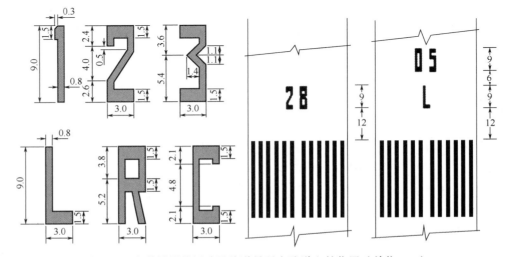

图 7-15　跑道号码的尺寸及跑道号码在跑道上的位置（单位：m）

（4）跑道掉头坪标志。

在设有跑道掉头坪之处，应设置跑道掉头坪标志，用以连续地引导飞机完成180°转弯并对准跑道中心线，如图7-16所示。

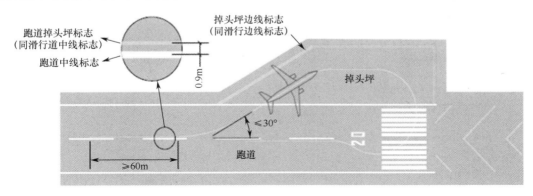

图7-16 跑道掉头坪标志

（5）其他跑道道面标志。

跑道上还有跑道中线标志、定距标志、接地地带标志等。跑道中线标志是沿跑道中心线的有一定间隔的一组白色条组成的，一般白色条长30m，间隔20m。定距标志在基准代码为4的铺砌面的跑道两端必须设置，起点必须在距入口300m处，由长45～60m、宽6～10m的矩形标志组成，对称在跑道中心线两侧，内侧边横向间隔在18～22.5m，最好是18m。定距标志和接地地带标志为飞机进近着陆时的瞄准点与飞机持平接地的目视标志。在飞机着陆后，飞机在跑道上减速滑跑时，跑道另一端的接地地带标志和定距标志还提供飞机距跑道末端的位置信号，接地地带标志在精密进近跑道必须设置，但不适用于宽度小于23m的跑道，由若干对对称在跑道中心线两侧的长方形标志组成，长度不小于22.5m，相邻线条间隔1.5m，纵向间距150m。跑道中心圆标志设置在从跑道入口处开始计算的跑道全长1/2处，形状为有四个缺口的圆环，用以帮助飞行员判断跑道距离，如图7-17所示。

2. 滑行道道面标志

滑行道道面标志有中线标志、滑行道交叉处标志和滑行等待位置标志，滑行道道面的标志线颜色为黄色。滑行道的最小间距要求是有国际民航组织标准的，分为仪表跑道基准代码和非仪表跑道基准代码，各分为四个级别。不同的级别，对滑行道标志有不同的要求。

滑行道道面标志包括滑行道中线标志、滑行道与跑道交叉位置标志、滑行道等待位置标志及滑行道交叉位置标志，如图7-18所示。

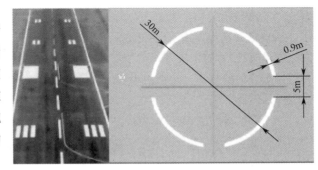

图7-17 接地地带标志及跑道中心圆标志

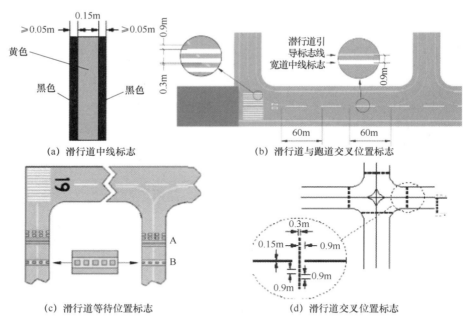

(a) 滑行道中线标志　　　(b) 滑行道与跑道交叉位置标志

(c) 滑行道等待位置标志　　　(d) 滑行道交叉位置标志

图 7-18　滑行道道面标志

（1）滑行道中线标志。

滑行道、飞机机位滑行通道以及除冰防冰设施应设滑行道中线标志，并能提供从跑道中心线到各机位之间的连续引导。基准代码为 3 或 4 的有铺砌面的滑行道上必须设置滑行道中线标志，用以提供自跑道中心线至停机坪上机位标志开始点的引导，中线标志是至少宽 15cm 的连续实线。浅色道面上的滑行道中线标志两侧宜设置不小于 0.05m 宽的黑边。

（2）滑行道与跑道交叉位置标志。

滑行道中线标志在与跑道等待位置标志、中间等待位置标志以及各类跑道道面标志相交处应中断。作为跑道出口的滑行道，其中线标志应以曲线形式转向跑道中线标志，并平行（相距 0.9m）于跑道中心线延伸至超过切点一定距离，此距离在飞行区等级为 3 或 4 的跑道应不小于 60m，飞行区等级为 1 或 2 的跑道应不小于 30m。

（3）滑行道等待位置标志。

滑行道上还设置有等待位置标志。滑行道等待位置标志如图 7-18（c）所示。A 类等待位置标志没有获得 ATC 指令不得由实线一侧向虚线一侧穿越；B 类等待位置标志线是离跑道较远的滑行等待位置标志，一般在 B 处滑行道一侧或两侧还设有 "CAT II" 或 "CAT III" 字样的滑行引导标记牌。

（4）滑行道交叉位置标志。

在两条有铺砌面的滑行道的交叉处，应设置滑行道交叉位置标志，该标志位于离滑行道交叉口最近边界一个有效的穿越距离，以保证滑行飞机之间的穿越余度。

3．其他标志

除跑道和滑行道上的标志以外，还有众多标志飞行及机场运行服务的目视助航设施，其中重要的如关闭标志、着陆方向标及机场风向标等，如图 7-19 所示。

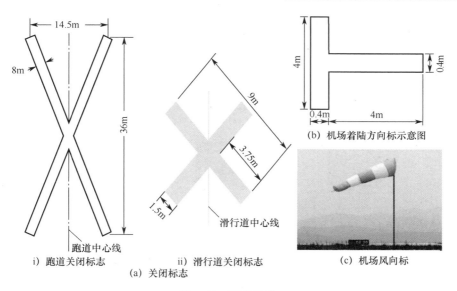

图 7-19　其他标志

永久或临时关闭的跑道和滑行道或其一部分，至少应在其两端设关闭标志，如果关闭的跑道或平行滑行道长度超过 300m，还应在中间增设关闭标志，并使关闭标志的间距不大于 300m。

着陆方向标是用于表示着陆方向的标志，设计为 T 形，颜色一般为白色或橙色，夜间设有照明或以白色灯勾画其轮廓。

机场风向标能指示最终进近和起飞的风向、风速，根据 ICAO 规定每个机场必须至少设置一个风向标。

（二）标记牌

机场应设滑行引导标记牌系统。标记牌系统是根据机场对飞机在地面活动的引导和管制的功能要求而适当配置的，是国际化的标准标记。在进行管制的机场上，标记牌起到补充管制员指示的作用，并帮助飞行员履行指示，同时，还能帮助空中交通管制人员简化对飞机滑行放行、滑行路径和等待的指示。特别是在没有机场交通管制塔台的地方，或者飞机上没有无线电设备，标记牌为飞行员提供去机场各主要目的地的引导。标记牌按照功能划分，一般有强制性标记牌和信息标记牌两大类。

1．强制性标记牌

通常，强制性标记牌用红底白字标记，用来指示跑道的边界，或进入临界区域，或禁止航空器进入的区域。在管制机场，如果没有 ATC 的许可，滑行过程中，任何时候看到红底色的标记牌都要等待。只有在获得 ATC 的指令后才可以继续滑行。这种标记牌设置在滑行道的两侧，常见的强制性标记牌及其标识功能如图 7-20 所示。

2．信息标记牌

信息标记牌的作用主要是标明一个特定位置或提供方向、目的地信息，主要包括位置标记牌、方向标记牌、目的地标记牌、跑道出口标记牌、脱离跑道标记牌、飞机机位号码标记牌以及 VOR 机场校准点标记牌等。其中，位置标记牌为黑底黄字，其他均为黄底黑字。

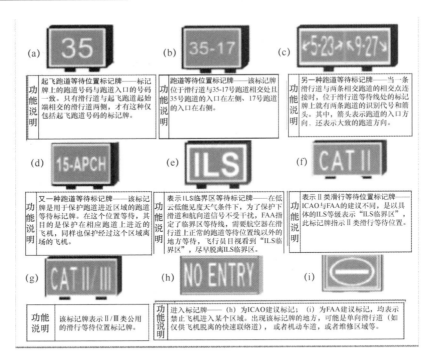

图 7-20 常见的强制性标记牌及其标识功能

（1）方向标记牌。

方向标记牌一般在左侧，典型的方向标记牌如图 7-21 所示。

（2）目的地标记牌。

典型的目的地标记牌如图 7-22 所示。黄底黑字，标记牌上的内容表示机场的某一个目的地，一般这种标记牌上都有一个箭头，用于指示到目的地的方向。目的地通常包括跑道、停机坪、候机坪、军用区、民用区、货用区、国际区、国内区和一些固定承运人等。

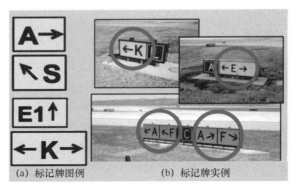

(a) 标记牌图例　　(b) 标记牌实例

图 7-21 典型的方向标记牌

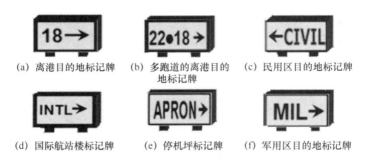

(a) 离港目的地标记牌　(b) 多跑道的离港目的地标记牌　(c) 民用区目的地标记牌

(d) 国际航站楼标记牌　(e) 停机坪标记牌　(f) 军用区目的地标记牌

图 7-22 典型的目的地标记牌

（3）位置标记牌。

典型的位置标记牌如图 7-23 所示，有滑行道位置标识牌、跑道剩余距离标识牌、跑道边界标记牌、可用起飞距离标记牌。

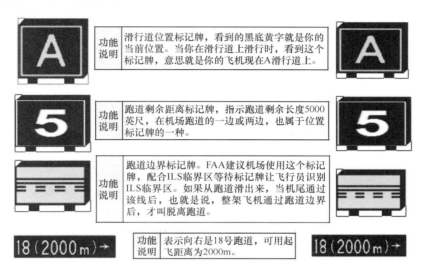

	功能说明	滑行道位置标记牌，看到的黑底黄字就是你的当前位置。当你在滑行道上滑行时，看到这个标记牌，意思就是你的飞机现在在A滑行道上。	
	功能说明	跑道剩余距离标记牌，指示跑道剩余长度5000英尺，在机场跑道的一边或两边，也属于位置标记牌的一种。	
	功能说明	跑道边界标记牌。FAA建议机场使用这个标记牌，配合ILS临界区等待标记牌让飞行员识别ILS临界区。如果从跑道滑出来，当机尾通过该线后，也就是说，整架飞机通过跑道边界后，才叫脱离跑道。	
18（2000m）→	功能说明	表示向右是18号跑道，可用起飞距离为2000m。	18（2000m）→

图 7-23　典型的位置标记牌

（三）机场灯光系统

夜间飞行的飞机在机场进近降落，不论是在仪表飞行规则或目视飞行规则下都需要地面灯光助航，其目的是更好地引导飞机安全进场着陆，尤其在夜间和低云、低能见度条件下的飞行，机场灯光系统更是发挥着它不可替代的作用。

进近旁线灯

进近中线灯

进近横排灯

图 7-24　进近灯光系统

（2）Ⅰ类精密进近灯光系统。

1．进近灯光系统

进近灯光系统的组成包括进近中线灯、进近旁线灯、进近横排灯等，如图 7-24 所示。根据跑道的运行类别，进近灯光系统的结构组成并不相同，具体可分为简易进近灯光系统、Ⅰ类精密进近灯光系统及Ⅱ类或Ⅲ类精密进近灯光系统。

（1）简易进近灯光系统。

拟在夜间使用的飞行区指标Ⅰ为 3 或 4 的非仪表跑道应设 A 型简易进近灯光系统，为单灯；拟在夜间使用的非精密进近跑道应设 B 型简易进近灯光系统，为至少 3m 长的短排灯，在实际可行的情况下，宜设置Ⅰ类精密进近灯光系统，如图 7-25 所示。

Ⅰ类精密进近跑道应设Ⅰ类精密进近灯光系统，为发可变白光的恒定发光灯排灯。Ⅰ类精密进近灯光系统示意图如图 7-26 所示。

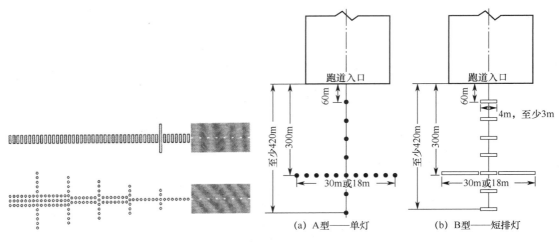

图 7-25　简易进近灯光系统示意图　　　　　图 7-26　Ⅰ类精密进近灯光系统示意图

（3）Ⅱ类或Ⅲ类精密进近灯光系统。

Ⅱ类或Ⅲ类精密进近跑道应设Ⅱ类或Ⅲ类精密进近灯光系统。Ⅱ类或Ⅲ类精密进近灯光系统全长宜为 900m，因场地条件限制无法满足上述要求时可以适当缩短，如图 7-27 所示。

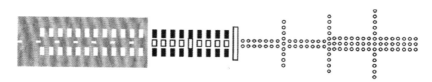

图 7-27　Ⅱ类或Ⅲ类精密进近灯光系统示意图

2．目视进近坡度指示系统

有进近引导要求的航空器使用的跑道，无论跑道是否设有其他目视助航设备或非目视助航设备，都应设置目视进近坡度指示系统。

标准的目视进近坡度指示系统包括：①T 式目视进近坡度指示系统（T-VASIS）及简化 T 式目视进近坡度指示系统（AT-VASIS）；②精密进近坡度指示器（PAPI）及简化精密进近坡度指示器（APAPI）。

需要说明的是，VASIS 装在跑道外着陆区附近，由两排灯组组成。两排灯组相距一段距离，每排灯前装有上红下白的滤光片，经基座前方挡板的狭缝发出两束光，它位于跑道端沿着着陆坡度发射，下面一束是红光，上面一束是白光。如果飞机的下降坡度正确，那么驾驶员看到的是上红下白的灯光；如果驾驶员看到的全是白光，表明飞机飞得太高，要向下调整；如果驾驶员看到的全部是红光，表明飞机飞得太低。VASIS 的作用距离为 7408m（4 海里），高度为 30m，对于一些特大型飞机（如波音 747），需要设置多组 VASIS（一般为 2～3 组）以保证飞机在着陆时一直能看到灯光。

3．跑道灯光系统

跑道凡是有标志的地方均有灯光系统与之对应，主要的跑道灯光系统如图 7-28 所示。

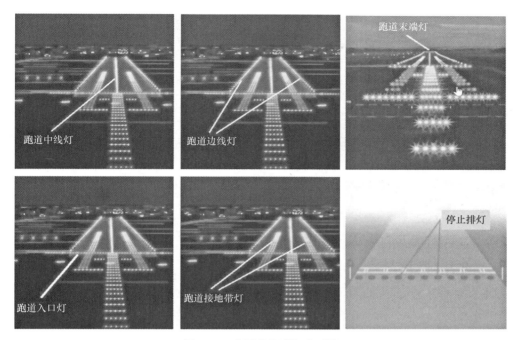

图 7-28　主要的跑道灯光系统

（1）跑道中线灯。

精密进近跑道及起飞跑道应设置跑道中线灯。跑道中线灯应采用嵌入式灯具，在跑道入口至末端之间以约 15m 的间距沿跑道中线布置，在出口滑行道较少的一侧，允许偏离跑道中心线至多 0.6m。仅在跑道中线灯的维护能够保证灯具的完好率达到 95% 以上，同时没有两个相邻的灯具失效，而且跑道是计划在跑道视程等于或大于 350m 时运行的情况下，灯具的纵向间距才可改为大致 30m。

（2）跑道边线灯。

夜间使用的跑道或昼夜使用的精密进近跑道应设跑道边线灯。

拟供在昼间跑道视程低于 800m 左右的最低运行标准条件下起飞的跑道应设置跑道边线灯。

跑道边线灯应是一般发可变白光的恒定发光灯，但特殊区域对进近方向可显示红色或灯光应为黄色。

（3）跑道入口灯。

设有跑道边线灯的跑道应设置跑道入口灯，只有跑道入口内移并设有跑道入口翼排灯的非仪表跑道和非精密进近跑道可不设。

跑道入口灯应为向跑道进近方向发绿色光的单向恒定发光灯。跑道入口灯为总高应不大于 0.35m 的轻型易折的立式灯具或嵌入式灯具，跑道入口内移的跑道入口灯应为嵌入式的。

（4）跑道接地带灯。

Ⅱ类或Ⅲ类精密进近跑道的接地带上应设置跑道接地带灯。跑道接地带灯应由嵌入式单向恒定发白色光的短排灯组成，朝向进近方向发光。为了使跑道能在较低的能见度标准下运行，可能以采用 30m 纵向间距的短排灯为宜。

（5）跑道末端灯。

设有跑道边线灯的跑道应设置跑道末端灯。跑道末端灯至少应由 6 个灯组成，可在两行跑

159

道边线灯之间均匀分布，也可对称于跑道中心线分为两组，每一组灯应等距布置，在两组之间留一个不大于两行跑道边线灯之间距离一半的缺口。

跑道末端灯应为向跑道方向发红色光的单向恒定发光灯。非精密进近跑道和精密进近跑道的跑道末端灯应为轻型易折的立式灯或是嵌入式灯。

（6）停止排灯。

停止排灯在精密进近类跑道比较常见，横跨整个滑道，为朝着趋近跑道的方向发红色光的单向灯。该灯光的开关取决于机场管制员的指令，飞行员见此灯亮时必须停止滑行，以等待机场管制员的下一个指令。

另外，跑道灯光系统还包括跑道入口翼排灯、跑道入口识别灯、道路等待位置灯及跑道警戒灯等。

六、跑道导航设施等级

（一）机场导航设施

随着大型民航客机速度的提高、体积的增大，驾驶员目视操作着陆越来越难，完全依靠驾驶员的驾驶技术很难实现飞机安全、准确地进近和着陆。而跑道导航设备的出现和不断成熟，非常精确的着陆引导系统已经得到规范的应用，飞行员已经从传统的目视飞行中解脱出来。陆地导航系统由飞机上安装的信号接收设备和机场安装的引导信号发射装置组成，在这一系统的引导下，现代民航客机在极低的能见度下安全降落成为可能。通过引导信号为飞机自动飞行系统提供了正确的进近和着陆的飞行轨迹，引导飞机安全地降落在跑道上，实现飞机着陆自动控制。

目前，民航飞机引导系统主要包括仪表着陆系统（ILS）、微波着陆系统、全球定位系统（GPS）三种方式。

（1）仪表着陆系统：就是靠仪表的帮助着陆，让飞机对准跑道，而且沿着一条正确的轨迹下滑到跑道头附近。其基本原理是通过地面的无线电导航设备和飞机上的无线电领航仪表配合工作，使飞机在着陆过程中建立一条正确的下滑线，飞行员（或自动飞行系统）根据仪表的信号修正航向、高度和下滑速度，以保持正确的下滑轨迹。

仪表着陆系统目前发展比较成熟，但存在只能提供单一而又固定的下滑道、波束覆盖区小、多径干扰严重等缺点。

（2）微波着陆系统：主要优点是导引精度高、比例覆盖区大，能提供各种进场航线和全天候导引功能，但造价高，地面和机载设备要求高，换装代价较大，发展受到限制。

（3）全球定位系统：是美国军方研制的卫星导航系统，是继惯性导航之后导航技术的又一重大发展，有全球、全天候定位能力，具有军用信号定位精度高、应用范围广和相对造价低的优点，但也存在受人为干扰时误差较大的缺点。

（二）跑道导航设施等级

跑道导航设施等级按配置的导航设施能提供给飞机以何种进近程序飞行而划分。它反映了飞行安全和航班正常率保障设施的完善程度。

1. 非仪表跑道

供飞机用目视进近程序飞行的跑道，代字为 V。

2．仪表跑道

供飞机用仪表进近程序飞行的跑道，可分为以下几种。

（1）非精密进近跑道。

装备相应的目视助航设备和非目视助航设备的仪表跑道，足以为直接进近提供方向性引导，代字为 NP。

（2）Ⅰ类精密进近跑道。

装有仪表着陆系统和（或）微波着陆系统以及目视助航设备，供决断高不低于 60m 和能见度不小于 800m 或跑道视程不小于 550m 时飞行的仪表跑道；代字为 CAT Ⅰ。

（3）Ⅱ类精密进行跑道。

装有仪表着陆系统和（或）微波着陆系统以及目视助航设备，供决断高低于 60m 但不低于 30m 和跑道视程不小于 300m 时飞行的仪表跑道；代字为 CAT Ⅱ。

（4）Ⅲ类精密进近跑道。

装有仪表着陆系统和（或）微波着陆系统引导飞机至跑道并沿其表面着陆滑行的仪表跑道，其中：

① ⅢA——用于决断高低于 30m 或不规定决断高以及跑道视程不小于 175m 时运行。

② ⅢB——用于决断高低于 15m 或不规定决断高以及跑道视程小于 175m 但不小于 50m 时运行。

③ ⅢC——用于不规定决断高和跑道视程时运行。

注：目视助航设备不一定与所设置非目视助航设备的规模相匹配，选择目视助航设施的准则取决于所拟运行的各种状况，分别以 CAT ⅢA、CAT ⅢB、CAT ⅢC 为代字。

跑道配置导航设备的标准，要根据机场性质、地形和环境、当地气象、起降飞机类型及年飞行量等因素进行综合研究来确定。

国内装备有Ⅱ类精密进近仪表着陆系统的机场有首都机场、深圳机场、珠海机场等；装备有Ⅰ类精密进近系统的机场有天津滨海机场、三亚凤凰机场、重庆江北机场等。国外，美国纽约肯尼迪机场的四条主要跑道中，有的装备了Ⅲ类精密进近系统，有的装备了Ⅱ类精密进近系统；而英国伦敦希思罗机场的三条可供使用的跑道中，一条两端装备有Ⅱ类精密进近系统，一条一端装备有Ⅱ类而另一端装备有Ⅲ类精密进近系统。

第三节 航站区

航站区是机场的客货运输服务区，是为旅客、货物、邮件空运服务的，它以旅客航站楼为中心，主要由航站楼和货运站、停机坪及地面交通设施等部分组成。

一、航站楼

（一）航站楼概述

1．航站楼的定义

航站楼是航站区标志性的主体建筑物，是机场地面通路与飞机之间的主要联结体。它位于地面车道边和机坪之间，其一侧连着机坪，用以接纳飞机与旅客出港或抵港，而另一侧又与地面交通系统相连，是地面运输和航空运输的交接面，也是为航空运输企业及其过港和中转旅客提供地面运输服务的生产场所，承担旅客和行李地面运送的全部任务，为始发、中转或到达旅客办理各种手续，并把旅客及行李运送到飞机上或从飞机上接下来送出机场。

2. 现代航站楼的特征

现代航站楼已经从早期的简易登机功能向现代化综合服务体转变，围绕航站楼这一核心，通过功能的延伸，形成了航站区域、临空经济区，在保证航空运输顺畅运营的同时，成为地区的门户和象征，也是拉动经济发展的动力。

（1）服务功能齐全的综合性服务体。围绕旅客乘机出行服务的核心，服务功能上应有尽有，近乎是一个独立的商圈，一些国际机场甚至成为旅游的圣地，如新加坡樟宜机场、首尔仁川国际机场就是著名的旅游地。

（2）建筑物已经成为标志性建筑群。机场将城市或地区形象融为一体，不仅具有现代建筑的气息，也体现着机场所在地的地域特征、文化背景和城市特色。国际机场成为"国门"，代表一个国家的形象。

（3）航空运输规模庞大。对于繁忙的机场，动辄就是几十万平方米的庞大建筑，而且有的机场不只有一个航站楼，例如，迪拜国际机场的 T3 航站楼，凭借 171 万 m^2 的占地面积位居世界第一，北京大兴国际机场航站楼占地 70 万 m^2，均是由多个航站楼组成的建筑群。

（4）智慧化为基础的高效率服务流程。自动值机、自动办理行李托运、先进安全检查仪器广泛应用，便捷登机，流程顺畅，而且旅客的体验感越来越好。

图 7-29 和图 7-30 分别为北京大兴国际机场航站楼、上海浦东国际机场航站楼、迪拜国际机场航站楼及新加坡樟宜机场航站楼。

图 7-29　北京大兴国际机场航站楼和上海浦东国际机场航站楼

（二）航站楼的设施

航站楼的主要作用是旅客完成从地面到空中或从空中到地面的转换。通常，航站楼内可分为旅客服务区和管理服务区。

图 7-30 迪拜国际机场航站楼和新加坡樟宜机场航站楼

服务区是为旅客出行服务的区域，是以服务流程为导向的原则进行规划、设计与布局的，以方便于旅客、运营和管理。服务区通常由下列五项设施组成。

（1）连接地面交通的设施。有上、下汽车的车道边（航站楼前供车辆减速滑入、短暂停靠、启动滑出和驶离车道的地段及适当的路缘）及公共汽车站等。

（2）办理各种手续的设施。有旅客办票、安排座位、托运行李的柜台以及安全检查和行李提取等设施。通航国际航线的航站楼还有海关、动植物检疫、卫生检疫、边防（移民）检查的柜台。

（3）连接飞行的设施。有靠近飞机机位的候机室或其他场所，视旅客登机方式而异的各种运送、登机设施，中转旅客办理手续、候机及活动场所等。

（4）航空公司营运和机场管理部门必要的办公室、设备等。

（5）服务设施。如餐厅、商店等。

把这些功能细致化，并按服务项目的逻辑关系进行排列，就形成了如图 7-31 所示的航站楼旅客服务流程。

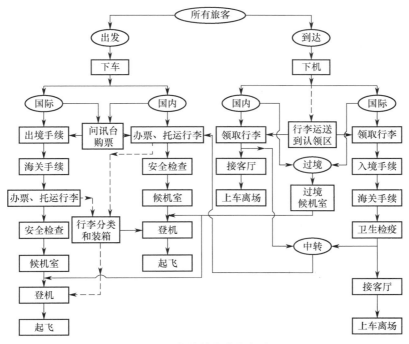

图 7-31 航站楼旅客服务流程

航站楼的管理服务区域是非直接面对旅客而设置的、为了保障机场正常运行管理与保障服务的部门，主要包括三大类：第一，机场管理区（包括机场行政办公室、后勤的办公和工作场所、紧急救援设施如消防、救援的工作人员和设备的场地等）；第二，航空公司营运区（包括营运办公室、签派室等）；第三，政府机构办公区（包括民航主管机构、卫生部门、海关、环保、边防检查部门等办公区域）。

二、登机机坪

登机机坪是航站楼与空侧飞行区的联系节点，登机站坪与航站楼连接，使旅客上下飞机，其布局是否合理，对旅客的方便程度、机场容量等都有着至关重要的影响。确定登机机坪水平布局除要妥善处理航站楼与空侧的关系，还要充分考虑旅客流量、飞机起降架次、航班类型、使用该机场的航空公司数量、场地的物理特性、出入机场的地面交通系统等因素。目前，登机机坪的平面布局有以下几种形式。

1. 直线型

直线型是一种最简单的水平布局形式。航站楼空侧边不做任何变形，仍保持直线。飞机机头向内停靠在航站楼旁，旅客通过登机桥上下飞机，如图 7-32 所示。航站楼内有公用的票务大厅和候机室（也可为每个或几个门位分设候机室，但此时要设走廊以连接各候机室）。直线型布局旅客登机比较方便，可是一旦交通流量很大，有些飞机就无法停靠到位，造成延误。目前，我国大多数客运量较少的机场采用这种直线型布局形式。

2. 指廊型

为了延展航站楼空侧的长度，指廊型（也称出廊道型）布局从航站楼空侧边向外伸出若干个指形廊道，廊道两侧安排机位。由航站楼伸出走廊，飞机停靠在走廊两旁的数量大大增加，是目前机场中使用比较多的一种布局形式，走廊上通常铺设活动的人行道，缩短旅客的步行距离，如图 7-33 所示。这种布局的优点是，进一步扩充门位时，航站楼主体可以不动，而只需扩建作为连接体的指廊，因此在基建投资方面比较经济。缺点是，当指廊较长时，部分旅客步行距离加大；飞机在指廊间运动时不方便；指廊扩建后，由于航站楼主体未动，陆侧车道边等不好延伸，有时会给交通组织造成困难。通常，一条指廊适合 6～12 个机位，两条指廊适合 8～20 个机位。机位超过 30 个时，宜采用多条指廊。

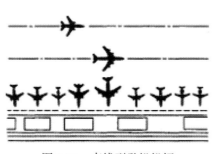

图 7-32　直线型登机机坪

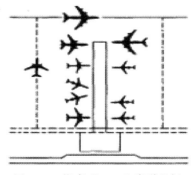

图 7-33　指廊型——六廊道机场

3．卫星型

这种布局是在航站楼主体空侧的一定范围内，布置一座或多座卫星式建筑物。这些建筑物通过地下、地面或高架廊道与航站楼主体连接。卫星式建筑物上设有机门位，飞机环绕在它的周围停放，如图 7-34 所示。

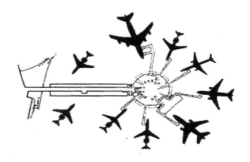

图 7-34　卫星型布局的登机机坪

卫星型布局形式的优点是，各航班旅客登机时的路程和用去的时间大体一致，同时，机场可通过卫星建筑的增加延展航站楼空侧。一个卫星建筑上的多个门位与航站楼主体的距离几乎相同，便于在连接廊道中安装自动步道接送旅客，从而并未因卫星建筑距办票大厅较远而增加旅客步行的距离。

4．转运车型

转运车型也称为远距离登机机坪，飞机停放在离航站楼较远的地方，登机旅客由特制的摆渡车送到飞机旁，如图 7-35 所示。其优点是大大减少了建筑费用，可降低基建和设备（登机桥等）投资，并有着不受限制的扩展余地，可以提高航站楼利用率。但它的问题是机坪上运行的车辆增加，机场上的服务工作人员增加，旅客登机的时间增加，而且也增加了上、下车及下雨和刮风等外界天气对旅客的影响。

5．综合型

航站楼的各种布局各有其优缺点，不同的机场规模适用于不同的布局，而综合型航站楼是采用上述四种或其中两种布局形式建造的航站楼，易吸收不同布局的优点，特别是在机场扩建时，可以因地制宜，合理利用原有资源。综合型布局集直线型、指廊型、卫星型布局的优势于一身。目前，国内大部分大型机场均采用综合型布局，如图 7-36 所示。

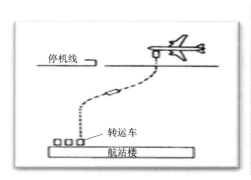

图 7-35　转运车型布局的登机机坪

图 7-36　综合型布局的航站楼

三、航站楼的功能区域

航站楼的使用者可分为四类，即旅客及迎送者、航空公司人员、机场当局及有关工作人员、商业经营者，其功能区域的划分与设施的安排均是围绕上述人员的需求或工作之需要展开的。

（一）邻接航站楼功能区

1．车道边

车道边是航站楼陆侧边缘外，在航站楼进出口附近所设置的一条狭长地带。迎送旅客的车辆在航站楼门前做短暂停靠，便于旅客上下车辆、搬运行李，如图 7-37 所示。

图 7-37　航站楼的车道边

客流量较小的航站楼通常只设一条车道边，到达和出发的旅客可在同一条车道边上下汽车。客流量较大时，可与航站楼主体结构相结合，在到达层和出发层上分设车道边。

2．登机桥

航站楼在空侧要与飞机建立联系，登机桥就是建立这种联系的设施，它是航站楼门位与飞机舱门的过渡通道，如图 7-38 所示。采用登机桥，可使下机、登机的旅客免受天气、飞机噪声、发动机喷气吹袭等因素影响，也便于机场工作人员对出发、到达旅客客流进行统计、组织和疏导。

图 7-38　机场的登机桥

（二）旅客服务功能区

1．售票区域

对临时购置机票的旅客提供购票服务区域，由航空公司或机票代理机构派驻人员进行航站楼售票的票务工作。

2．值机区域

值机服务即为旅客办理乘机手续的整个服务过程，分为柜台值机区和自助值机区两种。柜台值机区包括值机柜台和行李处理设施，其主要内容包括办理乘机手续前的准备工作、查验客票、安排座位、验运行李和旅客运输不正常情况的处理，如图 7-39 所示。

图 7-39　值机区域

3．旅客活动区域

旅客活动区域是一个开放的区域，供旅客临时休息、朋友送机及相关活动等，如图 7-40 所示。

图 7-40　旅客活动区域

4．安全检查区域

出发旅客登机前必须接受安全检查，安检设在值机区域和出发候机室之间，具体控制点可根据流程类型、旅客人数、安检设备和安检工作人员数量等做非常灵活的布置，如图 7-41 所示。

图 7-41 安全检查区域

5．联检服务区域

联检是指由口岸单位对出入境行为实施的联合检查，对人员进出境由边检、海关、卫生检疫、动植物检疫联合进行检查，属于政府驻场机构。联检服务是窗口行业，是连接一个国家与其他国家的桥梁。联检是对出入境旅行人员必须强制执行的检查，任何出入境旅客都必须按规定接受检查，如图 7-42 所示。

(a) 国际机场海关大厅　　　　　(b) 国际机场边检大厅　　　　　(c) 国际机场检验检疫大厅

图 7-42 联检服务区域

（1）海关。

海关是根据国家法律对进出关、境的运输工具、货物和物品进行监督管理与征收关税的国家行政机关。海关的任务是依照《中华人民共和国海关法》和其他有关法律法规，监管进出境的运输工具、货物、行李物品、邮递物品和其他物品，征收关税和其他税费，查缉走私，编制海关统计和办理其他海关业务。

世界各国普遍都设立海关，对出入境人员携带的货物进行检查，因此，公民出国不仅在出境时要接受本国海关的检查，在抵达外国入境口岸时，同样要接受外国海关的检查。一般在卫生检疫和护照签证查验结束，并提取托运行李之后办理海关手续。

（2）边防。

中华人民共和国公安部在对外开放口岸设置边防检查站，依法对出入境人员、交通运输工具及其携带、载运的行李物品、货物等实施检查监督，是维护国家主权、保卫国家安全、方便合法出入境的必要手段，是国家整个保卫工作的重要组成部分。其主要职能是依法对出入境人员的护照、证件进行查验；对出入境的交通工具进行检查；查缉和制止非法人员出入境活动，防止非法偷渡以及对边防查控等实行管理。

（3）检验检疫。

检验检疫是根据国家有关法律规定，用科学技术手段和管理手段，对出入境的人员、交通工具、集装箱、行李、货物、邮件等实施检疫查验、传染病监测、卫生监督和必要的卫生处理。动植物检疫是对进出境的动植物、动植物的产品及法律规定的应检货物、物品、运输工具实施检疫，防止各种动物危险性传染病、寄生虫病，植物危险性病、虫、杂草传入国境，保护我国农、林、牧、渔业生产安全和人民身体健康，维护我国国际信誉，促进外贸发展的一种强制性措施。

6. 候机大厅

候机大厅是通过安检或联检后，出发旅客登机前的集合、休息场所，通常在机门位附近设置候机等待区。考虑到飞机容量的变化，航站楼候机区可采用玻璃墙等做灵活隔断。通常，航站楼专设贵宾候机室和要客候机室，候机大厅还有母婴室以及简易的宗教活动场所，如图 7-43 所示。

图 7-43 候机大厅

7. 登机区域及服务

登机区域主要指的是机场内通往不同机位的登机口，为了使旅客正确、迅速、流畅地登机，机场在航班办理登机前都有机场广播提示，并有专门的机场引导人员在对应的登机口为旅客办理登机手续。图 7-44 所示为机场离港登机口。

8. 航站楼商业服务区

机场在非禁区为旅客提供商业零售、休闲、餐饮等服务，因此，航站楼商业服务区是必不可少的为旅客商务服务的功能区，主要包括免税店、餐饮、食品、工艺品、皮具、玩具等航站楼内的服务。商业已成为机场非航空业务收入重要的经济来源和增长点。航站楼零售业在整个非航空主营业务中占据重要位置，它是机场非航空主营业务收入的主要来源。图 7-45 所示为北京大兴国际机场航站楼商业服务区。

图 7-44　机场离港登机口

图 7-45　北京大兴国际机场航站楼商业服务区

9. 航站楼其他功能区

随着机场功能的拓展与延伸，航站楼的服务功能不断增加，将给旅客带来了更好的出行体验，包括公共候机大厅、VIP 服务室、咨询服务台、保险代理、休闲吧、包装等。

第四节　机场的其他功能区

一、货运区

机场货运区就是进出机场的待运货物存储、发放的指定区域，在此区域完成货运办理手续、装上飞机以及飞机卸货、临时储存、交货等业务。其主要由业务楼、货运库、装卸场及停车场等组成。

二、运行保障设施区

（一）空中交通管制服务区

空中交通管制服务区为机场交通提供空中交通管制服务所需要的设施，而机场空中交通管制单位——塔台则负责塔台管制区的空管，包括起飞航线、降落航线、最后进近定位点之后的航段和第一个等待高度层（含）以下至地球表面的空间和机场机动区的管理，以防止在其管制下的航空器与航空器之间、航空器与地面车辆之间、航空器与地面障碍物之间发生相撞。

（二）机务维修区

承担航线飞行维护任务，即对飞机在过站、过夜或飞行前进行例行检查、保养和排除简单故障。

（三）油料供应区

大型机场设有储油库和使用油库，储油库储存大量油料，并有装卸油设施和各种配套设施，通过罐式加油车加油或机坪管线系统（加油井或加油栓）为飞机加注燃油。

（四）航站楼信息发布服务区

包括航班信息显示系统、旅客离港系统、闭路电视显示系统、自动广播系统、保安监控系统、消防火警系统和 GPS 时钟系统。其中，航班信息显示系统是与旅客联系最紧密的、旅客最关心的、最能反映服务质量的系统，其主要包括以下信息：国内离港/到港航班动态；值机柜台办理登机手续；登机口离港航班登机；行李提取引导及指示；等等。

三、安全防范设施区

机场安全防范设施由航空器活动区安全保卫设施、航站楼安全保卫设施、货物运输安全保卫设施、停车场管理系统、要害部位的安全保卫、机场安全保卫信息系统及指挥中心和机场安全防范监控系统控制中心等构成。

四、应急救援设施区

机场应急属于航空交通灾害危机管理范畴，根本目的是在航空交通灾害及其他影响机场运行的紧急事件临近或已发生时，如何在有效时间内采取救援行动，有效援救，尽量减少生命和财产损失，适用于灾害临近或已发生时的管理，包括消防、灭火、医疗、应急撤离等专用设备与设施。

五、行政与后勤区

供机场当局、航空公司、联检等行政单位办公用的行政办公区，以及生产辅助与后勤服务保障。

第五节　进出机场地面交通系统

一、进出机场地面交通系统的作用

进出机场地面交通系统指由城市通向机场的道路（有时也包含地铁和水上交通）系统、航站楼车道边、机场停车场和内部停车场的整体。

进出机场地面交通系统是机场系统的有机组成部分，往往也是制约环节，对机场的吞吐量和机场运行效率及出行体验有着重要的影响。国内外枢纽机场对外连接的方式是多种多样的，既有高速公路，又有大运量轨道交通，并且同时拥有发达的地面公共交通系统，有些机场还通过水运线路与周边地区连接，大型枢纽机场已经成为各种交通方式汇集的重要区域综合交通枢纽。现代化枢纽机场需要配置与之相适应的地面交通系统，例如，北京大兴国际机场配备了完整的一体化综合交通枢纽：京台高速、京开高速、大兴机场高速、大兴机场北线高速构成了一个通向机场的高速公路网。如果道路通畅，最快只要 40 分钟左右，市民就可以从市中心的二环路一路开到机场大门口；地铁大兴机场线和京雄城际铁路则用轨道将机场与市区相连，市民搭上飞驰的列车，20 分钟左右就可以到达机场。

二、进出机场地面交通系统的组成

进出机场地面交通系统一般由以下三部分组成。

（一）出入机场的地面交通方式

出入机场的地面交通方式的发达程度，直接决定着旅客出行的方便程度，也关系到机场腹地的范围和机场服务区域的覆盖范围。主要包括：①小汽车、出租车；②公共汽车；③机场班车，包括包租公共汽车、火车、城市捷运（地铁、有轨电车）；④通航发达国家还有直升机。

（二）机场停车场

机场停车场与进出机场的人数（包括旅客、接送人员、工作人员、观光人员、各种出租车）、交通方式、停车时间等因素有关。停车场必须足够大，且考虑不同需求，分门别类进行区域划分（短期停车场、长期停车场、停车楼等）。一般情况下，出租车和接送旅客的车辆分区域停放，且尽可能接近航站楼。

（三）航站楼车道边

航站楼车道边是航站楼前的狭长地带，可供旅客车辆短暂停靠，以便上下车辆和装卸行李，有多个航站楼布局的机场，航站楼车道边也供摆渡车同行，方便旅客在不同航站楼换乘飞机。目前，很多国家的摆渡车采用无人驾驶的有轨电车模式。

全国各大机场尤其是区域性枢纽机场，客货吞吐量很大，机场陆侧交通区域已经成为重点关注区域，需要对复杂的人流、车流加强现场执法与疏导管理，并建立监控、识别、报警及追溯等功能一体的综合性监控管理系统。

第六节 机场管理与运行

一、机场运营管理机构

如前所述，目前我国机场采取的运营模式不同，因此，机场的组织管理机构的设置及职能的划分各有不同，也依次形成了不同的管理风格。机场公司大多采用直线职能型的组织架构，如图 7-46 所示，在正常情况下，垂直部分为核心业务部门，职能部门部分为职能性业务，主要二级机构之间通过指挥中心协调配合工作，以保证不同环节的信息的传递速度和准确度。这类组织架构的优点是：既保证了企业管理体系的统一性，又能根据各级行政负责人的领导以发挥各专业管理机构的作用，但需要强化各个职能部门之间的协作，通过各种类型的会议制度，用以协调沟通各方面的工作。可将整个组织架构分为三层：决策层、执行层和职能层。

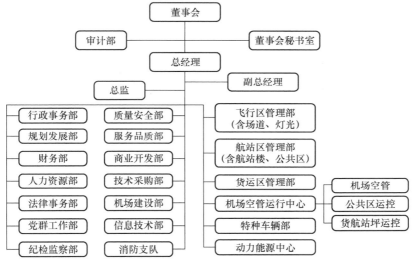

图 7-46 一般机场运营管理组织架构

（1）决策层：设置董事长办公室和监事会；建立各种会议制度，起沟通协调、帮助高层领导献计献策的作用。

（2）执行层：包括运行管理系统、维修系统、供应系统等部分，主要包括飞行区、航站区、公共区、动力能源、运行控制、空管等业务部门。

运行管理系统将日常航班生产经营体系中几乎所有涉及航班生产的各个部门全部纳入，以便切实提高运营效率和效果。维修系统是飞机维护系统，负责各类机型的维修维护、定检、大修，同时承担其他航空公司委托代理的各种飞机的维修。

供应系统是采购和配置系统，对公司资产管理，设备、物料、服务采购，能源和科技集中统一管理。

（3）职能层：由行政部、管理部、技术部和人事部四部分组成，协助进行公司的运营管理。

管理部包括对飞行区、航站楼及公共区的安全、服务、运行及经营的管理工作；技术部主要是对信息系统的管理，负责公司信息化建设和发展。

二、机场运行模式

国内外大型机场采用机场运行指挥中心（AOC）、飞行区管控中心（ACC）及航站楼运行管理中心（TOC）的"三中心"模式。先进机场的整体运行可以采用机场运行控制中心（AOCC）全面负责整个机场的运行协调和管理。

（一）机场运行指挥中心

机场运行指挥中心是机场航班运行保障的重要部门，负责整个机场运行的组织、指挥和协调工作，其业务涵盖机场运行的各个方面，是机场运行保障和应急救援指挥的枢纽，通过统一的组织、指挥、协调和监督，实现机场航班正常运行。

机场运行指挥中心的工作职责主要是对航班保障实施全过程组织、指挥、协调、控制，准确及时地向各保障单位发布生产指令，确保航班运行安全、正常、有序。

机场运行指挥中心的工作需要借助一套运行指挥系统来完成，该系统包括航班信息处理、资源分配和生产调度三个功能模块。各个机场因其运行指挥系统存在差异，模块划分也会有差异，但总体功能是类似的。

（二）飞行区管控中心

飞行区管控中心集成了车辆定位管理、除冰雪指挥、全景监控、安防监控、A-CDM、多点定位融汇、机场OMMS、运营资源管理、综合信息查询、酒精测试、冰点感应等系统，可将车辆定位、飞机位置、航班信息、车辆运行状态信息有机融合，监管人员实时掌控终端区内飞机、车辆的位置及工作状况，承担着机场对机坪作业人员及车辆精细化管理，实现车辆管理的可控、可视、可回溯，保证机坪运行安全裕度。

（三）航站楼运行管理中心

航站楼是个周转系统，关系到航空运输的周转效率，同时航站楼也有自身的经济功能，可以带来经济营收。目前，航站楼一般采取航站楼运行管理中心（TOC）模式，它是机场航站区运行的区域管理者，是航站楼内日常运营、安全生产和服务保障的核心机构，是整个航站楼现场运行的指挥中心，负责航站楼相关的日常生产运行、服务质量监督、安全防范以及楼内各类设备的运行管理等。它是航站楼管理的核心，是楼内旅客服务和驻场单位服务的最高协调管理机构，主要任务有楼内服务管理、楼内资源分配管理、楼内商业管理、楼内安全管理和楼内设备设施监控管理。其作为整个机场运行管理的关键管理单元从属于机场管理中心的统一调度和指挥，尤其在有重大突发事件发生时。

 知识拓展卡 7

高原机场的运行

高原机场属于特殊机场，其海拔高，空气密度和大气压力小，地形复杂，太阳辐射和向背阳地形受热不均匀，这些因素导致高原机场运行有如下特点。

（1）相同的起飞、着陆重量，飞机的真空速要比在平原飞行时大得多，在高原机场运行，发动机的推力明显减小，这两个不利因素叠加在一起，使飞机在高原机场起飞距离及着陆距离显著增加。

（2）高原机场发动机推力减小，空气动力变差，飞机的机动能力降低，飞机的爬升和越障能力变差，飞机空中加速、减速所需距离增长，转弯半径增大。

（3）高原机场海拔高，高空风通常很大，接近地面的空气因太阳照射导致向阳方向和背阴方向的受热不均匀，加上地形对风的阻挡、加速，使得高原机场经常出现大风，风速、风向变化也很大，极易形成乱流、颠簸和风切变。

（4）高原机场昼夜温差大，气象复杂多变，有明显的时间差异，还存在地域性和局部性特征。不同的高原机场有着各自不同的特点，如浮尘、扬沙、雷雨、暴雪、浓积云、雷雨云、低云、浓雾、低能见度、结冰、低温等，对飞行很不利，对安全构成很大的威胁，对航班的正常性能影响较大。

例如，九寨黄龙机场气象条件变化之迅速，2分钟内能见度可以从103km下降到只有几百米，而且跑道西侧山沟里面的云飘到跑道上就是低云，影响视线。

再如，林芝米林机场两侧山口有侧风，易发生风切变，导致飞机颠簸。

又如，阿里昆莎机场周围植被稀少，白天气温上升迅速，高温导致飞机载重能力严重下降，只能上午起降。

（5）高原机场往往又是地形复杂的机场，机场周围净空条件差，导航设施设置困难，导致飞机起降、复飞操纵难度大。我国多数高原机场需要编制专门的单发复飞程序。另外，高原机场可用的机动空域和机动高度很少，飞机空中调配较为困难。

复习与思考题

复习题

1. 机场分为哪几个区域？各有什么功用？

2. 跑道的号码与跑道的方位有什么关系？

3. 飞行区等级是按照什么标准划分的？

4. 机场强制性标记牌与信息标记牌有什么区别？

5. 按照导航设施的不同，机场跑道可以如何划分类别？

6. 现有的登机机坪布局方式有哪几种？各自的特点是什么？

7. 航站楼内的各大功能区域都有哪些？提供什么服务？

8. 机场安检有什么重要意义？

9. 机场联检包括哪些内容？检验检疫工作有什么重要意义？

10. 机场运行的"三个中心"的内容是什么？

思考题

1. 为什么民航发展需要"机场先行"？

2. 如何认识机场安全与民航安全的关系？

第八章

公共航空运输企业与运营

本章导读

　　航空公司即公共航空运输企业，是指以盈利为目的，使用民用航空器运送旅客、行李、邮件或者货物的企业法人。设立公共航空运输企业，应当向国务院民用航空主管部门申请领取经营许可证，并依法办理工商登记；对于未取得经营许可证的，工商行政管理部门不得办理工商登记；其组织形式、组织机构适用公司法的规定。航空公司运营的核心是旅客与货物运输，必须严格按照相关法律法规及规范进行，要确保旅客与货物的安全及航班正常。面对民航高质量发展的挑战，如何实现高效率、高质量的旅客运输和民航货物运输直接影响航空公司的公众形象与商业信誉，对拉动经济发展，提高我国民航的国际形象及增强民航在国际市场的竞争能力具有非常重要的意义。

学习要求

　　1. 了解航空公司的定义；

　　2. 熟悉航空公司的分类；

　　3. 了解国内外航空公司的发展过程；

　　4. 了解公共航空运输企业的设立程序与条件；

　　5. 熟悉航空公司的组织机构设置与责任；

　　6. 掌握航班组织的基本概念；

　　7. 熟悉航班的组织过程；

　　8. 掌握民航旅客运输业务内容；

　　9. 熟悉民航货物运输业务内容。

第一节 公共航空运输企业的解析

一、公共航空运输企业的定义

公共航空运输企业是指以盈利为目的，使用民用航空器运送旅客、行李、邮件或者货物的企业法人。设立公共航空运输企业，应当向国务院民用航空主管部门申请领取经营许可证，并依法进行工商登记；未取得经营许可证的，工商行政管理部门不得办理工商登记。

这里需要说明的是，公共航空运输企业中"公共"的含义是为了区分航空运输的不同形态，凡是具有固定的航班时刻的航空运输企业均属于这个范畴，而不包括通用航空公司的运输活动。通常，公共航空运输企业均指公共运输航空公司，即人们常说的航空公司是大型飞机公共航空运输承运人（审定标准为 CCAR-121 部），不包括公务航空公司（审定标准为 CCAR-135 部）。为此，本教材阐述时，公共航空运输企业、航空公司、承运人等称谓含义相同。

大多国际航空公司都是国际航空运输协会的成员，以便和其他航空公司共享连程中转的票价、机票发行等标准。国际航空运输协会为全球各航空公司指定了两个字母的 IATA 航空公司代码，但是有许多地区性的航空公司或者低成本航空公司并非国际航空运输协会的成员。

各大航空公司通常在国际民航组织登记了自己的呼号。呼号通常是航空公司的名称，但也有例外，如在呼号后加上航班编号，一些满载的大型航班会在呼号后加上 HEAVY，让航空管制员知道该航班特重，不能执行一些指令（如保持低速、飞到更高的高度等）。

二、航空公司的特征

（一）公共航空运输企业法律特征

航空公司是向公众提供航空运输服务（按既定航线飞行）及依法设立的企业（许可设立制）。

（二）运营的服务特质

航空公司具有双重功能：服务社会的公共需要和服务消费需要。

（三）独立性与监管性

航空公司是经济实体，有独立的运行机制与自主经营权，同时，有严格的行业技术监管。

（四）飞行器使用特征

由于业务种类不一样，所使用的飞机区别很大，公共航空都是大型飞机，通用航空一般是30座以下的小型飞机，还有固定翼飞机、直升机、水上飞机、特技飞机等各种飞机。

三、航空公司的分类

可以按多种方式将航空公司分类：按公司规模分，可分为大型航空公司、小型航空公司；按飞行范围分，可分为国际航空公司、国内航空公司；按运输的种类分，可分为客运航空公司、货运航空公司。

还有一种特殊属性的航空公司，即国家航空公司，它指的是由国家出资设立或经营的航空公司，一般普遍都会在该公司的机体明显处漆上代表该国的国旗。例如，中国国际航空公司属于国家航空公司。

第二节　航空公司的组建与组织机构设置

世界各国立法都对公共航空运输企业的设立条件做出了严格的规定，这主要是因为公共航空运输企业是为社会公众提供具有公共性质的产品和服务，涉及社会的整体安全。因此，它必须受到政府特殊管制措施的制约，并有严格的运行管理机制。

一、航空公司的组建

（一）航空公司设立的条件

航空公司与一般企业的不同点在于，除了工商注册外，还需要经过民航运输主管部门的审批与审定。《中华人民共和国民用航空法》规定："设立公共航空运输企业，应当向国务院民用航空主管部门申请领取经营许可证，并依法办理工商登记；未取得经营许可证的，工商行政管理部门不得办理工商登记。"并规定设立公共航空运输企业应当具备如下条件。

1．民用航空器限制条件

民用航空器限制条件主要体现在数量和适航性能上。数量方面要求通过购买或租赁符合具有 3 架（含）以上民用航空器的规定，适航性能方面要求符合民用航空器适航管理规定，以确保飞行安全。

2．航空人员限制条件

航空人员是公共航空运输企业从事航空活动所必须保障的条件，不仅是设立公共航空运输企业的条件之一，也是公共航空运输企业保证安全运营的基本责任主体。《中华人民共和国民用航空法》中明确规定了对航空人员的要求，各类航空人员应当接受专门训练，经考试合格，取得民用航空主管部门颁发的执照后，方可从事所载明的工作。如飞行员、空中乘务员、空中安全保卫、机务维修人员、签派等，都需持证上岗，且定期接受检查和考核，经检查、考核合格后才可上岗工作。

3．最低限额的注册资本限制条件

民用航空运输企业属于高投入、高风险的行业，对民用航空运输业的主体——公共航空运输企业在法律上规定其最低限额的注册资本对于保证其开展经营活动、对外承担债务责任是十分必要的。一般要求最低限额注册资本是 8000 万元人民币。

4．其他限制条件

公共航空运输企业不仅要符合民用航空法律制度所规定的企业运营的基本条件和要求，同时作为企业也应当符合国家有关企业设立的各项规定和条件要求。如飞行器数量要求；主要负责人应当具备公共航空运输企业管理能力；企业法定代表人为中国籍公民；主管飞行、航空器维修和其他专业技术工作的负责人应当符合民用航空规章的相应要求；具有符合民用航空规章要求的专业技术人员、注册资金、场所等。

（二）航空公司的设立程序

1．提交申请材料

（1）筹建申请报告。

（2）可行性研究报告。

（3）投资人的资信能力证明。

（4）筹建负责人的任职批件、履历表及其具备筹建空运企业的组织能力评价，主管飞行、航空器维修等专业技术负责人的履历表和组织能力评价。

（5）投资各方签订的协议、合同以及有关的企业法人营业执照复印件。

（6）拟设立企业所在地民航地区管理局同意筹建的初审意见。

（7）与拟使用的基地机场签订的机场使用协议。

（8）企业名称预先核准通知书。

2．民航管理部门审批

根据《公共航空运输企业经营许可规定》，空运企业的筹建资格由民航地区管理局审核、民航局审批。申请人应先将申请材料报送所在民航地区管理局审核，由民航地区管理局提出审核意见后连同申报材料一起核转民航局。

3．航空公司筹办

经批准筹建的民航运输企业应按国家有关法律法规及民用航空规章的规定和批准条件在筹建有效期内开展筹建工作，办妥筹建空运企业所需的各项手续。申请人经民航地区管理局审查完成筹建工作后，方可向民航局申请颁发空运企业经营许可证。申请人自批准筹建之日起2年内未能申请并取得经营许可证的，将注销其筹建资格。丧失筹建资格的申请人，民航局2年内不再受理其筹建申请。

二、航空公司的组织结构设置

按照现代企业制度建立的航空公司的组织结构一般可以分为商务、运行、机务、服务及支持五大模块，以及相应的分（子）公司与营业部，由首席执行官（CEO）负责。在 CEO 之上，分别设有董事会、监事会与专业委员会，向股东大会负责。航空公司的组织结构如图 8-1 所示。这里所介绍的组织结构的具体构成只是代表一般意义上的职能划分，不同航空公司均根据自身的具体情况，有不同的组织架构与责任分工。

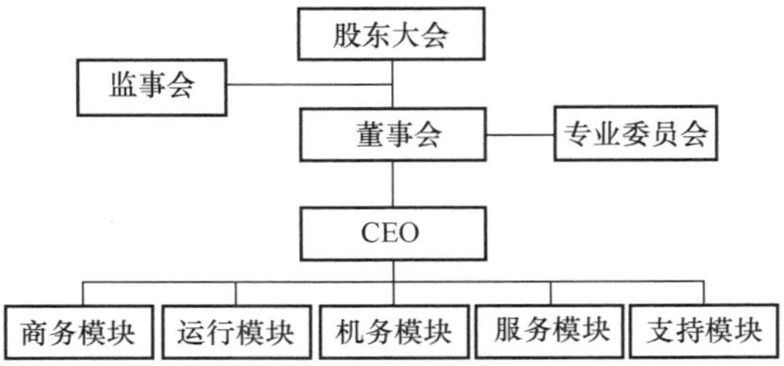

（一）商务模块

1．市场部

市场部的主要职责包括市场研究与经营战略、市场运行机制与制度建设及跟踪、品牌建设与提升、市场细分与产品开发、产品与企业形象推广，以及旅客发展与维护等。

图 8-1　航空公司的组织结构

2．销售部

销售部的主要职责包括销售战略的制定与销售战略的实施、销售指标的分解与落实、销售渠道管理、编排航班计划、制定销售政策与销售价格、参与市场推广活动等。

3．网络收益部

网络收益部的主要职责包括制定航线网络规划和枢纽规划，编制、落实中长期航班计划，申请与协调航班时刻，预测航线经营效益，商务系统各计算机系统及网络的运行维护与使用推广等。

4．结算部

结算部的主要职责包括制定企业运输收支管理办法及结算规章制度、收入结算及对外开账和接受联运开账管理、销售资金管理与客户的信用管理、经营成果统计表编制，以及与收益相关的其他工作。

5．对外合作部

对外合作部的主要职责包括根据国家的相关政策、法规，制定各类联盟、航线及商务合作发展协议，并实施与监督等。

（二）运行模块

1．飞行总队

飞行总队的主要职责包括航空安全和飞行技术训练与教育计划制订与实施、适航试飞、完成飞行任务、参与对各类飞行事故的调查与处理等。

2．航空安全监察部

航空安全监察部的主要职责包括航空安全管理的各项标准及规章的制定与督促，航空安全评估和检查工作，对事故征候、飞行、客舱、航空地面严重差错等安全事故的调查和处理工作，以及参与重大飞行事故的调查等。

3．飞行技术管理部

飞行技术管理部的主要职责包括：①负责飞行技术的标准、制度、飞行操作技术的制定、检查与监督；②负责各机型的飞行程序、技术标准和训练大纲制定，检查、监督训练工作和技术监督；③负责与相关部门协调落实飞行员的培训计划、机队的引进及飞行员与机队的匹配工作；④负责对飞行安全技术资料的信息管理。

4．培训部

培训部的主要职责包括人力资源的培训计划、实施与各类岗位培训、轮训。

5．运行质量管理部

运行质量管理部的主要职责包括监督、协调企业的生产运行，组织制定和完善航行运行手册的审定工作，协调各部门工作，参与各类飞行事故和事故征候的调查处理工作，公司标准化管理，以及参与投诉事件的处理。

6．运行控制中心

运行控制中心是公司运行的核心部门之一，其主要职责包括航务、航班、签派及保障等工作。特别是有关航班安全、影响航班运行情况的处理、各类地面事故的调查处理工作等，是运行控制中心的重点工作。

（三）机务模块

机务模块主要负责使航空器处于良好的适航状态，及时维护维修飞行器，参与重大、疑难故障的研究和事故调查工作等。

（四）服务模块

1. 地面服务部

地面服务部是一个综合性部门，其职责涉及航班运行、旅客地面服务、行李运输、航班载重平衡等。

2. 客舱服务部

客舱服务部是实施客舱服务的管理部门，其主要职责包括：①客舱服务标准与规章制定；②服务的组织监督、检查、考核工作；③客舱服务的执行工作；④客舱服务人员的培训；⑤客舱空防安全的具体管理，制定实施空防预案。

（五）支持模块

支持模块主要包括行政管理、发展战略、人力资源、信息服务等职能部门，是支撑公司业务高效运行的基础，这里就不加赘述。

第三节　航班组织的基本概念与程序

一、航班组织的基本概念

（一）航空公司的代码

每一家航空公司都有代码，一般有二字代码和三字代码。

航空公司的二字代码亦称国际航空运输协会航空公司代码，是国际航空运输协会对航空公司进行的编号，通常由 2 位字母或 2 位字母及数字组成，如 CA 就是中国国际航空公司的代码，CA 不是国航的英文缩写。二字代码是最常用的航空公司代码，多用于对公众的场合。例如，航空公司之间的 SITA 飞行动态格式电报、票务、运输活动等。

航空公司的三字代码亦称国际民航组织航空公司代码，是国际民航组织为世界上所有航空公司所订定的识别代码，由 3 个英文字母组成，如厦航的三位代码（ICAO 代码）为 CXA。三字代码较少在公众场合使用，主要用于空中交通管理部门等。

（二）航路、航线与航段

1. 航路

由国家统一划定的具有一定宽度的空中通道，有较完善的通信、导航设备，宽度通常为 20km。划定航路的目的是维护空中交通秩序，提高空间利用率，保证飞行安全。航路是公共资源。航路是走廊式保护空域，供飞机做航线飞行之用，航班绝大部分的飞行是在指定航路中完成的。

2. 航线

飞机飞行的路线称为空中交通线，简称航线。航线确定了飞机飞行的具体方向、起讫和经停地点，并根据空中交通管制的需要，规定了航线的宽度和飞行高度，以维护空中交通秩序，保证飞行安全。

3．航段

航段指在航线上各经停点的点与点之间的航程，一个航班可以由一个或几个航段组成。

（三）航班与航班时刻

1．航班

航班是航空公司运营的基本单元，航班是根据班期时刻表，在规定的航线上，使用规定的机型，根据规定的日期、时刻进行的飞行。航班分为去程航班和回程航班、定期航班和不定期航班、国内航班和国际航班。

2．航班时刻

航班时刻是指航班起飞和到达的时刻。航班的班期和时刻，要在综合考虑具体航线上的空运需求的时间分布特征、飞机的充分利用、航班之间的衔接，以及机场和航路的合理使用等因素的基础上进行安排，具体体现形式是航班时刻表。航班时刻是由民航主管部门统一审批颁布的，是航空公司组织航班运行的依据，也是旅客出行选择航班的依据。

航班时刻表的内容包括航班号、航空公司名称、起飞时间、到达时间、机型、班期等。根据飞行季节的不同和客流流量、流向的规律，国内的航空公司每年编制两期航班计划，一期是夏秋航班计划，自 3 月底至 10 月下旬执行；另一期是冬春航班计划，自 11 月初至来年 3 月下旬执行。

（四）航班班次与航班号

1．航班班次

航班班次是指航班在单位时间内飞行的次数，通常以一周为标准来计算航班班次。

2．航班号

航班号的目的是便于航空公司组织运输生产和管理，每个航班都按一定规律赋予不同的号码以便于区别。

航班号均由执飞航空公司 IATA 代码加特征数字组成。我国国内航班编号由执飞航空公司 IATA 代码和 4 位阿拉伯数字组成，如图 8-2 所示；国际航班号由航空公司 IATA 代码加 3 位数字组成，第一位数字表示航空公司，后两位数字是航班序号，单数为去程，双数为回程。

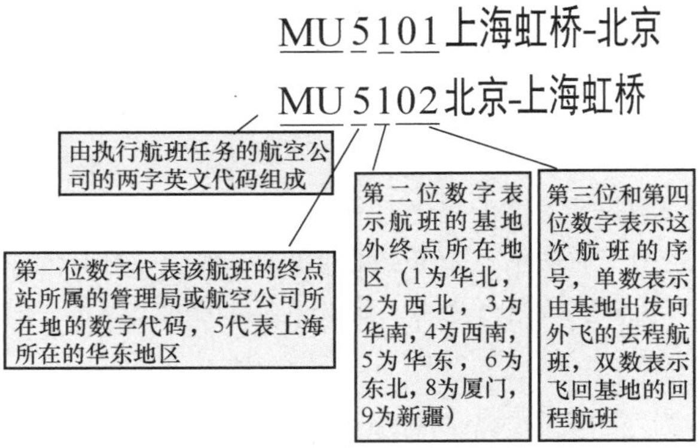

图 8-2　我国国内航班号表示的含义

（五）代码共享

代码共享是指一家航空公司的航班号（代码）可以用在另一家航空公司的航班上，即旅客在全程旅行中有一段航程或全程航程是乘坐出票航空公司航班号但非出票航空公司承运的航班的。

（六）经停

航空公司有的时候会安排一班飞机在出发地与目的地之间做短暂停留，我们将这样的航班称为经停航班。经停机场也称为过站，在此机场有到达目的地的旅客下飞机，也有新的旅客登机。

（七）中转/中转联程

中转是指旅客的出发地与目的地之间没有直接到达的航班，为了到达目的地，旅客需要在出发地与目的地之间的机场换乘另一架飞机，这样的行程也称为中转行程。

由航空公司之间或独自的航班通过中转的方式到达目的地的旅行方式称为中转联程，也称无缝转接。中转联程实际上也是中转，中转联程在国内来说一般是由一个承运人承运。

（八）行李/托运行李

行李是旅客在旅行中为了穿着、使用、舒适或方便的需要而携带的物品和其他个人物品，而托运行李指旅客交由承运人负责照管和运输并填开行李票的行李。

（九）承运人/销售代理人

承运人是指承担航班飞行任务的航空公司，销售代理人是指与各航空公司签订销售代理协议，代售各航空公司的机票业务，并从中获取代理费的个人或机构。

（十）民航订座系统

民航订座系统是指可以预订座位或填开客票，提供航班班期时刻、座位可利用情况、票价和相关服务等信息的计算机系统。

二、航班组织的程序

在实施航班飞行任务时，需要航空公司的多个部门来协作配合，如工程维修部门、油料部门、签派部门、飞行管理部门、空勤机组、机供品供应部门、货运部门、地面运行控制部门等。航班组织的程序可以分为三个阶段。

（一）计划与保障

签派部门专门负责制订飞行计划，并将本次飞行计划通知空中交通管制部门，经对方同意后，签派室则代表航空公司负责飞机的放行及以后整段时间内飞机的运行和安排；机务维修部门利用晚上飞机停场的时间检修和维护飞机，确定飞机是否存在影响飞行的设备故障；运输营销部门负责飞机客票的销售、货物托运、机上的食品用品的准备工作等；油料部门要给飞机添加燃油及其他附属油料；航务部门则必须按照航班时刻表在飞机起飞前的 4 小时，将执行本次航班任务的机长和空勤组人员名单下达到本人。

（二）飞行前准备

机组成员按要求进行准备，并在飞机起飞前 1.5 小时（国内航线）至 3 小时（国际航线）

抵达机场；完成航管部门签到，与签派人员仔细研究飞行计划、飞行高度、使用的航线、天气状况、主备降机场、燃油载量计算和航班运营过程中可能发生的其他问题等，落实确定飞行计划后，由签派员签发放行许可单给机长。

（三）实施飞行

实施飞行分为预先准备、直接准备和实施飞行三个阶段。

（1）预先准备是机长召集全体机组人员召开飞行前准备会，介绍机组成员，说明本次飞行任务的有关情况和具体工作要求，并向各部门工作的负责人布置具体任务；飞机起飞前55分钟，机组人员开始登机；登机前机长或副驾驶要对飞机进行例行检查，地面维修人员向机长介绍飞机准备情况。

（2）直接准备包括加油、上水、上各种餐饮食物及机上用品、货物和行李装机等；完成飞机配重；实施客舱安全检查，完成旅客登机。

（3）实施飞行包括乘务员清点乘客人数准确无误后，关闭机舱门，经空管 ATC 许可后，机长启动发动机，航班开始执飞。

第四节　航空旅客运输组织

一、国内民航旅客运输

（一）国内民航旅客运输票价概述

1．票价

民航旅客票价（也称运价）是单位旅客由始发地机场至目的地机场的航空运输价格，不包括机场与市区之间的地面运输费用。

2．票价制定的原则

（1）国内客机运价可在规定的季节差价范围内，根据当时供求情况实行上下浮动票价，也可根据市场情况，按购票时限、航班时刻以及旅客类型（团体、教师、学生、老年人、儿童、婴儿、残疾人、现役军人等）、座位等级实行多种优惠票价。

（2）为了充分利用运力，提高经济效益，可在一条航线的去程和回程采用不同的运价。

（3）包机运价可在规定运价范围内向下浮动。

（4）对一些特殊的要求，如一团一议，可兼顾企业和用户的利益临时定价。

3．票价体系

影响票价的因素很多，运输对象的类别、运输方式、运输距离，舱位和服务内容，出票时间、地点等的不同票价也有所不同，另外，市场因素也会影响票价。针对不同的情况，就形成了票价体系。

（1）旅程方式票价。

① 单程票价：也称"直达票价"，适用于规定航线上的、从甲地到乙地的航班运输。

② 来回程客票：指从出发地至目的地按原航程返回原出发地的客票。

（2）客舱服务等级票价。

① 头等舱票价：座位最宽敞舒适，餐食/地面食宿服务水平最高，行李限额最高40kg，票价为经济舱正常票价的150%。

② 公务舱票价：座位宽敞舒适次之，餐食/地面食宿服务水平次之，行李限额最高30kg，票价为经济舱正常票价的130%。

③ 经济舱票价：行李限额为20kg，其正常票价以国家对外公布的直达票价为基础。

（3）旅客类型票价。

① 成人票：按正常公布票价购票的旅客。

② 儿童（CHD）票：年满2周岁、未满12周岁的旅客，按成人普通票价的50%购买儿童票，提供座位。

③ 婴儿（INF）票：未满2周岁的旅客，按成人普通票价的10%购买婴儿票，不提供座位，无免费行李额，仅可免费携带一摇篮或可折叠式婴儿车。

（4）特种票价。

① 团体旅客票价：除另有规定外，国内团队旅客指统一组织的人数在10人（含）以上，航程、乘机日期、航班和舱位等级相同的并按同一类团体票价支付票款的旅客。具体成团人数以团队产品运价规定为准。凡按照婴儿、儿童及其他特种票价购票的旅客不得计算在团队人数内。

② 军残票价：因公致残的现役军人、人民警察，凭证购买，按正常票价的50%购买。

③ 教师、学生票价：寒暑假期间乘坐，凭证购买，分别按正常票价的60%、50%购买。

④ 季节票价：在旅游淡季，航空公司向旅客提供的优惠票价，属于促销票价。

⑤ 其他特种票价：在经济舱正常票价的基础上，对符合购票时限、旅客身份、航班时刻、季节浮动等限制的团体或单个旅客给予一定的优惠。

（5）免票、优惠票。

① 由承运人特殊批准的旅客，凭乘机优待证可以填开由该承运人承运的免票、优惠票。

② 货运包机押运人员凭包机货运单和包机单位介绍信可填开免票。

③ 航空公司经常旅客，凭借积分换取免票。

④ 免票、优惠票是针对客票价的免收或优惠，不涉及税费。

4．票价的一般规定

（1）客票价为旅客开始乘机之日适用的票价；客票售出后，如票价调整，票款不做变动。

（2）使用特种票价的旅客，应遵守该特种票价规定的条件。

（3）旅客按国家规定的货币和付款方式交付票款，除与航空公司另有协议外，票款一律现付。

（4）当收取的票款与使用的票价不符或计算错误时，应按照航空公司规定多退少补。

（5）客票价以10元为单位；航空公司收取其他费用时以1元为单位，四舍五入。

（6）政府、有关部门或机场规定的，由旅客享用的任何服务、设施而征收的税款或费用，不计在航空公司公布的票价内（如机场建设费、燃油税）。

（二）民航国内旅客运输凭证

1．客票

（1）客票的定义。

客票是指由承运人或代表承运人所填开的被称为"客票及行李票"的凭证。它是承运人和旅客订立航空运输合同条件的初步证据，是旅客乘坐飞机、托运行李的凭证，同时它也是承运人之间相互结算的凭证。

客票为记名式，只限客票上所列姓名的旅客本人使用，不得转让和涂改，否则客票无效，票款不退。

（2）客票的种类。

① 航空公司本票：航空公司自行印制的，带有明显的航空公司标识，只允许航空公司直属的售票处、机场柜台及特殊代理人开出的客票。

② BSP中性票：由国际航协认可的代理人出售的统一规格的票证。

③ BSP：（Billing and Settlement Plan，BSP）即开账与结算计划，它是国际航协根据运输代理业的发展和需要而建立，供航空公司和代理人之间使用的销售结算系统。

2．电子客票（Electronic Ticket，ET）

电子客票也称电子机票，是纸质机票的电子形式，是一种电子号码记录。电子客票将票面信息存储在订座系统中，可以像纸票一样执行出票、作废、退票、换开、改签等操作。电子机票依托现代信息技术，实现无纸化、电子化的订票、结账和办理乘机手续等全过程。

根据IATA的强制规定，自2006年10月16日起，停止向我国国内各大机票代理人发放BSP纸质客票，到2007年年底在全世界实现BSP客票100%电子化。

3．电子客票销售渠道

电子客票最大的特点是将原本是实物的机票电子化，在互联网技术与民航订座系统（CRS）的支撑下，客户购票不再依赖于物流和实物，客户随时都可买票，而不用担心客票无法送到耽误行程，大大降低客户的时间成本和机会成本，增加了销售渠道，大大降低了分销成本，更极大地方便了客户。目前，电子客票销售渠道包括航空公司官方网站上销售（B2C模式）、航空公司签约代理人销售（B2B模式）和第三方分销平台的合作销售（C2C模式）。

4．电子客票行程单

电子客票是普通纸质机票的一种电子映像，是一种电子号码记录。目前电子客票使用"航空运输电子客票行程单"作为旅客购买客票的付款凭证或报销凭证，不作为机场办理乘机手续和安全检查的必要凭证使用。"航空运输电子客票行程单"票样如图8-3所示。

航空运输电子客票票面包含：订票代号、航空公司代号、机位舱的等级、机票的开票日期、电子机票的票号、使用限制（使用说明）、机票种类、航班号、班机起飞日期、起飞时间、起飞城市（机场）、降落城市（机场）、国际客票持票者姓名、机票可开始使用日期、机票最晚使用期限、机位状况、票面价格、外加税费等信息。

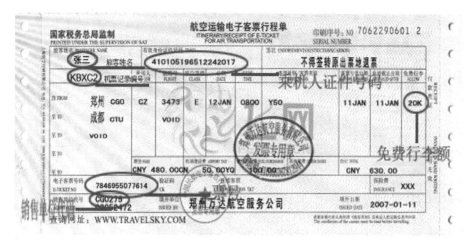

图 8-3　"航空运输电子客票行程单"票样

（三）机票改签

1．改签的种类

由于多种因素的影响，旅客对机票改签是一种普遍的现象。改签包括机票更改和机票签转两种。

（1）机票更改。

更改又称改期，指旅客的行程不变、承运的航空公司不变的情况下的更改，而不能发生在不同航空公司之间。

（2）机票签转。

签转发生在不同航空公司之间，是指旅客购票后，如要求改变原客票的指定承运人，称为客票签转。签转只适用于全价票的客人，折扣票不可以签转。签转的两个航空公司之间必须有协议，同意两个航空公司的旅客进行签转。

2．机票改签的规定

（1）自愿变更、签转的规定。

由于旅客原因而需要变更、签转的均属自愿改签。

① 变更有效性的一般规定是：要求变更的客票必须在客票有效期内，逾期的无效客票不得变更；要求变更的客票不得违反票价限制条件，承运人提供的较低折扣的机票往往都附加"不得签转""不得变更"等限制条款，客票的变更工作一定要遵循限制条款。变更航程或乘机人，均应按退票处理，重新购票。客票变更后，客票的有效期仍按原客票出票日期或开始旅行日期计算。要求变更航程、乘机日期的，必须在原定航班离站时间前提出，承运人可按有关规定办理。

② 旅客客票签转有效性规定：持客票的旅客无签转限制，旅客未在航班规定的离站时间前 72 小时以内改变过航班、日期，旅客应在航班规定离站时间 24 小时以前提出，新承运人与原承运人有票证结算关系且新承运人的航班有可利用座位。

（2）非自愿变更、签转的规定。

由于非旅客原因而需要变更、签转的均属非自愿改签。由于非旅客原因包括航空公司的原因和非航空公司的原因，在具体规则上，各航空公司也略有不同。一般的规则如下。

① 为旅客优先安排有可利用座位的本航空公司的后续航班。

② 征得旅客及可签转航空公司同意后，办理签转手续。

③ 航空公司有义务安排航班将旅客送达目的地或中途分程地点，票款、逾重行李费和其他服务费用的差额多退少不补。对旅客舱位等级变更时，票款的差额多退少不补。如普通舱改为头等舱，不再收取差额，头等舱改为普通舱，应退还票价差额。

（四）退票及其规定

1．退票

旅客购票后，由于旅客原因或承运人原因，不能在客票有效期内完成部分或全部航程，而要求退还部分或全部未使用航段票款，称为退票。

2．退票的规定

（1）非自愿退票。

非自愿退票是非旅客原因，如航班取消、提前、延误、航程改变或航空公司不能提供原定航班座位的，旅客要求退票。

非自愿退票一般规定：始发站应该退还全部票款，经停地退还未使用航段的全部票款，均不收退票费。若航班在非规定的航站降落，旅客要求退票，原则上退还由降落站至旅客到达站票款，但不得超过原付款金额。

（2）自愿退票。

自愿退票是指由于旅客原因，未能按照运输合同（客票）完成全部或部分航程，在客票的有效期内要求退票的。

自愿退票一般规定：各航空公司根据旅客购买客票折扣、舱位不同，收取的退票费率也不同。旅客购买经济舱子舱位较高折扣的机票，退票时扣除的退票手续费费率较低。相反，旅客购买经济舱子舱位较低折扣的机票，退票时扣除的手续费费率较高。特价折扣舱位客票一般不得自愿退票。

（3）旅客因病退票。

旅客因病退票是指旅客因个人身体健康原因未能全部或部分完成机票中所列明的航程。旅客因病要求退票，须在航班规定离站时间前提供县级（含）以上医疗单位出具的医生诊断证明（如诊断书、病历、旅客不能乘机的证明），免收退票费。患病旅客的陪伴人员要求退票的，应与患病旅客同时办理退票手续，免收退票费。

尽管国家对退改签有相应的政策规定，但机票退票扣多少手续费需要依照航空公司规定的不同而定，视原折扣水平，其范围从 5% 至 100% 不等。目前，国家有关部门正采取措施，规范此类收费，以减轻旅客的负担。

（五）特殊旅客运输

特殊旅客是指需给予特殊礼遇和照顾或由于健康、用药和精神状况，在旅途中需特殊照料并符合一定条件才能运输的旅客。根据不同特殊旅客的运输操作特点和服务要求，将特殊旅客分为以下几类：重要旅客（VIP）、无人陪伴儿童（UM）、疾病旅客（MEDA）、担架旅客（STCK）、盲人旅客（BLND）、聋哑旅客（DEAF）、轮椅旅客、孕妇旅客、醉酒旅客、犯人等。

1.重要旅客服务

通常,把重要旅客分为最重要旅客(VVIP)、一般重要旅客(VIP)和工商界重要旅客(CIP),其具体划分,国家有关文件有明确规定。与一般旅客不同的是,重要旅客可享受特殊的地面服务,也是对重要旅客的礼遇和出行的便利保障,主要包括以下方面。

(1)将其安排在贵宾室候机,并有专车在停机坪接送。

(2)享受专门的值机柜台、安检通道。

(3)享受预留客舱位置和专人代办乘机手续。

(4)行李挂有 VIP 标志牌,托运行李装在货舱门口。

2.孕妇旅客服务

由于在高空飞行中,空气中氧气成分相对减少、气压降低,因此孕妇运输需要有一定的限制条件。规定如下。

(1)怀孕不足 32 周的孕妇乘机,除医生诊断不适应乘机者外,按一般旅客运输。

(2)怀孕满 32 周但不足 35 周的孕妇乘机,应办理乘机医疗许可。

(3)怀孕超过 36 周的孕妇,不予以接受运输。

3.婴儿旅客服务

婴儿旅客指旅行开始之日未年满 2 周岁的旅客。其运输要求如下。

(1)旅行开始之日未满 2 周岁的婴儿旅客乘坐飞机时必须由一位同等物理舱位的年满 18 周岁且具有完全民事行为能力的成人旅客陪护。

(2)为了保证旅客的安全,出生不超过 14 天的婴儿不接受乘机。

4.儿童旅客服务

儿童旅客指旅行开始之日已年满 2 周岁但未满 12 周岁的旅客。年满 2 周岁但未满 5 周岁的儿童必须由一位同等物理舱位的年满 18 周岁且具有完全民事行为能力的成人旅客陪护。开始旅行之日年满 5 周岁但未满 12 周岁无家长或 18 周岁以上具有完全民事行为能力的成人旅客在同一物理舱位陪伴,即单独乘机的儿童必须申请无成人陪伴儿童服务。

(1)有陪伴儿童服务。

儿童占有座位,票价按相应的儿童票价计收。按相应的儿童票价付费的儿童,可享有所持客票票价等级规定的免费行李额。

(2)无陪伴儿童服务。

无人陪伴儿童年龄的范围是 5～12 周岁。在办理乘机手续时,应将儿童安排在易于乘务员照顾的座位上,不得安排在飞机的紧急出口处或上客舱。填写舱单时,在儿童姓名后的备注栏内注明"UM"字样,以区别成人旅客。在登机环节要安排无成人陪伴儿童优先登机。将无成人陪伴儿童及其所携带的文件袋与乘务长进行交接。乘务长在"UM Travel Documents"上签字,交地面留存,航班落地前,机长通知地面工作人员交接。

5.老年旅客服务

老年旅客指年龄超过 65 周岁,且行动不便,甚至必须借助设备才能乘机,需要一定的特殊照顾或服务的旅客。不同航空公司,在服务上略有差异。一般会提供以下服务。

（1）对于在空中需要特殊照顾和陪护，但行动方便，不需要借助轮椅或担架的特殊老年旅客，参照无人陪伴儿童的运输程序经公司同意予以承运。

（2）对于需要借助轮椅（WCHS 或 WCHC）或担架运输的特殊老年旅客，按照公司病残旅客的运输政策和程序承运，并须满足相关限制规定。如需申请，请联系客服中心咨询相关事宜。

（3）对于仅需要地面接送和起止于客机停机坪的轮椅服务，而在客舱中不需要特殊照顾和陪护的特殊老年旅客，其承运数量不受限制。

6. 疾病旅客服务

由于身体或精神上的缺陷或病态，在航空旅行中，或不能自行照料自己的旅途生活，或需由他人帮助照料的旅客，称为疾病旅客。

凡是患有传染性疾病或给其他旅客造成不便者；精神病患者，易于发狂，可能对其他旅客或自身造成危害者不予承运。疾病旅客乘机原则上需要有人陪同。

（六）航班不正常的处理

1. 航班不正常

航班正常指飞机在班期时刻表上公布的离站时间前关好机门，并在公布的离站时间后15 分钟内起飞，又在公布的到达站正常着陆的航班；反之，则为航班不正常，在实际运输中，表现在航班变更或航班延误。

2. 不同原因引起航班不正常的处理

（1）航空公司原因。

由于航空公司原因，如机械故障造成航班在始发地延误或取消，航空公司应当及时提供航班信息、免费提供餐饮和住宿等服务。

（2）天气原因。

由于天气等原因，造成航班在始发地延误或取消，航空公司应协助旅客安排餐食和住宿，费用由旅客自理。

（3）流量控制。

为了保证飞行安全，在航班流量较大的航路或机场，空中交通管制部门为避免各个飞机之间出现危险接近或空中相撞，对飞机的流量进行控制。或由于机场繁忙，跑道有限，飞机排队起飞或目的地机场流量繁忙，始发机场受到控制。

流量控制通常是暂时的，旅客需等待即可，航空公司会根据情况提供必要的服务或补偿。

（4）旅客方面原因与处理。

① 旅客误机：旅客没能在航班截止办理登机手续前办理登机手续，通常原因为乘机手续问题或其旅行证件不符合规定，未能按照客票上注明的日期、航班乘机。

旅客误机时，按各航空公司的规定办理后续事宜，一般最迟应在该航班离站后的次日中午12 点（含）以前办理误机确认。误机旅客要求改乘后续航班，在航班有可利用座位的条件下予以免费办理一次；如果旅客所持客票有特殊规定的，按航空公司的规定办理；如果误机后旅客要求退票，按自愿退票处理。

② 旅客漏乘：旅客在航班始发站办理乘机手续后或在经停站过站时，未能搭乘上指定的航班。

对于由于旅客原因造成的漏乘，发生在航班始发站，按误机有关规定处理，即旅客可办理改乘后续航班，也可以办理退票；发生在中途站，不得改乘后续航班，按旅客自动终止旅行处理，该航班未使用的航段的票款不退。

若由于航空公司原因造成漏乘，应尽早安排旅客乘坐后续航班，并按航班不正常的相关规定，承担漏乘旅客等候后续航班期间的膳宿费用。

③ 旅客错乘：旅客乘坐了不是客票的适用乘机联上列明的运输地点的航班。

由于旅客原因错乘：在始发站发现错乘，应安排错乘旅客搭乘飞往旅客客票乘机联上列明地点的最早航班，票款不补不退。在中途站发现旅客错乘，应中止其旅行，航空公司应安排错乘旅客搭乘飞往旅客客票上列明的目的地的直达航班，票款不补不退。

由于航空公司原因错乘：应向旅客赔礼道歉，妥善安排旅客，并应承担错乘旅客在等候后续航班期间的膳宿费用。在始发站发现旅客错乘，航空公司应安排错乘旅客搭乘最早飞往旅客客票上列明地点的航班；如旅客要求退票，按非自愿退票处理。在中途站发现旅客错乘，应中止其旅行，航空公司员工应尽可能安排错乘旅客搭乘飞往旅客客票上列明的目的地的直达航班；如旅客要求退票，按非自愿退票处理，退还自错乘地点至旅客客票上列明的目的地的票款。但是，任何情况下退款都不得超过旅客实付票款。

（七）责任与赔偿限额

1. 责任

航空公司应保证旅客及其行李运输的安全，应对发生在其承运航线上的损失承担责任。如果旅客未遵守国家法律、政府规定、命令和要求而引起的任何损失，航空公司不应承担责任。完全由于旅客原因造成和加重其本人的任何疾病、受伤、残疾或死亡，承运人不承担责任。

2. 赔偿限额

根据《国内航空运输承运人赔偿责任限额规定》，国内航空公司应当在下列规定的赔偿责任限额内按照实际损害承担赔偿责任，但是《中华人民共和国民用航空法》另有规定的除外：

（1）对每名旅客的赔偿责任限额为人民币 40 万元。

（2）对每名旅客随身携带物品的赔偿责任限额为人民币 3000 元。

（3）对旅客托运的行李和对运输的货物的赔偿责任限额，为每千克人民币 100 元。

旅客自行向保险公司投保航空旅客人身意外保险的，此项保险金额的给付不免除或者减少承运人应当承担的赔偿责任。

二、民航旅客国际运输

（一）民航旅客国际运输定义

民航旅客国际运输是民航旅客运输的重要组成部分，也是民航旅客运输中最具潜力、发展最快的部分，是世界各国主要航空公司的重要业务之一。

关于民航国际运输，《华沙公约》所给出的定义是：就本公约而言，国际运输是指根据有关各方所订契约，不论在运输中有无间断或转运，其出发地和目的地是处在两个缔约国领土内，或处在一个缔约国的领土内而在另一国的主权、宗主权、委任统治权或权力管辖下的领土内有一个协议的经停地点的运输。

为此，民航旅客国际运输的定义是：如果旅客与承运人签署的契约中要求的运输始发地和目的地不在同一国家内，或者在同一国家内，但在另一国家有至少一个约定的经过停留地，这样的运输被称为"民航旅客国际运输"，简称"民航国际客运"或"国际客运"。

（二）旅客国际旅行手续与信息

1. 旅行信息手册（TIM）及旅行文件检查

TIM 是旅行信息手册（Travel Information Manual）的简称，是 IATA 负责出版的专业航空旅行资料，为航空公司、代理人以及其他旅游业相关机构和个人提供最新的旅行规定、程序、限制等官方信息。

按国际旅客旅程顺序，涉及的旅行文件主要有两类，需按规定执行。

第一类：始发地—过境地—目的地旅行文件检查。

按相应国家的规定进行文件检查，即始发国家、过境国家、目的地国家，还包括再次进入原始发国家时的文件检查。

第二类：过境文件检查。有些国家过境规定较严格，不同的旅客，即使来自同一航班且不下飞机，也有可能被拒绝过境，或被要求持有过境签证和黄热病检疫证明等。

2. 旅行文件和信息一览

相关国家的旅行文件和信息包括护照、签证、健康、机场税、海关、货币等，这是国际旅行所必备的。

（1）护照。

护照（Passport）是由政府主管机关发给本国公民或者外国侨民（多数为无国籍者）的一种官方文件，用于出入本国国境和到国外旅行或居留时证明该公民国籍与身份的合法性。

（2）签证。

签证是一个国家的主权机关在本国或外国公民所持的护照或其他旅行证件上的签注、盖印，以表示允许其出入本国国境或者经过本国国境的手续，也可以说是颁发给他们的一项签注式的证明。签证与护照既有区别，又存在联系。护照是持有者的国籍和身份证明，签证则是主权国家准许外国公民或者本国公民出入境或者经过本国国境的许可证明。签证一般都签注在护照上，也有的签注在代替护照的其他旅行证件上，有的还颁发另纸签证。签证一般来说须与护照同时使用才具有效力。

（3）健康（Health）。

主要涉及预防接种证明（Vaccination Certificate），一般是根据旅客始发地、途经地经过了哪些易感地区的实际情况，决定是否需要提供相应的预防接种证明。疫苗接种的有效期，霍乱疫苗自接种后第 6 日起，6 个月内有效；黄热病疫苗自接种后第 10 日起，10 年内有效。预防接种证明的检查大致可分为三种：目的地国家的检查、始发国家的检查（包括再次回到始发国的情况）和过境中转国的检查。

（4）机场税。

机场税是一种正式税种。很多国家尤其是经济较为发达的国家并不收取机场税，如中国、美国、法国、日本、韩国等，但会收取一些其他税费。

（5）海关。

海关部分通常包括进口（Import）、附加信息（Additional Information）、武器和弹药（Arms

and Ammunition）、出口（Export）、机组成员（Crew Members）、宠物（Pets）、行李检查（Baggage Clearance）等内容。

（6）货币。

货币部分主要规定了允许带入或带出境的本国货币及外币金额限制，必须考虑在整个行程中所有相关国家的货币规定，而且应严格遵守，如果违反规定极有可能被要求缴纳罚金，甚至受到的处罚可能更为严重。

（三）国际航空旅客运价及其分类

1. 国际航空旅客运价

运价（Fare）是承运人为运输旅客及其限额范围内的免费行李所收取的费用，包括承运人向公众发布的票价及相应服务舱位等信息。

国际航空旅客运价与时区（IATA 把地球分成 TC1、TC2、TC3 三个区）有关。

2. 国际航空旅客运输票价种类

（1）按计价方式分类。

① 里程票价：基于承运的里程计算运价。乘客可以在运价规则允许的情况下，选择路线到达目的地。一般价格较贵、限制较少。

② 路径票价：基于旅途所经过的路径的运价，规定了旅行线路和承运人。可以不考虑实际的承运里程，一般价格较低、限制较多。

（2）按价格制定方式分类。

① 公布的票价或公开的票价：公开显示和销售的票价，包括在必要时向政府申报批准的票价。

② 非公布的票价或非公开的票价（有时也称市场票价或运价外票价）：一种既不公开销售也不提交政府批准的票价。

（3）按限制条件分类。

① 正常票价：指为头等舱、公务舱和经济舱服务所建立起来的票价。限制很少，使用灵活，价格较贵，主要用于各舱位正价。

② 特等票价：除正常票价以外的、附有一定使用条件的票价，其价格相对较低，规定和限制较多。

（四）国际航空旅客运输流程

从承运人角度来看，国际航空旅客运输流程可以简化为如图 8-4 所示，其中不包括值机、安检及联检内容。

（五）国际航空旅客运输相关业务

1. 客票及订座

承运人只向持有由承运人或者其授权代理人填开的客票的旅客提供运输相关业务。客票中的合同条件是运输条件部分条款的摘述，至少应当包括下列内容：旅客姓名、出票人名称、出票时间和地点、出发地点和目的地点，出发地点和目的地点均在中华人民共和国境内，而在境外有一个或者数个约定经停地点的，至少注明一个约定经停地点；旅客航程的最终目的地点、出发地点或者约定的经停地点之一不在中华人民共和国境内,依照所适用的国际航空运输公约的规定,应当在客票上声明此项运输适用该公约的,客票上应当载有该项声明。

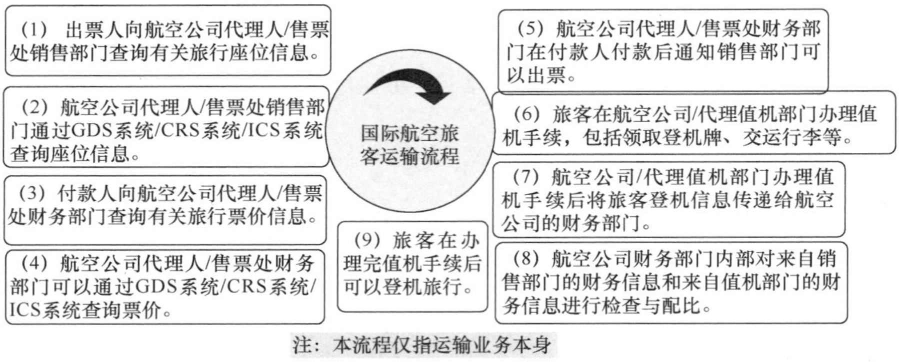

图 8-4　国际航空旅客运输流程

2. 旅客乘机

旅客应当在定妥座位后,凭该定妥座位的客票乘机,并只限在该客票已定妥座位的有关乘机联上指定的两个地点之间的运输。如果旅客可以在约定经停地点中途分程,但必须事先经承运人同意,并符合有关规定,承运人可以安全原因,或者根据其规定情形,有权拒绝运输旅客及其行李,由此给旅客造成的损失,承运人不承担责任。同时,对特殊旅客乘机,应当经承运人同意,并事先做出安排。

3. 行李运输

承运人载运的行李只限于航空公司对行李术语解释范围内的物品。行李票是行李托运和运输合同条件的初步证据。旅客应当将托运行李交承运人计重或者计件,承运人应当将托运行李的重量、件数填入"客票及行李票",拴挂行李牌,并在运输期间负责照管。

4. 改变航程和更改客票及退票

旅客已开始旅行但未到达目的地点前要求改变客票中未使用部分载明的航程、目的地点、承运人、座位等级、航班或者客票有效期的,为自愿改变航程。

承运人取消旅客已定妥座位的航班,或者取消航班在旅客的目的地点或者中途分程地点降停,或者未能合理地按照班期飞行,或者未能提供事先定妥的座位造成旅客改变航程的,为非自愿改变航程。

旅客自愿改变航程的,改变航程后,应当适用原客票第一张乘机联载明的运输开始之日所适用的票价和各项费用;改变航程后的票价和各项费用与原票价和各项费用的差额,应当由旅客支付或者由承运人退还。

旅客非自愿改变航程的,承运人除按规定处理外,还应当按照承运人规定免费为旅客提供休息场所、饮料、食品、膳宿或者其他承运人认为必要的服务。

承运人未按照运输合同提供运输或者旅客自愿改变其旅行计划的,承运人可以按承运人的有关规定为旅客未使用的客票办理退款。旅客要求退票的,应当填写承运人规定的退款单。除遗失客票的情况外,旅客必须凭客票未使用的全部乘机联、旅客联和付款凭据办理退票。

5．航班取消及变更

承运人应当采取一切必要的措施，按照公布的在旅行之日有效的航班时刻，合理地运送旅客及其行李，并按"客票及行李票"上的合同条件办理。

有下列情况之一的，承运人可以不经事先通知，取消、中断、变更、延期或者推迟航班飞行：

（1）为了遵守中华人民共和国或者运输过程中有关国家的法律及其他有关规定。

（2）为了保证飞行安全。

（3）承运人无法控制或者不能预见的其他原因。

承运人因前述原因，造成旅客非自愿改变航程的，应当考虑旅客的合理需要，并按下列规定办理：

（1）为旅客安排第一个能够定妥座位的航班或者签转给其他承运人。

（2）改变原客票载明的航程，安排承运人的航班或者签转给其他承运人，将旅客运送到目的地点或者中途分程地点。

（3）按照《中国民用航空旅客、行李国内运输规则》第六十八条规定办理。

（4）协助旅客安排膳宿、地面交通等服务。始发地旅客的费用由旅客自理。

第五节　航空货物运输

一、国内航空货物运输

（一）航空货物运输的定义及特点

1．航空货物运输的定义

航空货物运输是指一定的货物（包括邮件）通过航空器运往另一地的运输，这种运输包括市区与机场的地面运输。

航空货运主要采用集中托运的形式，或直接由发货人委托航空货运代理人进行，货物到达目的地后再通过发货地航空货运代理的关系人代为转交货物到收货人的手中。业务中除涉及航空公司外，还要依赖航空货运代理人的协助。

2．航空货物运输的特点

航空货运是现代航空物流业务的重要组成部分，也是国际贸易中贵重物品、鲜活货物和精密仪器运输所不可或缺的方式，其具有显著的特点。

航空货运具有运送速度快、破损率低、安全性好及空间跨度大等优势。航空货运具有快捷性，可以加快企业商品的流通速度，节省生产企业的相关费用，同时对于急用货物、不宜长时间保存的货物、市场上生存周期短的货物等的运输优势很明显，但是也存在运价比较高、载量有限、易受天气影响等劣势。

（二）航空货运相关责任人

1．承运人

承运人是指包括接受托运人填开的航空货运单或者保存货物记录的航空承运人和运送或

者从事承运货物或者提供该运输的任何其他服务的所有航空承运人。

2．代理人

代理人是指在航空货物运输中，经授权代表承认的任何人。航空货运代理人是伴随航空货运市场的繁荣而发展起来的，它通常接受航空公司委托人的委托，专门从事航空组织工作，如揽货、接货、订舱、制单、报关、交运、转运等，为货主和承运人提供各种服务，从而获得一定的报酬。

3．托运人

托运人是指为货物运输与承运人订立合同，并在航空货运单或者货物记录上署名的人。

4．收货人

收货人是指承运人按照航空货运单或者货物运输记录上所列名称交付货物的人。

（三）航空货运的分类

航空货运按形式大致可以分为普通货物运输、急件运输、航空快递、包机运输、特种货物运输。

（1）普通货物运输。

普通货物是指托运人没有特殊要求，承运人和民航局对货物没有特殊规定的货物，这类货物按一般运输程序处理，运价为基本价格。

（2）急件运输。

急件运输是指必须在 24 小时之内发出，收货人急于得到货物的运输，急件货物运费费率是普通货物运费费率的 1.5 倍，航空公司要优先安排舱位运输急件货物。

（3）航空快递。

由承运人组织专门人员，负责以最早的航班和最快的方式把快递件送交收货人的货运方式。快递的承运人可以是航空公司、航空货运代理公司或专门的快递公司。快递的方式有三种：第一种是机场到机场，收货人在机场等候；第二种是门到门的快递服务，承运人从发货人处取货，并将货物在规定时间内直接送到收货人的所在地址；第三种是由发快递的人派专人随机送货。航空快递运输安全、快速、准确，目前已经成为航空货运中的一个重要部分，其中大部分的运量是以第二种方式进行的，运输的货物以文件、样品、小件包裹为主。航空快递的费用相对昂贵，一般按距离分档计价，除运费外还要加收中转费和地面运输杂费。

（4）包机运输。

包机是指包机人和承运人签订包机合同，机上的吨位由包机人充分利用。包机吨位包括机上座位和货运吨位，包机的最大载重和运输货物要符合飞行安全的条件与民航局的有关规定，包机运输的计费按里程计算，如果飞行由其他机场调来，回程时没有其他任务还要收取调机费。调机费按里程收费，调机计费里程包括调机里程和回程。

（5）特种货物运输。

特种运输货物是指一些在运输上有特殊要求的货物，如鲜活易腐类、危险品类、超大超重类、活体动物等。在《中国民用航空货物国内运输规则》中对特种货物运输做了明确的规定，分为菌种和生物制品、尸体和骨灰、鲜活易腐物品、贵重物品、武器及弹药、危险品七类，并有明确的运输规程。

（四）货物的托运

1. 货物运输凭证

（1）货物托运。

托运人托运货物一般应在民航营业时间到航空公司货运营业处或承办航空货运业务的航空代理公司货运部办理。托运人凭本人居民身份证或者其他有效身份证件，填写货物托运书，向承运人或其代理人办理托运手续。如承运人或其代理人要求出具单位介绍信或其他有效证明时，托运人也应予提供。托运政府规定限制运输的货物以及需向公安、检疫等有关政府部门办理手续的货物，应当随附有效证明。

货物托运书的基本内容包括：①货物托运人和收货人的具体单位或者个人的全称及详细地址、电话、邮政编码；②货物品名；③货物件数、包装方式及标志；④货物实际价值；⑤货物声明价值；⑥普货运输或者急件运输；⑦货物特性、储运及其他说明。

（2）航空货运单。

航空货运单是指托运人或托运人委托承运人填制的，托运人和承运人之间为在承运人的航班上运输货物所订立合同的初步证据，同时也是运费收据和保险证明。

航空货运单的基本内容为：填写的日期和地点、收货人名称及地址、货物名称、包装方式、件数、重量、体积或尺寸、计费项目及付款方式、托运人声明等。由于航空货运单在运输的整个过程中都要发挥作用，是货运中最重要的文件，因此在填写上一定要准确，并要核查，防止出现任何错误。货物托运书应与航空货运单存根联一起装订留存。

我国的航空货运单一式 8 份，其中正本 3 份、副本 5 份，分别由承运人、收货人和交托运人其他中间承运人或财务部门留作凭证使用。

2. 货物包装与货物标记

（1）货物包装。

货物包装对保证货物的安全运送有着十分重要的作用。货物包装应当保证货物在运输过程中不致损坏、散失、渗漏，不致损坏和污染飞机设备或者其他物品。托运人应当根据货物性质及重量、运输环境条件和承运人的要求，采用适当的内、外包装材料和包装形式，妥善包装。精密、易碎、怕震、怕压、不可倒置的货物，必须有相适应的防止货物损坏的包装措施。严禁使用草袋包装或草绳捆扎。货物包装内不准夹带禁止运输或者限制运输的物品、危险品、贵重物品、保密文件和资料等。

托运人应当在每件货物外包装上标明出发站、到达站和托运人、收货人的单位、姓名及详细地址等；应当根据货物性质，按国家标准规定的式样，在货物外包装上张贴航空运输指示标贴；使用旧包装时，必须除掉原包装上的残旧标志和标贴；托运人托运每件货物，应当按规定粘贴或者拴挂承运人的货物运输标签。

（2）货物标记。

货物标记是贴挂或书写在货物外包装上的发货标记、货物标签和指示标志的总称。货物标记对准确地组织货物运输，防止差错事故发生，提高运输质量都有重要的作用。图 8-5 和图 8-6 分别为包装储运指示标志和危险货物包装标志。

图 8-5 包装储运指示标志

图 8-6 危险货物包装标志

3．货物的收运

（1）对货物的要求。

承运人在收运货物时要根据自身能力有计划地收运，收运时要检查托运人的证件和限制运输物品的有效证明，要检查包装，不合要求的包装要由托运人重新妥善包装后才能运送。为了防止有破坏性的爆炸物夹运，在 24 小时以内发送的急件要开箱检查或使用专门仪器进行特殊安全检查，其他货物施行一般安全检查。货物包装应坚固、完好，保证货物在运输过程中能防止包装破裂、内物散失、渗漏，不致破坏和污染飞机设备与其他物品。货物包装内不准夹带禁止运输或限制运输的物品、危险品、贵重物品、现钞、证券、保密文件和资料等。

（2）重量与体积的计算。

货物重量按毛重计算，计量单位为千克（kg）。重量不足 1kg 的尾数四舍五入。每张航空货运单的货物重量不足 1kg 时，按 1kg 计算。贵重物品按实际毛重计算，计算单位为 0.1kg。非宽体飞机载运的货物，每件货物重量一般不超过 80kg，体积一般不超过 40cm×60cm×100cm。宽体飞机载运的货物，每件货物重量一般不超过 250kg，体积一般不超过 100cm×100cm×140cm。超过以上重量和体积的货物，承运人可依据机型及出发地和目的地机场的装卸设备条件，确定可收运货物的最大重量和体积。每件货物的长、宽、高之和不得小于 40cm。每千克货物体积超过 6000cm³ 的，为轻泡货物。轻泡货物以每 6000cm³ 折合 1kg 计重。托运的货物，毛重每千克价值在人民币 20 元以上的，可办理货物声明价值，按规定缴纳声明价值附加费。每张航空货运单的声明价值一般不超过人民币 50 万元。已办理托运手续的货物要求变更时，声明价值附加费不退。

（3）货运的运费。

货运的运费由以下三部分组成。

① 航空运费的总公式：运费=适用运价×计费重量；特种货物运价 = 普货运价×150%。

② 货物声明价值附加费：托运人托运的货物，毛重每千克价值在人民币 20 元以上的，可办理货物声明价值，按规定缴纳声明价值附加费。每张航空货运单的声明价值一般不超过人民币 50 万元。已办理托运手续的货物要求变更时，声明价值附加费不退。

③ 货运杂费：按一定比例收取。货运包舱和包机运费，按包机（舱）双方协议收取费用。

4. 货物的运送

在货物装运时，每一个承运人按航空货运单副联，作为承运的证据和结算凭证。在货物装运时，每一架飞机都要有舱单，舱单是机上货物的清单，舱单的作用是使运输及飞行部门掌握货物的性质和重量以便配重，也是各承运人之间货物交接时的凭证，舱单和航空货运单一起作为结算凭据。

货物运送时，承运人应安全、迅速地将货物运达目的地。对不同种类的货物按以下优先顺序发运：

（1）抢险、救火、急救、外交信袋和政府指定急运的物品。

（2）指定日期、航班和按急件收运的货物。

（3）有时限、贵重和零星小件物品。

（4）国际和国内中转联程货物。

（5）一般货物按照收运的先后顺序发运。

承运人应当建立舱位控制制度和特种货物机长通知单制度，中转货物实行吨位分配制。对承运的货物应当精心组织装卸作业，以及运输过程记录等，以保证运输效率与安全。

（五）到达与交付

货物到达目的地后，航空公司用信函或电话通知收货人，收货人用到货通知书和收货人身份证或其他有效证件提取货物。委托他人提货时，凭到货通知单和航空货运单指定的收货人及提货人的身份证或其他有效证件提取。如果到货后 14 日内无人领取，到货站应和始发站联系，询问托运人的意见，如果 60 日之后无人领取，就作为无法交付货物交有关部门处理。

（六）航空货运的损失赔偿

一般而言，在航空货运赔偿的责任范围内发生的意外，航空公司对货运予以赔偿。收货人在收到货物发现损坏时，应当场提出索赔要求，由承运人填写运输事故记录，由双方签字，收货人还要填写货物索赔单和货运单，把它和运输事故记录及货物的价格凭证等附在一起，作为索赔的依据。《中国民用航空货物国内运输规则（1996 年修正）》第四十五条中规定了由于承运人的原因造成货物丢失、短缺、变质、污染、损坏的赔偿细则。

二、国际航空货物运输

（一）国际航空货运执行公约

"国际货物运输"系指按照契约当事人的约定，无论货物运输中有无间断或有无转运，其始发地和目的地系在两个缔约国的领土内，或在一个缔约国的领土内，而在另一缔约国或非缔约国的领土内有一约定的经停地点的货物运输。

中国民航各空运企业承运国际货物系按照 1929 年 10 月 12 日在华沙签订的《统一国际航空运输某些规则的公约》和 1955 年 9 月 28 日在海牙签订的《修改 1929 年 10 月 12 日在华沙签订的〈统一国际航空运输某些规则的公约〉的议定书》，以及中国民航各空运企业与外国空运企业之间签订的运输规定办理。

按照以国际公约为基础的国际航空运输规则进行国际航空运输业务。中国民航各空运企业承运国际货物，必须严格遵守中国和有关国家政府的法令、规定和要求。凡与中国民航各空运企业无业务总代理、业务代理或结算关系的外国空运企业所填开的运输凭证，一般不予接受。

对航空公司而言，国际航空货运可以是重要的收入来源。在某些主要的国际航线（如跨北大西洋航线、欧洲和亚洲之间航线和跨北/中太平洋航线），航空货运约占国际定期航班总收入的1/5。

（二）国际航空货运代理

1．国际货运代理协会联合会

国际货运代理协会联合会简称"菲亚塔"（International Federation of Freight Forwarders Associations，FIATA），1926年5月31日在奥地利维也纳成立，总部设在瑞士苏黎世。

该联合会的宗旨是保障和提高国际货运代理在全球的利益，工作目标是团结全世界的货运代理行业；以顾问或专家身份参加国际性组织，处理运输业务，代表、促进和保护运输业的利益；通过发布信息、分发出版物等方式，使贸易界、工业界和公众熟悉货运代理人提供的服务；提高制定和推广统一货运代理单据、标准交易条件，改进和提高货运代理的服务质量，协助货运代理人进行职业培训，处理责任保险问题，提供电子商务工具。

2．我国货运代理行业组织

中国国际货运代理协会（China International Freight Forwarders Association，CIFA），于2000年9月6日在北京成立，是全国性的、自愿的、非营利性的民间行业协会组织，是国际货运代理行业的全国性组织。成员有团体会员、单位会员和个人会员三种形式。其最高权力机构是会员代表大会，每4年召开一次。其受商务部委托代行货代企业资格初审、年审及情况汇总，颁发证书，此外还负责其受商务部委托，对国际货运代理行业及其相关行业的管理与服务，包括企业资格初审、年审及情况汇总，颁发证书，此外还负责代货代企业进行国际催讨欠款、制定专用发票、举办培训班等。

货运代理人（freight forwarder，forwarding agent 或 cargo agent），又称运输代理人、货物运输人、承揽运送人、运输承揽人或货运承揽人等。

按 FIATA 定义，货运代理（freight forwarding）是根据客户的指示，并为客户的利益而揽取货物运输的人，其本人并不是承运人。货运代理可以依这些条件，从事与运送合同有关的活动，如储存（含寄存）、报关、验收、收款等。

2004年，我国修订的《中华人民共和国国际货物运输代理业管理规定实施细则》规定"作为代理人从事国际货运代理业务，是指国际货运代理企业接受进出口货物收货人、发货人或其代理人的委托，以委托人名义或者以自己的名义办理有关业务，收取代理费或佣金的行为""作为独立经营人从事国际货运代理业务，是指国际货运代理企业接受进出口货物收货人、发货人或其代理人的委托，签发运输单证，履行运输合同，并收取运费及服务费的行为"。

航空货运代理业务，包括安排运输、货物通关、订舱、交接、仓储（含寄存）、装卸、调拨、检验（验收）、保险、包装、转运、缮制单证、付款（运费、保险费、包装费、海关税等）等环节。国际航空货运代理人作为国际贸易运输的设计师与执行人，角色有其重要性。作为联络众多部门的重要关系人，其负责协调与海关、商检、机场、码头、港口、车站、航空公司、银行、仓库等很多机构或部门之间的关系。

在进出口货物过程中，航空货运代理人起着几乎不可替代的作用。其负责出口货物在始发机场交给航空公司承运之前的销售、接货、订舱、制单、报关和交运等。其负责进口货物在目的地机场从航空公司接货、接单、报关、送货或转运等。

3．国际航空货物运费的计算

国际航空货物运费的计算涉及运价（又称费率，指机场与机场间的空中费用，不包括承运人、代理人或机场收取的其他费用，计算时可以查阅运价表）、运费（航空公司将每票货物自始发地机场运至目的地机场所应收取的航空运输费用。该费用根据每票货物所适用的运价和货物的计费重量计算而得）、其他费用（由承运人、代理人或其他部门收取的费用）、计费重量（指用以计算货物航空运费的重量）、运价里程等。

4．国际航空运输货物的收运条件

收运条件的一般规定如下。

（1）根据中国民航各有关航空公司的规定，托运人所交运的货物必须符合有关始发、中转和到达国家的法令与规定以及中国民航各有关航空公司的一切运输规章。

（2）凡中国及有关国家政府和空运企业规定禁运和不承运的货物，不得接受。

（3）托运人必须自行办妥始发海关、检疫等出境手续。

（4）货物的包装、重量和体积必须符合空运条件。

5．国际航空运输货物的收运程序

（1）填写国际货物托运书和提供与运输有关的文件，托运人应对托运书上所填内容及所提供与运输有关运输文件的正确性和完备性负责。

（2）代理人在收运国际货物时，应认真完成下列程序。

① 检查货物内容。

了解托运人所交运的货物是否属于特定条件下运输的货物，特别应注意交运的货物是否属于危险品，或货物中可能含有危险品。如属于或含有危险品，应按承运人与代理人的有关协议及国际航协危险物品规定中的有关规定办理。

② 检查货物的目的地。

代理人应了解托运人所交货物是否系通航地点，如目的地无航站时，可建议托运人将货物到达站改为离目的地最近的一个通航地点，但收货人栏内仍须填货物的目的地。

③ 检查货物的包装情况和体积。

代理人在收运货物时，应检查货物的包装情况和货物的尺寸。对于包装不牢、过于简陋以及带有旧标志的包装，应要求托运人重新包装。另外，应检查货物的体积是否符合所装载机型的要求，对于联程货物，则应考虑其中转航站所使用的机型。

④ 检查海关手续。

检查货物的报关手续是否齐备。

（3）托运人填写托运书，代理人对托运书复查无误。

（4）对货物进行称重和量尺寸、计算运费。

代理人对货物应进行称重和量尺寸，以便计算出计费重量。如托运人自己将货物重量填入栏内时，代理人必须进行复核。在计算运费前，必须准确地确定费率，计算完运费后，必须进行复核。

（5）填开航空货运单。

填开航空货运单应按照现行的"航空货物运价手册"（TACT）规则部分第六章中货运单的填写要求填写。

（6）粘贴和拴挂货物标签，对于需要加贴货物有关标贴的货物，应予加贴/拴挂，并对货物、航空货运单和标签进行核对。

（7）对于需要预定吨位的货物，应事先定妥。对于特种货物、运输中需特别照料的货物，应事先安排妥当。

（8）填写货物的交接单，并将货物安全地送交到承运人处。

 知识拓展卡 8

锂电池的空运

锂电池被列为空运危险品，因为锂电池若短路发热会发生连锁反应，迅速蔓延到其他锂电池，使得其他锂电池也受热，过热的锂电池持续释放爆炸性可燃气体，主要是氢气，从而会发生爆炸，这对于飞机来说是非常危险的。所以航空公司将锂电池列入空运危险品中。

锂电池在航空运输中被划分为第 9 类危险品，由于其自身材料的特点，在运输过程中如果操作不当就有起火、爆炸的风险。民航专门货机可以按危险品运输规范和规定进行运输。

但乘坐民航客机，锂电池不能作为托运行李运输，因为如果将锂电池放入行李中托运，行李在狭小的货舱空间内受到挤压和碰撞，很容易导致锂电池发生自燃，给飞机带来严重安全威胁。

作为手提行李可携带不超过 100Wh（瓦特小时）（含）锂电池的笔记本电脑、手机、照相机、手表等个人自用便携式电子设备及备用电池登机。

复习与思考题

复习题

1. 航空公司组建需要什么程序？
2. 航空公司的组织结构一般是什么模式的？
3. 航班的组织程序包括哪些内容？
4. 民航国内旅客运价制定的原则是什么？
5. 电子客票项目内容主要包括哪些？
6. 客票改签有哪些规定？
7. 特殊旅客运输包括哪些方面？
8. 航班不正常的主要原因与处理方法是什么？
9. 国际旅客运输与国内旅客运输有什么不同？
10. 航空货运分类有哪些？
11. 民航货物运输业务的基本内容包括哪些？
12. 简述国际航空货运代理制度及其组成情况。

思考题

1. 如何理解民航运输在经济与社会发展中的作用？
2. 如何解决民航发展不平衡不充分与人民群众不断增长的美好航空需求的矛盾？

第九章
民航运输系统运行

本章导读

民航系统的共同任务就是保证航班按计划安全飞行，然而，民航运行系统的复杂性和非完全可控性，系统各要素之间既独立又相互联系，民航运输系统的运行中存在不尽如人意的情况在所难免，为此，民航运输系统的运行需要多部门的协助与保障，及时有效地处理民航运输中出现的问题。同时，在由民航运输大国向民航运输强国的跨越中，需要借助现代化科技手段，以智慧民航建设作为行业发展的主线，将数字化建设涵盖民航全领域、全流程、全要素，进一步加快推进民航运输强国进程。认识民航系统运行的要素，建立起联系性思维模式，理性面对问题和挑战，才能更好地理解民航。

学习要求

1. 熟悉民航运行系统的构成要素及相互联系；
2. 了解航班运行不正常的处理原则；
3. 熟悉民航系统运行的不正常情况处理；
4. 掌握民航运行系统的发展趋势。

第一节　民航运输系统运行要素

民航的运行分为两个层面：其一，民航系统的总体运行，通过运行保证航空运输的总体效率与效益；其二，以航班正常运行为核心的运行与控制，称为微观运行系统。本章仅就后者加以介绍。在现代民航系统的运行中，对于每一次飞行的众多参与者而言，无论是航空公司、机场、地面代理机构，还是空中交通管理部门、飞机维护维修部门，都像一台精密机器中的零件，需要密切配合才能保证机器正常运转，进而取得最大的经济效益，一旦出现协调合作上的问题，整个系统就会出现运转故障，最终导致系统运行的停滞或是运行效率的大幅降低。

从民航运输系统运行角度看，一个完整的民航运输系统由若干个相互联系的有机部分组成，主要包括以下几个部分。

一、民航运行监管部门

对民航运行的监管体现在民航局及其所属的职能部门和不同级别的管理机构行使权力与职能，对整个民航系统的运行实施管理与监管。

民航运行监管部门以民航法律为依据，以宏观政策为导向，按照行业运行准则和航空运输发展的要求，对民航运输的主体——航空公司、民航运输的基本设施部门——民用机场、地面服务、空中飞行、交通管理、旅客服务等环节进行监管。这些环节需要有统一的监管部门，制定各种运行标准与规范；涉及人民生命财产安全的，就需要有严格的审计与监管；涉及运输主体及消费者利益关系的，同样需要有明确的政策、法律、法规与规范、标准，以保护乘客的利益。在统一的民航运输监管体系中，我国设立民航局以及各地区管理局为行政管理主体，通过政策、法律、法规、运行规则、安全审计技术等行政手段，对民航运输体系实现行业的指导与监管，以确保我国民航运输安全运行与健康发展。正是通过相关法律法规的规制和相关部门的有效监管，各责任主体各司其职，协调一致，有效监管，保障着民航运输的正常运行。

二、运输任务的承担者

运输任务承担者的主体是航空公司（也包括各级运输代理）。作为一个经济组织，航空公司是民航运输任务的承担者，也是责任的主体，其数量和发展水平决定民航运输系统规模与整体实力。航空公司的数量与机队规模标志着整个国家民航的规模与整体水平，只有其具备良好的运行状态、安全保障与服务水平，才能承担起民航运输发展的重任。航空公司与其他经济组织不同，集多角色于一身，具有运营的特殊性。

航空公司需要健全的运营机制、灵活的市场反应机制及过硬的服务能力，这些关系到企业自身的发展，也决定着我国民航的发展水平。航空公司运营是以安全为前提的，要严格遵守章程、规范、标准，建立安全保障体系，同时，必须接受民航管理监督部门的监督，确保安全水平保持稳定的状态。

三、民航运输机场

机场是飞机起降、停靠与客货出抵港的场所，是民航运输系统的重要组成部分，决定着民航航线网络的结构与覆盖范围。与强大的民航运输体系相适应，机场需要具备飞行安全、旅客运输服务等保障能力，需要同时承担安全保障、运输效率及旅客出行便捷等多重责任。

民用机场是一个融极高的安全性、良好的组织与服务、严紧规范的操作性和强集成性为一体的部门。在运行保障中，所涉及部门多、业务繁杂，每一个流程及操作规范都涉及民航安全与旅客的出行体验，另外，机场作为对外的门户，是国门，涉及国家安全与形象。为此，既要严守规章标准，又要规范操作，同时接受相关部门的严格监督与运行审计。

四、民航运输的空中保障系统

民航的一切活动都离不开实现飞行这一基本任务，要安全地飞行，就需要按规则、按管制地飞行，而且，要克服各种影响飞行的不利因素，做好空中流量控制，实施空域管理，保证空域安全，这就需要空中交通管理系统发挥积极作用。

在民航运输体系中，空中交通管理系统所扮演的角色是不可替代的，涉及航班的安排、航班的准点率、起飞架次和路线的追踪、起降和航路飞行服务等，也涉及应急的调度、备降、应急救援等。

五、民航运输的消费群体

民航运输的消费群体包括货主及旅客，是民航服务的对象，也是民航赖以生存的基础。从本质上讲，尽管消费群体是民航运行系统之外的因素，但如何建立民航消费群体的体系与机制，是民航运输运行体系不可缺少的。如其所述，民航运输要围绕如何安全有序地"飞"，而民航运输的消费群体需求与服务的研究，就是回答为什么"飞"、为谁"飞"的问题，这是民航发展的市场决定性问题。没有消费群体民航发展就无从谈起，除了研究飞的技术性问题外，必须将乘客群置于民航运输系统之中，建立以满足消费者需要为核心的健全的民航服务体系，拓展服务内容，丰富服务手段，细化服务过程，是从开放系统角度研究民航服务的必要途径。

六、飞机的维护维修

飞机作为特殊的运输工具需要机务维修保障，高水平的机务维修保障是安全飞行的基础，也是民航效率与效益的保障。这既要良好的航线保障，保证每次飞机的起降均处于良好的状态，又要通过好的周期性检修、修理，使飞机的全寿命周期均处于良好的状态。

七、销售网络系统

在民航运输系统运行条件中，消费是一个集合，消费群体分布在社会的大系统中，其分散之广、需求各异是民航服务消费的特点之一，把民航服务产品的生产与消费结合一起，就需要科学的销售渠道，即销售网络系统。

 知识拓展卡 9

智慧民航

智慧民航是瞄准民航强国建设目标，应用新一轮科技革命和产业变革的最新成果，创新民航运行、服务、监管方式，实现对民航全要素、全流程、全场景进行数字化处理、智能化响应和智慧化支撑的新模式新形态。2022 年 1 月 6 日，中国民航局发布《智慧民航建设路线图》，要求民航运行管理全流程数字化、智能化，对智慧民航建设提出了顶层设计。智慧民航成为智慧交通建设的先行示范、数字中国建设的先导产业，为全球民航创新发展贡献中国方案，有力支撑新时代民航强国建设。

国际民航组织制定了全球空中航行计划（GANP），发布并持续更新航空系统组块升级计划（ASUB）。国际航空运输协会持续致力于利用新技术改进航空服务，并联合国际机场协会推出了"新技术催生旅行新体验"项目（NEXTT）。美国实施新一代航空运输系统（NextGen），提出了航空战略实施计划。欧盟及其相关机构提出了欧洲空管总体规划、"2050＋机场计划"、欧洲航空愿景（Flightpath 2050）、EASA 人工智能发展路线图等发展战略。日本、新加坡等国也在积极行动，加快民航业的创新发展。

我国智慧民航主要包括智慧出行、智慧空管、智慧机场及智慧监管四个方面。

智慧出行——以缩短旅客综合出行时间、促进物流提质增效降本为目标，围绕旅客行前、行中、机上全流程和航空物流运输全过程，构建便捷舒心的旅客服务生态和高效航空物流服务体系。

智慧空管——围绕四强空管建设，构建安全稳、效率高、智慧强、协同好的新一代空中交通管理系统，实现广域覆盖感知、深度网络互联、数据融合赋能、智能协同响应和智慧高效运行，提升空中交通全局化、精细化、智慧化运行能力和服务水平。

智慧机场——围绕四型机场建设，加强机场航班、旅客和货邮的服务能力，推进机场运行协同化、服务人文化、作业智能化、建养数字化发展，提升机场保障能力、服务水平和运行效率。

智慧监管——以提升安全组织管理水平和行业治理效能为导向，推进数字政府建设，完善一体化政务服务，打造数据驱动的行业监管和融合创新的市场运行监测体系，提升行业监管水平。

第二节　民航系统运行的不正常情况处理

航班的运行是民航运输的实现途径，保障航班正常运行是民航系统的基本任务，然而，影响航班正常运行的因素众多，而且绝大部分因素是不可控的，或是多因素变化的传导结果，因此，民航运输系统出现不正常的情况是很常见的，民航运输系统必须具备应对运行不正常的完善机制与制度，有能力处理运行不正常所带来的问题。

一、航班不正常

准点率（又称正点率或航班正常率）是指航空旅客运输部门在执行运输计划时，航班实际出发时间与计划出发时间较为一致的航班数量与全部航班数量的比率。

航空公司对外发布的计划航班未能按计划时刻正常起飞或降落的情况，均称为航班不正常。

二、航班不正常的后果

（一）航班变更

航班变更是航空公司在遇到不可控制原因（航班取消、合并、提前，航程改变或不能提供原定座位）对航班不正常的处理方法。本质上也是广义的航班延误。

（二）航班延误

航班降落时间比计划降落时间（航班时刻表上的时间）延迟 30 分钟以上或航班取消的情况称为航班延误。

航班延误可能发生在不同运输阶段，分为航班出港延误（指航班实际出港撤轮挡时间晚于计划出港时间超过 15 分钟的情况）、航班机上延误（指航班飞机关舱门后至起飞前或者降落后至开舱门前，旅客在航空器内等待超过机场规定的地面滑行时间的情况）。

三、不正常情况处理方法

如前所述，航班延误或取消的原因是多方面的，但无论哪种航班不正常情况的发生，均会打乱航空运输正常计划，也会给旅客出行带来诸多不便，为此，需要采取积极有效的方法妥善处理。

（一）不正常航班处理的原则

解决航班延误问题需要采取发展的眼光，既需要通过技术的改进，也需要抓好系统的效率提升，还需要得到旅客的配合，这样才能取得比较好的结果。

（1）从技术方面来说，随着飞机导航和飞行技术的进一步提升，影响飞行的天气条件会不断减少，而未来空中导航系统（Future Air Navigation System，FANS）的实施也将可以满足更多的航班运行需求。

（2）从系统的协调配合来说，航空公司将进一步提升自身的管理水平，使运行控制工作能够更加有效，机场通过改扩建在容量提升方面也会不断得到改善，空管也应积极配合，通过航路优化、时段利用优化，实现航班的快速疏通。

（3）做好与旅客的沟通，特别是通过告知正确的信息以取得旅客的理解，同时做好延误旅客的后续安排。对各种不同情况的处理，交通运输部于 2016 年发布 2017 年实施的《航班正常管理规定》中有明确的规定。

（二）不正常航班处理的方法

1．大面积航班延误时的处理方法

大面积航班延误指机场在某一时段内一定数量的进、出港航班延误或者取消，导致大量旅客滞留的情况。

应对大面积航班延误时，机场管理机构需要做好以下工作：其一，应及时宣布启动总体应急预案，并协调承运人、地面服务代理人、机场公安机关、空管部门及服务保障单位，共同实施应急预案；其二，实时向社会公布延误及处置情况，并启动旅客服务协调机制，协调承运人、地面服务代理人、机场公安机关等单位，组织实施相关服务工作。

同时，机场管理机构应当协调海关、边防、检验检疫等联检单位，根据进出港航班运行情况，确保旅客快速办理联检手续。机场公安机关应当增加现场执勤警力，维护民航运输生产秩序。

2．航班出港延误

（1）承运人和机场应当在掌握航班状态发生变化之后的 30 分钟内通过公共信息平台、官方网站、呼叫中心、短信、电话、广播等方式，及时、准确地向旅客发布航班出港延误或者取消信息，包括航班出港延误或者取消原因及航班动态。

（2）发生航班出港延误或者取消后，承运人或者地面服务代理人应当根据不同情形为旅客提供食宿服务。

（3）在航班出港延误或者取消时，承运人、航空销售代理人或者地面服务代理人应当优先为残疾人、老年人、孕妇、无成人陪伴儿童等需特别照料的旅客提供服务。

（4）机场管理机构应当在航站楼内为旅客提供医疗服务。

3．航班机上延误

（1）承运人制定并向社会公布机上延误应急预案。

（2）每 30 分钟向旅客通告延误原因、预计延误时间等航班动态信息；由于流量控制、军事活动等原因造成机上延误的，空管部门应当每 30 分钟向承运人通告航班动态信息。

第三节　民航运行的发展趋势

"十四五"期间，民航运行将以智慧民航建设作为行业发展的主线，将数字化建设涵盖民航全领域、全流程、全要素，进一步加快推进民航强国进程。未来一个时期，将实现"五个一"工程，即"出行一张脸、物流一张单、通关一次检、运行一张网、监管一平台"。

（1）旅客出行一张脸，即通过行业各主体之间以及与其他交通方式之间共享与合作，实现旅客"刷脸出行"，全流程引导，旅客所交运的行李全流程可视，实现门到门的服务，旅客在家就可以安心享受行李到门服务，旅客出行一键化定制"航空+服务产品"，民航与旅游、餐饮等服务深度融合，进一步丰富人民群众的出行体验。

（2）航空物流一张单，即通过提高航空物流设施的自动化水平，实现航空货物运输全程"可视、可测、可控、可响应"，让航空物流的流程大大简化，物流时间大幅缩短，物流成本进一步降低。

（3）旅客通关一次检，即实现安检、海关、检验检疫一次通关，不同交通方式换乘"一次安检"，实现中转旅客通程联运和行李直挂，使旅客享受无缝隙、无感化的出行体验。

（4）航班运行一张网，即构建全面感知、泛在物联、人机协同、全球共享的新一代航空运输系统，以航空器运行为核心，以秒级管控为最终目标，以推动数据流、业务流、信息流等各类资源要素有机融合，使整个航空运输系统更加协调高效，让人民群众所关心的航班更加准点，所运送的货物更加及时。

（5）行业监管一平台，即以提高监管效能为目标，实现数据互通和共享。强化数据分析，丰富监管手段，以实现更加精准的监管，为人民群众航空出行保驾护航，让旅客出行更加安心、放心、舒心。

复习与思考题

复习题

1.民航运行系统的构成有哪几个要素？它们之间是什么关系？

2.航班运行不正常的处理原则是什么？

3.民航系统运行的不正常情况处理方法有哪些？

4.未来民航运行系统发展趋势有哪几个方面？

思考题

1.航班不正常如何影响民航运输质量？

2.未来民航运行系统发展趋势的核心是什么？

第四篇

拓展篇

第十章
通用航空简介

本章导读

在民用航空中，有一个应用推广领域，即通用航空，其涉及产业链更长。它涉及短途运输、公务航空、飞行训练、航空物流、航空运动训练飞行、个人飞行、飞行旅游与娱乐飞行活动等人们生活中更广阔的领域。同时，与公共航空运输不同的是，通用航空是作为一个产业来研究的，其发展的战略意义贯穿飞机的制造、使用及其他拓展领域，对稳定经济增长、扩大内需、促进就业、提高人们的消费水平等起到强大的催化作用。

通用航空也被认为是人类交通运输的"第四次革命"。美国提出了"小飞机运输系统"（SATS）计划，形成了除骨干、地区航空公司之外的第三种国家航空运输力量。我国通用航空起步较晚，但发展迅速，目前已经形成飞机制造、作业应用、短途运输、公务机及飞行训练产业链，发展了通航产业园的产业集聚模式，但总体上看，我国通用航空业规模仍然较小，基础设施建设相对滞后，低空空域管理改革进展缓慢，航空器自主研发制造能力不足，通用航空运营服务薄弱，与经济社会发展和新兴航空消费需求仍有较大差距。2012年，《国务院关于促进民航业发展的若干意见》出台，提出"大力发展通用航空。巩固农、林航空等传统业务，积极发展应急救援、医疗救助、海洋维权、私人飞行、公务飞行等新兴通用航空服务，加快把通用航空培育成新的经济增长点。推动通用航空企业创立发展，通过树立示范性企业鼓励探索经营模式，创新经营机制，提高管理水平。坚持推进通用航空综合改革试点，加强通用航空基础设施建设，完善通用航空法规标准体系，改进通用航空监管，创造有利于通用航空发展的良好环境"。2016年，《国务院办公厅关于促进通用航空业发展的指导意见》出台，提出"加快提升服务保障能力，促进产业转型升级，释放消费潜力，实现通用航空业持续健康发展"。随着相关政策的落地与实施，我国通用航空的发展必将步入新的阶段。

学习要求

1. 理解通用航空及通用航空产业的概念；
2. 掌握通用航空活动的分类；

3. 了解我国通用航空的发展状况；

4. 熟悉通用航空活动构成及应用领域；

5. 了解民用无人机的应用情况；

6. 了解无人机飞行管理的现状。

第一节 概述

一、通用航空的定义

根据《通用航空飞行管制条例》，通用航空是指除军事、警务、海关缉私飞行和公共航空运输飞行以外的航空活动，包括从事工业、农业、林业、渔业、矿业、建筑业的作业飞行和医疗卫生、抢险救灾、气象探测、海洋监测、科学实验、遥感测绘、教育训练、文化体育、旅游观光等方面的飞行活动。

二、通用航空产业

与公共航空运输不同，通用航空涉及很多领域，如果狭义地讲，通用航空主要是指通用飞机的飞行活动，而广义地讲，通航航空是一个产业链，具有更大的产业前景，通常将通用航空称为通用航空产业。

一般而言，通用航空产业包含通用航空活动，是指以通用航空飞行活动为核心，涵盖研发制造、销售、运营、适航维修、零配件供应、人员培训、融资租赁等，它形成了一个产业链，如图 10-1 所示。

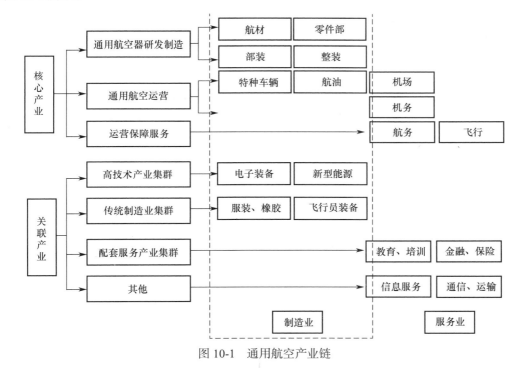

图 10-1　通用航空产业链

我们之所以把通用航空称为战略性新兴产业体系，是基于其产业链条长、服务领域广、带动作用强等特点，在改变人们的生产生活方式、释放巨大的产业潜能和消费空间、提升国家科技自立自强水平、推进经济社会高质量发展等方面将发挥越来越大的作用。特别是在特殊领域，如通用航空充分发挥灵活优势，在抗疫物资、救灾、人员转移方面发挥了不可替代的作用。目前，我国的通用航空产业逐渐形成以机场建设为主体的基础设施生态，以航空制造为主体的创新产业生态，以飞行作业为主体的应用生态，以飞行执照培训为主体的教育培训生态，以科普体验为主体的通用航空文化生态的格局。

三、通用航空活动分类

（一）按经营的性质分类

根据经营的性质，可以将通用航空活动分为非经营性通用航空活动和经营性通用航空活动两大类。

1．非经营性通用航空活动

按照《非经营性通用航空登记管理规定》，非经营性通用航空活动是指中华人民共和国境内的中国公民、法人或其他组织使用民用航空器开展的不以营利为目的的通用航空飞行活动。

非经营性通用航空活动项目包括：不以营利为目的的人工降水、医疗救护、自用公务飞行、搜索救援飞行、海洋监测、渔业飞行、气象探测、科学实验、城市消防、空中巡查、飞机播种、空中施肥、空中喷洒植物生长调节剂、空中除草、防治农林业病虫害、草原灭鼠、防治卫生害虫、航空护林、空中拍照、航空运动训练飞行、个人飞行与娱乐飞行活动。

上述未包含的非经营性通用航空活动项目，由民航局确定。

2．经营性通用航空活动

根据《通用航空经营许可管理规定》（中华人民共和国交通运输部令 2020 年第 18 号），经营性通用航空活动分为以下三类。

（1）载客类。

载客类飞行是指通用航空企业使用符合民航局规定的民用航空器从事旅客运输的经营性飞行服务活动。其中，载客类中的客，是指向通用航空企业支付费用，搭乘通用航空企业使用的符合民航局规定的民用航空器，实现从起飞地到降落地运输目的的旅客，主要包括通用航空短途运输和通用航空包机飞行。

（2）载人类。

载人类飞行是指通用航空企业使用符合民航局规定的民用航空器搭载除机组成员以及飞行活动必需人员以外的其他乘员，从事载客类以外的经营性飞行服务活动。其中，载人类中的人，是指除机组成员以及飞行活动必需人员之外，搭乘通用航空企业使用的符合民航局规定的民用航空器，实现非运输目的的乘员，主要包括石油服务、直升机引航、医疗救护、空中游览、跳伞飞行服务、个人娱乐飞行、空中拍照等。

（3）其他类。

其他类飞行是指通用航空企业使用符合民航局规定的民用航空器从事载客类、载人类以外的经营性飞行服务活动。其主要包括航空护林、城市消防、直升机外载荷飞行、人工降水、航空探矿、航空摄影、海洋监测、渔业飞行、空中巡查、电力作业、航空喷洒（撒）、空中广告、科学实验、气象探测、表演飞行、商用驾驶员执照培训、私用驾驶员执照培训、运动类驾驶员执照培训、无人机驾驶员执照培训等。

（二）按用途分类

通用航空活动涉及领域十分广阔，而且随着技术的进步，其应用领域还将进一步扩大。目前，通用航空活动的主要领域包括以下方面。

（1）工业航空：主要应用于航空摄影、航空遥感、航空物探、航空吊装、航空环境监测等活动。

（2）农业航空：主要应用于包括与农、林、牧、渔各行业有关的航空服务活动，如播种、喷洒农药、施肥、森林防火、灭火等作业。

（3）航空科研和探险活动：主要应用于新技术验证、新飞机试飞、航空气象观测、探险等活动。

（4）飞行训练：主要指培养民航驾驶员和航空俱乐部的飞行训练活动。

（5）航空体育运动：主要包括利用各类航空器开展的体育活动，如跳伞、滑翔机、热气球、航模等。

（6）航空旅游：主要指利用航空器进行低空旅游、景点观光运输、航空表演等。

（7）公务航空：指政府官员和企业管理人员使用飞机进行政府行政事务与商务活动。

（8）私人航空：指私人拥有航空器进行的航空活动。

（三）需要说明的问题

（1）通用航空是民用航空的一部分，而民用航空强调的是航空器的使用活动，不涉及航空器的制造。但通用航空作为产业概念时，包括航空器的制造领域。

（2）通用航空活动中，也存在与公共航空相触及的地方，如短途飞行，也具有公共航空的属性。

（3）本章仅就通用航空飞行活动所涉及的领域进行介绍，关于通用航空产业的其他领域不再涉及。

四、我国通用航空飞行的发展状况

目前从全世界来看，欧美通用航空发展已经比较成熟。根据通用航空制造商协会（General Aviation Manufacturers Association，GAMA）2020 年 2 月 19 日发布的数据，截至 2019 年 12 月 31 日，全球通用航空飞机保有量 44.6 万架，其中美国超过 21 万架，加拿大约 3 万架，澳大利亚、南非等均超过 1 万架。截至 2019 年底，美国拥有 19750 个机场，其中私人民用机场数量达到 14120 个，包括直升机场 5425 个，水上机场 290 个，普通机场 8405 个；欧洲有通用机场 3924 个。2019 年，全球通用航空主要从事的业务是私人和公务飞行，占到 56%；其次是飞行培训，占到 21%；而作业飞行占 15%。全球通用航空现役飞行员约 66.45 万名，其中美国约 62.4 万名，占 93.9%。

我国于 1952 年建立了第一支通用航空队伍——军委民用航空局航空农林队，拥有 10 架捷克制爱罗-45 型飞机，职工 60 余人，称为"专业飞行"。当年飞行时间为 959 小时，专供通用航空生产作业的机场或者起降点约 40 个。1986 年，国务院颁布《国务院关于通用航空管理的暂行规定》，正式将"专业飞行"改名为"通用航空"，明确了通用航空行业管理机构、从事通用航空活动需要履行的报批手续、从事通用航空经营活动的审批管理程序和要求等。

2016 年 5 月，国务院办公厅印发了《国务院办公厅关于促进通用航空业发展的指导意见》，把通用航空定位为"战略性新兴产业"，经历"十三五"时期和步入"十四五"时期的发展，我国通用航空实现了高速发展。

截至 2020 年底，获得通用航空经营许可证的通用航空企业 523 家，通用航空在册航空器总数达到 2892 架；全国在册管理的通用机场数量达到 339 个，全行业完成通用航空生产飞行 98.40 万小时；全行业无人机拥有者注册用户约 55.8 万个，注册无人机共 51.7 万架，无人机有效驾驶员执照达到 88994 本，参与民航局无人机云交换系统的无人机飞行共有 183 万小时。

第二节　通用航空运行系统构成

一、通用航空器

通用航空器是指通用航空活动所使用的航空器，主要用于非定期运送旅客、货物和航空作业。通用航空器的数量和型号很多，不仅包括小型飞机，还包括大型涡轮飞机、螺旋桨飞机和直升机，也包括各种无人机。

通用航空器的拥有者可以是运营专门企业（如通用航空公司），也可以是一般企业或组织（如企业的公务机），还可以是个人。典型的通用航空器介绍如下。

（一）公务飞机

公务飞机是指政府高级官员和企业经理人用于公务或商务活动的飞机，也称行政用机或商务机。一般情况下，公务飞机是指 4 座以上，载客量不超过 19 人，起飞重量在 10 吨以下，以喷气或涡轮发动机为动力的飞机。早期的公务飞机多使用涡轮发动机，现在的主流机型是喷气式飞机。图 10-2 所示为目前主流公务机机型。

(a) 湾流G650ER

(b) 庞巴迪环球8000

(c) 猎鹰6X

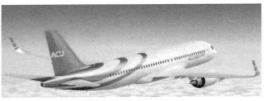
(d) 空客ACJ320neo

图 10-2　目前主流公务机机型

（二）通用航空短途运输机

通用航空短途运输是指通用航空企业使用 30 座（含机组）以下的民用航空器开展的定期载

客运输飞行服务活动。短途运输航线距离原则上不超过 500km。承运机型约有 30 种，主要包括皮拉图斯 12、塞斯纳 208、挑战者 600、EMB135、湾流 550/450，其中皮拉图斯 12 机型执飞的航线数量最多。

承担短途运输的为营利性通用航空公司，截至 2020 年底，已有 28 家通用航空公司开展短途运输业务，开通航空短途运输航线累计达到 75 条，累计共有 89 个机场开通了通用航空短途运输航线，包括 33 个通用机场、46 个支线机场和 10 个干线机场。短途运输机队达 56 支。

（三）农林航空器

农林航空器是指经过改装或专门设计用于农业和林业的航空器。

（1）农林航空器的分类。农林航空器主要分为定翼式专用航空器、定翼式多用途航空器和直升机。

（2）农林航空器的特点。农林航空器大多数只装有一台气冷式活塞发动机或涡轮螺旋桨发动机，仪表和无线电设备简单，只有一名驾驶员，大多为下单翼，以便于在全翼展上固定喷洒装置。

使用农林航空器的通用航空公司广泛开展农业、林业和渔业作业，如喷洒药物用于农业、林业灭虫，防治东亚飞蝗等大面积农业虫灾和森林虫灾；农业播种、林业播种和草原播种更得到广泛的应用；飞机的森林灭火等。典型的农林航空器应用如图 10-3 所示。

(a) 森林灭火   (b) 播洒农药

图 10-3 典型的农林航空器应用

（四）航空摄影与物探飞行器

航空摄影又称"空中摄影"，它是利用在航空器上安置专用航空摄影仪，从空中对地面或空中目标所进行的摄影方式，可以减轻野外作业量，减轻劳动强度，并且不受地理环境条件的限制，具有快速、精确、经济等优点。其广泛用于测绘地图、地质、水文、矿藏和森林资源调查，农业产量评估及大型厂矿和城镇的规划，铁路、公路、高压输电线路和输油管线的勘察选线，气象预报和环境监测等，也可用于航空侦察、抢险救灾、新闻报道和拍摄电影、电视片。

航空物探是"航空地球物理探矿"的简称，是指利用航空器携带的专门探测仪器和设备，从空中测量地球各种物理场（如磁场、重力场、导电性等）的变化，以进行地质构造调查并寻找矿藏的飞行作业。

近年来，在国家相关技术装备专项和研发项目的支持下，我国航空物探遥感技术装备体系不断完善，调查测量能力大幅提高，我国在航空物探方面的飞行器及技术已经步入世界先进行列。图 10-4 所示为"航空地质一号"飞机。

图 10-4　"航空地质一号"飞机

 知识拓展卡 10

私人飞机飞行的条件

随着我国中等收入群体不断扩大，私人飞行、空中游览、跳伞飞行服务等消费需求日益升温，尽管这些飞行主要在低空，即真高 1000m（含）以下的空间范围，但需要管理与服务。要使私人飞机在天空安全飞行，必须同时满足以下三个条件。

第一，获得民航局核发的飞机适航许可证。

第二，飞行员经过严格培训，取得相关部门核发的飞行执照。

第三，也是最关键的条件，即要向空管部门申请飞行空域和飞行计划，得到批准后才能实施飞行活动。另外，飞机从机场起飞前往作业空域，往往需要取得沿途多个飞行管制部门同意才可放行。

（五）飞行训练航空器

民航各类飞行器的驾驶人员，均需要通过专业训练获得飞行执照，而为取得飞行执照的一系列活动就是飞行训练，训练时使用的飞机就是飞行训练航空器，包括固定翼飞机和直升机，如图 10-5 所示。

图 10-5　飞行训练航空器（固定翼飞机和直升机）

（六）航空体育航空器

航空体育航空器用于飞行运动、航空模型运动、跳伞运动、滑翔运动和气球运动等，其种类众多，如轻型飞机、特技飞机、运动飞机、直升机、自转旋翼机、滑翔机、动力悬挂滑翔机、飞机跳伞、动力伞、滑翔伞、牵引伞、伞塔跳伞、热气球、热气飞艇、航空模型、航天模型、模拟飞行器等。典型的航空体育项目如图 10-6 所示。

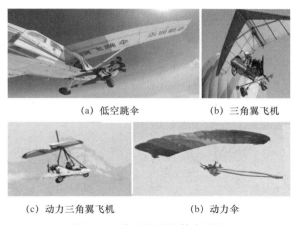

(a) 低空跳伞　　　　　(b) 三角翼飞机

(c) 动力三角翼飞机　　　　　(b) 动力伞

图 10-6　典型的航空体育项目

二、通用航空机场

根据对公众利益的影响程度不同，可将我国的通用航空机场分为如下三类。

（1）一类通用机场。一类通用机场是指具有 10～29 座航空器经营性载人飞行业务，或最高月起降量达到 3000 架次的通用机场。

（2）二类通用机场。二类通用机场是指具有 5～9 座航空器经营性载人飞行业务，或最高月起降量在 3000 架次以内的通用机场。

（3）三类通用机场。三类通用机场是指除一、二类外的通用机场。

三、通用航空服务站系统

通用航空服务站系统由航空服务站和信息处理中心构成，主要为通用航空飞行活动提供技术支持、保障和信息服务，其构成如图 10-7 所示。

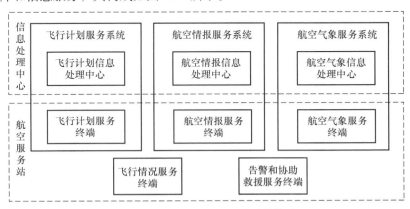

图 10-7　通用航空服务站系统构成

四、固定运营基地

固定运营基地是为通用航空运行提供保障和服务的重要地面设施之一，与通用航空服务站和维修站一起构成当今通用航空运行保障及服务体系。固定运营基地是位于机场或者邻近机场的为通用航空飞机提供停场、检修、加油、休息等服务的基地。

即使在最小的机场，地面支持服务也是由一个或多个固定基地运营商来提供的。一个固定基地运营商可以是一家设立在当地小机场的公司，也可以是在很多大机场都有分部的全国性大公司。固定基地运营商一般会配备一所飞行培训学校，以便学员学习飞行。它也租赁飞机给拥有执照的飞行员，通常还会提供包租和观光旅游服务。固定基地运营商会为降落到其所服务的机场的各类飞行员提供各种服务。在很多固定运营基地也可以租借汽车，供人们开车去附近的城镇。

固定运营基地由机位区（停机坪）、顾客或公共区和员工区三个基本功能区构成，三个区的具体设置情况依据其规模和所提供的服务而定。

第三节　民用无人机的应用

无人驾驶飞机简称"无人机"，是利用无线电遥控设备和自备的程序控制装置操纵的不载人飞机。机上无驾驶舱，但安装有自动驾驶仪、程序控制装置等设备。地面、舰艇或母机遥控站人员通过雷达等设备，对其进行跟踪、定位、遥控、遥测和数字传输。无人机的应用方兴未艾，发展空间巨大。

与载人飞机相比，它具有体积小、造价低、使用方便、对作战环境要求低、战场生存能力较强等优点，备受世界各国军队的青睐。

一、无人机的应用领域

无人机最早出现于 20 世纪 20 年代，它的出现与第二次世界大战有关，当然最初也是用于军事。随着近一个世纪的发展，无人机技术有了质的飞跃，除了在军事方面的广泛应用外，民用的应用越来越普遍，如紧急救援、巡视、环保、植保、影视、电力、气象、测量、表演等多个方面。典型的无人机应用如图 10-8 所示。

(a) 无人机电力巡线　　　　　　　　(b) 无人机警务巡线

(c) 植保无人机　　　　　　　　　　(d) 无人机表演

图 10-8　典型的无人机应用

在不断变化的城市发展中，无人机还可以在物流运输、城市规划、建设和管理等多方面提供基础地理信息以及执法取证，如城市道路桥梁建设、交通巡逻、治安监控、城市执法等，助力乡村振兴，助力智慧城市建设。凡是需要空中解决方案的地方，都将有无人机的一席之地，无人机将应用在更广阔的领域。

二、无人机的相关法律法规

随着无人机应用日渐普及，由此带来的安全问题越来越突出，亟须完善相关制度，加强对无人驾驶航空器的监管。2018 年修订的《中华人民共和国民用航空法》第二百一十四条，授权国务院、中央军事委员会对无人驾驶航空器做出特别规定。同时，《轻小无人机运行规定（试行）》《民航局对无人机用户身份信息验证的公告》《无人驾驶航空器飞行管理暂行条例》的发布，标志着我国无人机使用与管理走向法治的轨道。

在国务院、中央军委公布《无人驾驶航空器飞行管理暂行条例》（自 2024 年 1 月 1 日起施行）中，规定了无人机的分类，包含 250g 以下以及 150kg 以上的型号，分为民用、警用、军用等不同类别。

除微型无人机外，凡是空机重量不超过 4000g，最大起飞重量不超过 7000g，最大飞行速度不超过每小时 100km，具备符合空域管理要求的空域保持能力和可靠被监视能力的遥控驾驶航空器，都属于轻型无人机。

中型无人机，是指最大起飞重量超过 25kg 不超过 150kg，且空机重量超过 15kg 的无人机。大型无人机，是指最大起飞重量超过 150kg 的无人机。中型、大型无人机，应当进行适航管理。

民用无人机应当具有唯一身份标识编码；除微型无人机以外的民用无人机飞行，应当按照要求自动报送身份标识编码或者其他身份标识。独立操作的小型、中型、大型无人机，其驾驶员应当取得安全操作执照。

复习与思考题

复习题

1. 什么是通用航空及通用航空产业？
2. 通用航空活动是如何分类的？
3. 通用航空在我国是如何发展的？
4. 通用航空由哪几部分构成？
5. 无人机飞行管理的主要内容包括哪些？

思考题

1. 为什么说我国通用航空具有巨大的发展潜力？
2. 我国发展通用航空可能会遇到哪些问题？

第十一章
民航法律法规介绍

本章导读

依法依规行事是任何活动的基本准则，民用航空更是如此。民航法律除了具备一般法律的效应外，更具有特殊性。一方面，民航涉及国界、领空，需要民航国际条约的规制、规范国际民航活动的法律关系；另一方面，民航活动本身十分复杂，涉及空域、飞行规则、飞行安全、机场运行、航空公司运行，更涉及旅客的权益，这些都需要以法律为准绳，以法规、规章及规范为依据，把所有活动纳入严格管理与监督的体系中，为民航的健康发展保驾护航。今天，在我国民航高速发展的同时，民航法律法规建设步入了新的时代，遵守民航法律法规以及规章规范，已经成为民航人的自觉行动，作为民航人应该懂民航法律法规，增强以"敬畏生命、敬畏规章、敬畏职责"为内核的敬畏意识，培养严谨的工作作风。

学习要求

1. 理解民航法律的含义及主要特征；
2. 了解我国民航法律体系及其主要内容；
3. 全面了解《中华人民共和国民用航空法》；
4. 熟悉国际民航领域主要国际公约内容；
5. 熟悉我国的民航法律法规体系与基本内容；
6. 了解我国民航主要规章的内容。

第一节　概述

一、民航法律的定义及调整对象

（一）民航法律的定义

民航法律是指调整民用航空活动所产生的各种社会关系的法律法规的总和，是关于航空器及其运行的法律规则的总和，也是规定领空主权、管理空中航行和民用航空活动的法律规范的总称。

（二）民航法律的调整对象

民航法律调整民用航空活动产生的社会关系，其范围是十分广泛的，包括航空器、航空器的正常状态、航空器的操作、航空器所有权及其正常转移、机场、信标、商业航空运输及其国际通航、可能造成的损害责任、保险等有关的问题，都在民航法律的范围之列，并受民航法律的约束。概括起来，民航法律的调整对象主要有以下几个方面。

1．纵向关系

纵向关系指民航主管机构与民航经营部门之间或上下级主管机构之间的领导与被领导的关系。国家民航主管机构根据社会对民航消费的需求和预测，确定旅游业发展的规模和重点发展的方向，并在此基础上制定发展民航业的方针和措施。

2．横向关系

横向关系指平等主体之间的关系，即民航企业之间的相互关系以及民航企业与消费者之间的关系。

3．民用航空与非民用航空的协调关系

民航法律不仅要调整好民用航空活动产生的社会关系，也要调整好与民用航空相关的其他非民用航空活动之间的关系。

4．具有涉外因素的关系

民航法律的国际性反映在国内法上，决定了国内航空法是一种涉外性很强的法律。因此，民航法律也调整大量具有涉外因素的社会关系，如国家民航主管机构对外国民航公司在中国境内投资经营所形成的关系、国内民航公司与外国民航公司之间的关系以及国内消费者和国外消费者乘坐国际航班与国内航班所形成的各种关系，等等。

二、民航法律的特征

（一）民航法律的国际性

航空活动的国际性主要是由航空技术自身的特性、航空运输的特点和航空活动自身发展的需要所决定的。

（1）航空运输中介——空气空间的无边界性决定了航空活动具有国际性。航空运输的中介是空气空间，空气空间是围绕地球的一个立体存在，并无有形的边界可言，不受高山峻岭所阻，不被江湖海洋所隔，航空器的起飞和降落就是一种界限。如果不用国际统一的法律规则，而用各国千差万别的国内法，航空活动势必步步难行，进而干扰、阻碍航空活动的发展。

（2）作为民航运输主要领域的国际航空运输，主要是在国家之间架起"空中桥梁"，国家之间的往来有赖于它的发展。

（3）航空活动所使用的工具——飞机具有速度快的特性和优势决定了航空活动具有国际性。飞机的飞行速度快、飞行距离长，很容易跨越国家与国家之间的国界。因此，航空活动从一开始就具有国际性，另外，一个最明显的例证就是制止航空犯罪问题。劫持飞机的罪犯很容易把一国国内航班飞机劫往外国，一旦这种情况发生，国内航空活动就演变为国际航空活动。

（二）民航法律的独立性和综合性

从民航法律的产生和发展的历史以及现今研究的成果来分析，民航法律作为一个独立的法律部门未免牵强，而将民航法律作为一个独立的法律学科却是现实的，是符合民航法律研究和发展的需要的。

由于约束民用航空及其相关领域中所产生的社会关系的各种法律手段纵横交错，法律调整的方法多种多样，综合在一起构成为民航法律。如公法和私法往往交织在一起，打破了传统上将法律划分为公法和私法的做法。另外，民用航空部门是由多工种的人员组成的，开展民用航空活动是一项复杂的系统工程，所产生的社会关系也就呈现出多样性和复杂性。对这样的情况实施法律调整，必将形成多种性质的法律关系，自然需要多样性的调整手段与之相适应。

（三）兼具公法与私法的特点

（1）民航法律作为国际法的组成部分，首先要解决的就是诸如主权、领土、国籍、国家关系等公法问题。在民航法律中，1919 年的巴黎《航空管理公约》和取代它的现行 1944 年芝加哥《国际民用航空公约》，以及后来制定的为制止航空犯罪的 1963 年《东京公约》、1970 年《海牙公约》和 1971 年《蒙特利尔公约》，都是公法。

（2）在私法领域内，不论是财产权利、合同法还是侵权行为法，因为各个国家之间的法律规则和法律传统存在巨大的差别与冲突，所以达到统一和相互协调特别困难。但是，采取统一的原则和规则又是国际航空运输必要的前提条件。1929 年华沙《统一国际航空运输中某些规则的公约》，正是对航空损害赔偿实行统一责任规则的成功之作，至今一直是国际航空法的基本组成部分。然而，民航法律对国际统一法律规则的需要，至今并未能圆满解决，仍有若干问题，如空中交通管制人员责任、航空产品责任等仍待解决。

（四）民航法律是平时法

民航法律是平时法，是指民航法律仅调整和平时期民用航空活动及其相关领域所产生的社会关系。如遇战争或国家处于紧急状态，民用航空要受战时法令或紧急状态下的非常法的约束。例如，1944 年芝加哥《国际民用航空公约》第三条规定："本公约仅适用于民用航空器"，而不适用于"用于军事、海关和警察部门的航空器"；第八十九条规定："如遇战争，本公约的规定不妨碍受战争影响的任一缔约国的行动自由，无论其为交战国或中立国。如遇任何缔约国宣布其处于紧急状态，并将此通知理事会，上述原则同样适用。"

三、民航法律范畴

从民航的国际性看，民航法律包括国际公约和各国的民航法律法规两个层次。就我国的法律体系看，广义的法律包括法律、行政法规、地方性法规和规章，同样，我国的民航法律包括：全国人大常委会通过由国家主席签署主席令的《中华人民共和国民用航空法》、国务院通过由总理以国务院令发布或授权中国民航局发布的民用航空行政法规以及中国民用航空局依据《中华人民共和国民用航空法》和国际民用航空公约制定和发布的关于民用航空活动各个方面的专业性、具有法律效力的行政管理法规，即中国民用航空规章。

四、民航法律的发展

（一）国际民航法律的渊源与发展

有飞行就有民航法律的雏形。1784 年，巴黎市政当局发布了治安法令：未经批准，禁止气球升空。这大概是人类历史上第一个航空法令。

1902 年，法国著名法学家福希尔（Fauchille）提出了人类第一部航空法的建议草案：《空域和气球的法律制度》。

1910 年，第一次国际空中航行会议在巴黎举行，因政治分歧未取得成果，但公约草案所提出的很多关键性词汇、概念乃至条文，被后来的国际公约所采纳，至今未变。同时促使各国颁布了首批空中航行管理法令。

1919 年，在巴黎签订了《空中航行管理公约》（1919 年《巴黎公约》），是国际航空法的第一个多边国际公约，确立了领空主权原则，为国际空中航行的法律奠定了坚实的基础。公约共 9 章 43 条，有 8 个附件，并根据公约的规定，建立了常设管理机构——"国际空中航行委员会"（ICAN）。《巴黎公约》明确了空气空间主权，引入了海洋法的一些规则，如无害通过、适航证、驾驶员合格证、飞机国籍原则，其中决定设立的"国际空中航行委员会"更成为国际民航组织（ICAO）的前身，它被誉为"航空法的出生证"，标志着航空法的正式形成，表明了航空法是 20 世纪的产物。

第二次世界大战后，芝加哥"国际民用航空会议"制定了被称作国际民航宪章的《国际民用航空公约》（通称 1944 年《芝加哥公约》），后又出现了 1971 年《蒙特利尔公约》，国际民航法律体系得到了极大的完善。

（二）我国民航法律的发展

1949 年 10 月 1 日，中华人民共和国中央人民政府成为中国唯一的合法政府。1950 年 11 月 1 日，中央人民政府人民革命军事委员会颁布了《中华人民共和国飞行基本规则》，民用航空局公布《外国民用航空器飞行管理规则》；1951 年 4 月 24 日，中央财政经济委员会颁布《旅客意外伤害强制保险条例》；1951 年 5 月 24 日，政务院公布《进出口飞机、机员、旅客、行李检查暂行通则》。这些都是中华人民共和国成立后早期颁行的航空法规。

1979 年至 1995 年 16 年间，中国民航法制建设成绩显著：起草和修改航空法草案；起草或修订发布了关于民用航空的行政法规 11 部，民用航空规章近 100 个以及大量的规范性文件。1995 年 10 月 30 日，第八届全国人民代表大会常务委员会第十六次会议通过了《中华人民共和国民用航空法》，使我国民航立法内容进一步丰富，民航法制建设蓬勃开展。

第二节　民航国际公约

国际航空法最重要的渊源，通常是国际条约。国际条约的名称很多，主要有条约、公约、协定、议定书、宪章、盟约、换文、宣言等，它是国家及其他国际法主体间所缔结而以国际法为准并确定其相互关系中的权利和义务的一种国际书面协议，也是国际法主体间相互交往的一种最普通的法律形式。构成国际航空法的条约包括：①关于国际民用航空的世界性多边条约；②关于国际民用航空的地区性多边和双边条约；③其他国际条约中关于国际民用航空的规定。

一、《国际民用航空公约》

（一）《国际民用航空公约》产生的背景

1944 年 12 月 7 日签订于美国芝加哥，1947 年 4 月 4 日起生效的《国际民用航空公约》（亦称《芝加哥公约》），确认国家对其领土上空空气空间的主权原则。国家对在其上的空气空间享有主权，并不排斥国际航空事业的发展，国家可以在互惠和对等的基础上，通过达成协议的方式，相互允许对方国家的民用航空器进入或通过其领土上的空气空间。自公约签署 50 周年的 1994 年起，将每年的 12 月 7 日定为"国际民航日"。

根据该公约成立的国际民用航空组织是联合国系统中负责处理国际民航事务的专门机构，总部设在加拿大蒙特利尔，其主要活动是研究国际民用航空的问题，制定民用航空的国际标准和建议措施，鼓励使用统一的航行、安全、安保等方面的国际规章。我国于 1974 年 2 月 15 日承认该公约，同时决定参加国际民用航空组织的活动。

（二）《国际民用航空公约》的要点

《国际民用航空公约》是国际航空法最基本的公约，分"序言"和"空中航行"、"国际民用航空组织"、"国际航空运输"、"最后条款"四个部分，经修订后共 22 章 99 条，它取代了 1919 年《巴黎公约》和 1928 年《哈瓦那公约》。《国际民用航空公约》有明确的宗旨和目的，公约第四十四条规定国际民航组织的宗旨和目的在于发展国际航行的原则与技术，并促进国际空中航空运输的规划和发展，共涉及国际航行和国际航空运输两个方面问题。前者为技术问题，主要是安全；后者为经济和法律问题，主要是公平合理，尊重主权。两者的共同目的是保证国际民航安全、正常、有效和有序地发展。

公约规定：①缔约各国承认每一国家对其领空具有完全的、排他的主权；②航空器必须具有一国国籍，任何缔约国不得允许不具有缔约国国籍的航空器在其领空飞行；③国际航班飞行必须经缔约国许可并遵照许可的条件，非航班飞行则无须经事先获准即可不降停地飞入、飞经缔约国领空；④缔约国有权保留其国内载运权；⑤设立"国际民用航空组织"；⑥公约仅适用于民用航空器而不适用于国家航空器。

《国际民用航空公约》是有关国际民用航空最重要的现行国际公约，被称为国际民用航空活动的宪章性文件。

（三）公约主要内容范围

公约覆盖了民航运输活动领域的所有问题，主要包括人员执照（飞行机组人员、飞行签派员/飞行运行人员、空中交通管制员和飞机维修人员）、飞行规则（目视飞行与仪表飞行相关的规则）、气象服务、航空器运行与适航性、航空电信、空中交通服务、搜寻与救援、机场、航空保卫与危险品运输，以及环境保护等 18 个方面。

二、《国际航班过境协定》与《国际航空运输协定》

国际过境运输是指航空器飞入、飞经他国领土上空以运载客、货、邮为目的的国际航空运输业务飞行。国际上《国际航班过境协定》通称《两种自由协定》，于 1944 年 12 月 7 日在芝加哥签订，自 1945 年 1 月 30 日起生效。该协定规定，缔约各国之间相互给予对方国际定期航班第一种飞行自由（不降停的过境权）和第二种飞行自由（非商业性的经停权）。

国际上《国际航空运输协定》通称《五种自由协定》，于 1944 年 12 月 7 日在芝加哥签订，自 1945 年 2 月 3 日起生效。该协定规定，缔约各国之间相互给予对方国际定期航班第一种至第五种自由权利。该协定虽已生效，但由于只有 12 国参加而无实际意义。其作用在于对五种自由，即国际航空运输的业务权做出了明确的定义。

该协定规定，每一个缔约国应当给予其他缔约国以下五项权利。

（1）不降停而飞越其领土的权利。

（2）非运输业务性降停的权利。

（3）卸下来自航空器所属国领土的客、货、邮的权利。

（4）装载前往航空器所属国领土的客、货、邮的权利。

（5）装卸前往或来自任何其他缔约国领土客、货、邮的权利。

上述五项权利，国际通航国家之间通常以交换第三、第四项业务权为主，第五项业务权为辅。

三、《华沙公约》

《华沙公约》全称《统一航空运输某些规则的公约》，1929 年 10 月 12 日签订于华沙。它是最早的国际航空私法，也是截至目前世界上大多数国家接受的航空公约，其目的是解决不同国家"在航空运输使用凭证和承运人责任方面"的有关问题。《华沙公约》规定了以航空承运人为一方和以旅客、货物托运人、收货人为另一方的航空运输合同双方的权利、义务关系，确定了国际航空运输的一些基本原则。《华沙公约》可以说是全球有关民航飞机空难与赔偿责任的法律鼻祖，从此，全世界任何空难发生所涉及的赔偿问题，大多根据该公约的精神及原则处理。

为了解决《华沙公约》的某些内容与现实的要求脱节的问题，于 1955 年签订《修订 1929 年 10 月 12 日在华沙签订的〈统一有关国际航空运输某些规则的公约〉的议定书》，即《海牙议定书》，并于 1963 年 8 月 1 日生效。我国参加《华沙公约》和《海牙议定书》的时间分别是 1958 年和 1975 年。

之后，相继出现了《瓜达拉哈拉公约》（1961 年）、《危地马拉议定书》（1971 年）、《蒙特利尔第一号附加议定书》（1975 年）、《蒙特利尔第二号附加议定书》（1975 年）、《蒙特利尔第三号附加议定书》（1975 年）以及《蒙特利尔第四号附加议定书》（1975 年），这些文件中，1929 年的《华沙公约》是最基本的，其他各项议定书均是补充或修改。所以这八份文件又被合称为华沙体系。它们彼此内容相关却又各自独立，《华沙公约》的缔约国并不自然成为以后各次议定书的参加国，也不一定受其管辖。其中，以《华沙公约》和《海牙议定书》的适用最为广泛，已经为世界大多数国家所认可。

四、关于国际民用航空安全保卫的条约

（一）《关于在航空器内犯罪和其他某些行为的公约》

《关于在航空器内犯罪和其他某些行为的公约》简称 1963 年《东京公约》，是由国际民航组织召集外交会议于 1963 年 9 月 14 日在东京签订的，自 1969 年 12 月 4 日起生效，已有 100 多个国家和地区参加这个公约。签订这个公约的目的是统一国际飞行中在飞机上发生劫持等非法暴

力行为的处理原则。为此，该公约对航空器内的犯罪行动，包括对航空器内违反《中华人民共和国刑法》的罪行以及危害航空器及其所载人员或财产的安全、危害良好秩序和纪律的行为管辖问题做出了规定。2014 年，《蒙特利尔议定书》对该公约进行了修订。中国于 1978 年 11 月 14 日交存加入书，1979 年 2 月 12 日该公约对中国生效。

该公约规定符合下列条件的国家有权行使管辖：是航空器登记国、罪行在该国领土上具有后果、罪犯或受害者是该国居民或在该国有永久居所以及罪行危及该国的安全等。该公约赋予机长、机组人员及乘客以保护航空安全和维持良好秩序与法律的权利。规定机长有足够的根据认为某人在航空器内进行或准备进行犯罪行为或上述其他行为时，可以对其采取必要的合理措施。这个公约是为劫持事件首次制定的条款，并对被劫持飞机的恢复管理做出了规定，但并没有以空中劫持作为主要对象，因而未能解决由于空中劫持而产生的许多问题。

（二）其他安全保卫条约

国际民航组织在《东京公约》的基础上于 1970 年和 1971 年先后签订了另外两个公约，一个是《关于制止非法劫持航空器的公约》（简称《海牙公约》），另一个是《关于制止危害民用航空安全的非法行为的公约》（简称《蒙特利尔公约》）。《东京公约》《海牙公约》和《蒙特利尔公约》即是通常所说的关于防止劫持飞机的 3 个国际公约。

1. 1970 年《海牙公约》

国际上通称《反劫持公约》。该公约规定，凡在飞行中的航空器内用暴力或用暴力威胁，或用任何其他胁迫方式非法劫持或控制该航空器，或此类未遂行为或者是实施此类行为或此类未遂行为的人的共犯，即构成刑事犯罪，"各缔约国承允以严厉刑罚惩治犯罪"。

2.《蒙特利尔公约》

国际上通称《反破坏公约》。鉴于 1970 年《海牙公约》只是适用于在飞行中的航空器内的劫持航空器的犯罪，因此有必要予以补充，以制止其他危害民用航空安全的犯罪。于是，紧接着在 1971 年签订了《蒙特利尔公约》，把适用范围从空中的劫持航空器的犯罪，扩伸到地面破坏航空器和航行设施的犯罪，明确规定了五种行为和此类未遂行为及其共犯都是犯罪，各缔约国都应严厉惩罚。

3.《制止在用于国际民用航空的机场发生的非法暴力行为以补充 1971 年 9 月 23 日订于蒙特利尔的制止危害民用航空安全的非法行为的公约的议定书》

简称 1988 年《蒙特利尔补充议定书》，1988 年 2 月 24 日签订于蒙特利尔，自 1989 年 8 月 6 日起生效。

该议定书补充规定了任何人用一种装置、物质或武器，在用于国际民用航空的机场内对人实施暴力行为，造成或足以造成重伤或死亡的，或者破坏用于国际民用航空的机场的设备或停在机场未在使用中的航空器，或者中断机场服务以及危及或足以危及该机场的安全，以及上述未遂行为及其共犯，都是犯罪。

4.《关于注标塑性炸药以便探测的公约》

《关于注标塑性炸药以便探测的公约》简称 1991 年《蒙特利尔公约》，1991 年 3 月 1 日订于蒙特利尔，自 1991 年 6 月 21 日起生效。

鉴于塑性炸药难以被探测，故恐怖分子有可能利用塑性炸药进行恐怖活动，危及民用航空和机上人员生命、财产的安全。因此，要求生产塑性炸药时加添一种可跟踪的元素，使之成为"注标塑性炸药"，以便探测。该公约就有关事项做了规定。

五、关于航空器对第三人造成损害的条约

（一）《关于外国航空器对地（水）面上第三人造成损害的公约》

《关于外国航空器对地（水）面上第三人造成损害的公约》简称1952年《罗马公约》，1952年10月7日签订于意大利罗马，自1958年2月4日起生效。该条约就外国航空器对地（水）面上第三人造成损害的责任原则、责任范围、责任的担保、诉讼程序规则做了规定，其目的在于力争在最大可能范围内，将世界各国适用航空器对地（水）面上第三人造成损害的责任规则统一起来。

（二）《修改1952年10月7日在罗马签订的〈关于外国航空器对地（水）面上第三人造成损害的公约〉的议定书》

《修改1952年10月7日在罗马签订的〈关于外国航空器对地（水）面上第三人造成损害的公约〉的议定书》简称1978年《蒙特利尔议定书》，1978年9月23日签订于蒙特利尔。该议定书主要是较大幅度地提高了责任限额，以"挽救"1952年《罗马公约》，达到统一对第三人造成损害赔偿规则的目的。

六、对航空器权利的公约

《国际承认航空器权利的公约》简称1948年《日内瓦公约》，1948年6月19日签订于日内瓦，自1953年9月17日起生效。该公约涉及：①航空器的所有权；②航空器的占有人通过购买获得航空器所有权的权利；③根据为期至少六个月的租赁合同使用航空器的权利；④为担保债权协议设立的航空器抵押权和其他类似权利。在航空器销售或租赁合同中常提及该公约。该公约的主要原则是保护债权人的利益。

 知识拓展卡11

空气空间及领空主权法律制度

民航飞机飞行，需避免偏离航线而飞越未经授权国领空、进入非授权国空域、进入存在争议和武装冲突的地区上空等，否则，将面临被攻击而极可能酿成惨剧。这就涉及领空主权法律问题。

空气空间是航空器活动的主要场所，空气空间的法律地位在国际法上出现过多种不同的主张。1919年在巴黎签订了世界上第一个关于空中法律问题的国际条约，即《巴黎公约》，正式确认了空气空间的国家主权原则。1944年《芝加哥公约》再次确认国家对其领土上空空气空间的主权原则。国家对在其上的空气空间享有主权，并不排斥国际航空事业的发展，国家可以在互惠和对等的基础上，通过达成协议的方式，相互允许对方国家的民用航空器进入或通过其领土上的空气空间。

与空气空间相对应的是领空与领空主权，领空是指主权国家领陆和领海上空的空气空间，

是国家领土的组成部分。领土主权是指一国对其领土享有最高权力，不容许任何国家和个人侵犯其领土，同时对其领土内的一切人和物享有排他的管辖权。国际航空法对组成领土一部分的领空主权做了如下规定：每一国家对其领土之上的空气空间具有完全的排他的主权。《巴黎公约》最早确认这一基本原则，《国际民用航空公约》接受并认可了这个基本原则，使各国能够对外国航空器的飞行施加种种限制，从而为维护国家的领空主权提供了法律依据。实际上，这一原则在关系到人类生命安全时，仍然要受到国际惯例的约束和限制。

按照《巴黎公约》和《国际民用航空公约》的规定，国家对其领土上空的空气空间享有完全的排他权利，即领空主权。领空主权体现为四点，分别为自保权、管辖权、管理权和支配权。

第三节 我国民航法律法规体系与主要内容介绍

根据法律的效力等级，我国民航法律法规体系可分为法律、行政法规、民航部门规章及国际条约。其中，法律是由全国人大及其常委会制定的，其效力高于其他法规和规章。目前我国民航最主要的法律是 1996 年施行的《中华人民共和国民用航空法》，它规定了我国民用航空的根本法律制度，是制定其他民航法规规章的根本依据；行政法规与行政法规性文件是指国务院根据宪法和法律制定或批准的关于民用航空活动的规定，现行有效的民航行政法规和行政法规性文件共有 27 个，如《中华人民共和国飞行基本规则》《民用航空器适航管理条例》《民用航空安全保卫条例》等；民航部门规章是指国务院民用航空主管部门根据法律和国务院的行政法规、决定、命令，在本部门的权限范围内制定发布的规定，它在民航法规体系中内容最广、数量最多，现行有效的共有 118 部，涉及民用航空活动的方方面面，是民航主管部门实施行业管理的重要依据。国际条约尽管并非国内法，但我国缔结或者参加的民航国际条约对于我国的民用航空活动仍有约束力，其效力甚至还要高于法律，如《国际民用航空公约》等。

一、《中华人民共和国民用航空法》

1995 年 10 月 30 日，第八届全国人民代表大会常务委员会第十六次会议通过了《中华人民共和国民用航空法》，由国家主席颁布，自 1996 年 3 月 1 日起施行。《中华人民共和国民用航空法》是中华人民共和国成立以来第一部关于民用航空的专项法律。该法的颁布施行，标志着我国民用航空法制建设进入了一个崭新的历史时期。

（一）立法目的与意义

1．立法目的

该法旨在维护国家的领空主权和民用航空权利，保障民用航空活动安全和有秩序地进行，保护民用航空活动当事人各方的合法权益，促进民用航空事业的发展。

2．立法意义

《中华人民共和国民用航空法》是新中国第一部全面规范民用航空活动的法律，是我国民航发展历史的重要里程碑。实施该法，推行"依法治理民航"战略，大力加强民航法制建设，促进了我国民航事业在新时期持续、快速、健康地发展。

（二）主要内容与主要法律责任

1. 主要内容

《中华人民共和国民用航空法》全文共 16 章，215 条。内容包括：总则、民用航空器国籍、民用航空器权利、民用航空器适航管理、航空人员、民用机场、空中航行、公共航空运输企业、公共航空运输、通用航空、搜寻援救和事故调查、对地面第三人损害的赔偿责任、对外国民用航空器的特别规定、涉外关系的法律适用、法律责任和附则。

2. 主要法律责任

（1）公共航空运输企业违反《中华人民共和国民用航空法》中的规定运输危险品的，没收违法所得，并处违法所得一倍以下罚款，导致发生重大事故的，追究刑事责任。

（2）航空人员玩忽职守，或者违反规章制度，导致发生重大飞行事故，造成严重后果的，追究刑事责任，不够刑事处罚的，给予治安管理处罚。

（3）民用航空器无适航证书而飞行，或者适航证书失效或者超过适航证书规定范围飞行的，责令停止飞行，没收违法所得，并处违法所得一倍以上五倍以下罚款；没有违法所得的，处以十万元以上一百万元以下罚款。

（4）未取得生产许可证书、维修许可证书而从事生产、维修活动的，责令停止生产、维修或者经营活动。

（5）未取得型号合格证书、型号认可证书的民用航空器及其发动机、螺旋桨或者民用航空器上的设备投入生产的，责令停止生产，没收违法所得，并处违法所得一倍以下罚款；没有违法所得的，处以五万元以上五十万元以下罚款。

（6）未取得航空人员执照、体检合格证书而从事相应的民用航空活动的，责令停止民用航空活动，在规定的期限内不得申领有关执照和证书，对其单位处以二十万元以下罚款。

二、《关于惩治劫持航空器犯罪分子的决定》

《关于惩治劫持航空器犯罪分子的决定》于 1992 年 12 月 28 日第七届全国人大常委会第二十九次会议通过。该决定规定：凡以暴力、胁迫或者其他方法劫持航空器的，处 10 年以上有期徒刑或者无期徒刑；致人重伤、死亡或者使航空器遭受严重破坏或者情节特别严重的，处死刑；情节较轻的，处 5 年以上 10 年以下有期徒刑。全国人大常委会的这一决定，是对 1979 年《中华人民共和国刑法》的重要补充规定。这一重要决定经修改后已经并入 1997 年修订的《中华人民共和国刑法》之中。

三、有关民用航空的行政法规

民用航空行政法规是国务院通过由总理以国务院令发布或授权中国民航局发布的，如《中华人民共和国民用航空器适航管理条例》《中华人民共和国飞行基本规则》《民用机场管理条例》《中华人民共和国民用航空安全保卫条例》等。

1.《中华人民共和国民用航空器适航管理条例》

《中华人民共和国民用航空器适航管理条例》由国务院于 1987 年 5 月 4 日发布，自 1987 年 6 月 1 日起实施，全文共 29 条，由中国民用航空局负责实施。

民用航空器的适航管理是根据国家的有关规定，对民用航空器的设计、生产、使用和维修，实施以确保飞行安全为目的的技术鉴定和监督。

2.《中华人民共和国飞行基本规则》

《中华人民共和国飞行基本规则》由国务院、中央军事委员会于 2000 年 7 月 24 日公布（第 288 号令），2007 年第二次修订。本规则的目的是维护国家领空主权，规范中华人民共和国境内的飞行活动，保障飞行活动安全有秩序地进行，适用范围包括所辖有航空器的单位、个人和与飞行有关的人员及其飞行活动。

3.《民用机场管理条例》

《民用机场管理条例》由国务院颁发，对民用机场的规划、建设、使用、管理及其相关活动做出规定。

4.《中华人民共和国民用航空安全保卫条例》

《中华人民共和国民用航空安全保卫条例》由国务院颁发，对防止对民用航空活动的非法干扰、维护民用航空秩序、保障民用航空安全等做出规定。

四、民航规章

民航规章全称"中国民用航空规章"，英文缩写为 CCAR，即 China Civil Aviation Regulations。民航规章由中国民用航空局通过，由民航局局长以民航局令的形式发布。典型的民航规章介绍如下。

1.《大型飞机公共航空运输承运人运行合格审定规则》（CCAR-121 部）

本规则用于对我国境内依法设立的大型飞机公共航空运输承运人进行合格审定和持续监督检查，保证其达到并保持规定的运行安全水平。

2.《小型航空器商业运输运营人运行合格审定规则》（CCAR-135 部）

本规则用于对我国境内依法设立的小型航空器商业运输承运人进行合格审定和持续监督检查，规范其运行活动，保证其达到并保持规定的运行安全水平。

3.《一般运行和飞行规则》（CCAR-91 部）

本规则用于管理在中华人民共和国境内（含香港、澳门特别行政区）实施运行的所有民用航空器（不包括系留气球、风筝、无人火箭和无人自由气球）。上述航空器应当遵守本规则中相应的飞行和运行规定，从而保证飞行的正常与安全。

4.《民用航空器驾驶员、飞行教员和地面教员合格审定规则》（CCAR-61-R4）

本规则用于规范民用航空器驾驶员、飞行教员和地面教员的执照与等级的申请、执照的管理等。

5.《民用航空飞行签派员执照管理规则》（CCAR-65FS-R2）

本规则用于航空公司飞行签派员执照颁发管理，适用于民用航空飞行签派员执照和飞行签派员训练机构资格证书的申请、颁发和管理。

6. 《民用机场运行安全管理规定》（CCAR-140 部）

本规定旨在保障运输机场安全、正常运行，对机场运行的安全管理做出了明确的规定，并通过机场运行手册，对机场安全及运行做出了规范。

7. 《民用航空器维修人员执照管理规则》（CCAR-66-R3）

本规则用于民用航空器维修人员执照和资格证书的管理，保障民用航空器持续适航和飞行安全，包括从事在中国登记的民用航空器的维修、部件修理和维修管理工作的中国公民及非中国公民的执照和资格证书的颁发。参与抢修和临时修理在中国登记的民用航空器的外籍或者地区维修人员可以通过该航空运营人的申请直接获得中国民用航空局或中国民用航空地区管理局的批准。

8. 《公共航空旅客运输飞行中安全保卫规则》（CCAR-332-R1）

本规则对旅客非法干扰行为和扰乱行为给出了明确的界定。

（1）非法干扰行为，是指危害民用航空安全的行为或未遂行为，主要包括：①非法劫持航空器；②毁坏使用中的航空器；③在航空器上或机场扣留人质；④强行闯入航空器、机场或航空设施场所；⑤为犯罪目的而将武器或危险装置、材料带入航空器或机场；⑥利用使用中的航空器造成死亡、严重人身伤害，或对财产或环境的严重破坏；⑦散播危害飞行中或地面上的航空器、机场或民航设施场所内的旅客、机组、地面人员或大众安全的虚假信息。

（2）扰乱行为，是指在民用机场或在航空器上不遵守规定，或不听从机场工作人员或机组成员指示，从而扰乱机场或航空器上良好秩序的行为。航空器上的扰乱行为主要包括：①强占座位、行李架的；②打架斗殴、寻衅滋事的；③违规使用手机或其他禁止使用的电子设备的；④盗窃、故意损坏或者擅自移动救生物品等航空设施设备或强行打开应急舱门的；⑤吸烟（含电子香烟）、使用火种的；⑥猥亵客舱内人员或性骚扰的；⑦传播淫秽物品及其他非法印制物的；⑧妨碍机组成员履行职责的；⑨扰乱航空器上秩序的其他行为。

9. 《中国民用航空危险品运输管理规定》（CCAR-276 部）

本规定对危险品航空运输的限制和豁免、危险品航空运输许可程序、危险品航空运输手册、危险品航空运输的准备、托运人的责任、经营人及其代理人的责任、危险品航空运输信息、培训、其他要求、监督管理、法律责任等做出了明确的界定与说明。

10. 《公共航空运输旅客服务管理规定》（CCAR-273 部）

本规定对航空运输旅客服务提出了明确的要求和规范，包括运输主体的责任、客票、客票变更、服务内容、行李运输、登机服务、机票超售、旅客投诉等内容。

本规则提出公共航空运输企业应当设立或指定专门的航空安保机构，负责飞行中安全保卫工作；对机长在履行飞行中安全保卫职责、航空安全员、机组其他成员的安全保卫责任及处置扰乱行为和非法干扰行为等做出明确法律规定。

11. 《民用航空安全检查规则》（CCAR-339-R1）

本规则规定进入民用运输机场控制区的旅客及其行李物品、航空货物、航空邮件应当接受安全检查。拒绝接受安全检查的，不得进入民用运输机场控制区。同时，对安全检查员必须通过资格审查和培训、安检设备、安检工作实施及安检工作特殊情况处置等做出详尽的规定。

五、与旅客直接相关的专项法律问题

（一）旅客利益保护问题

1．民航航班延误与补偿

航班延误是社会中的常见现象，在中国和世界范围都是普遍存在的。只要是乘坐飞机出行的人，或多或少都遭遇过航班延误。我国作为在世界民航运输量上仅次于美国的第二大国，在航班准点率的排名上经常处于明显的落后状态。对于航班延误，应分析具体的原因，采取不同的补偿措施。

自然原因造成延误的，自然因素造成的航班延误非承运人所能控制，承运人对这种延误无须承担赔偿责任，但承运人要尽到告知和协助的义务。

航空管制因素造成延误的，由于我国的航空管制是基于维护空中交通秩序，防止航空器互撞或航空器与地面障碍物相撞，由国家有关部门对航空器遵守飞行规则实施相应的监督控制，这是航空公司无法控制的，一旦因航空管制发生延误，航空公司也是利益的受损者，航空公司只需尽到告知义务，无须承担延误的违约责任。

航空公司自身原因造成延误的，航空公司构成违约，需要按相关的法律法规承担违约责任，对旅客补偿经济损失或承担后续的承运责任。

旅客个人原因要求航班延误的，航空公司无须承担延误违约责任，责任由旅客自行承担。至于出现诸如霸机、冲击机坪等行为，已超出合同违约责任的范围，触及了民航安全的底线，情节严重时，旅客需负刑事责任。

2．民航航班超售与处理

航班超售是指民用航空业通用的一种飞机座位管理方法，就是航空公司的每一航班实际订座数大于飞机客舱内可利用座位数。就是说，按照国际航空运输行业通行的做法，为了满足广大旅客的出行需求，减少因部分旅客临时取消出行计划而造成的航班座位虚耗，航空公司可能会在部分容易出现座位虚耗的航班上进行适当的超售，以保证更多的旅客能够搭乘理想的航班，对航空公司和旅客将是双赢的局面。

但是，自航班超售这项国际惯例引入我国航空客运市场后，因为各方面的原因，尤其是民航局、航空公司相关制度建设滞后，大多数旅客对航班超售显得十分陌生。航班超售致使旅客行程延误的情况非常严重，以致难免会产生各种纠纷，并且旅客也容易出现各种过激行为。目前，我国并未出台相关法律对航班超售行为进行规范。对市场主体来说，"法无禁止即可为"，且根据《民法典》的规定，当我国缔结或者参加的国际条约与我国的民事法律产生冲突时，优先适用国际条约；我国法律和我国缔结或者参加的国际条约没有规定的，可以适用国际惯例。所以，在我国，航空公司超售机票的行为也是合法的。

一旦出现超售而导致乘客不能按预定航班出行，机场应在相关区域内通过告知书或广播等形式发布航班超售信息，并需要进行以下后续处理：

① 优先安排最早可利用的航班保障旅客尽快成行；

② 或按非自愿退票处理，不收取退票费；

③ 或按非自愿变更航程处理，票款多退少不补；

④ 如所安排的后续航班为次日航班时，将免费为旅客提供膳宿。

如果涉及补偿，通常的办法如下：

① 超售补偿采用运输信用证、里程、现金三种补偿方式；

② 对于持里程兑换奖励客票的自愿者或被拒绝登机的旅客，超售补偿和降低舱位等级补偿应采用里程补偿方式。

（二）旅客行为管制问题

1．乘客信誉与民航"黑名单"

"黑名单"一词来源于世界著名的英国牛津大学和剑桥大学等大学。在中世纪，这些学校规定对于犯有不端行为的学生，将其姓名、行为列案记录在黑皮书上，谁的名字上了黑皮书，即使不是终生臭名昭著，也会使其在相当时间内名誉扫地。后来，这个方法被当时一位英国商人借用以惩戒那些时常赊欠不还、不守合同、不讲信用的顾客。商人们争相仿效，继而各行各业都兴起了黑皮书，不少工厂老板把参加工会的人的名字列在"不予雇佣"栏下。于是，黑名单便在工厂主和商店老板之间秘密地传来传去。

航空旅客黑名单最早出现在 20 世纪 80 年代的美国，那时候的黑名单主要用于防范恐怖分子，黑名单上旅客的名字很少，但是在美国"9·11 事件"后，黑名单上旅客名字的数量呈现出井喷式增长。

在 20 世纪末 21 世纪初，随着航空旅客不轨行为的愈演愈烈，各大航空公司也纷纷在运输总条件中规定了拒载事项，形成了自己的黑名单。因此，在航空旅客运输的实践中存在着两种不同类型的黑名单。一种是由政府制定用来防范潜在的恐怖分子，另一种是由航空公司制定用来规制不轨旅客。

目前，我国的法律对此还没有明文规定。一般来讲，航空黑名单是指政府有关管理部门和航空公司针对旅客罢机与存在其他恶劣行为严重影响航空公司航班正常飞行所发生的事件，而采取的对个别极端旅客拒载的黑名单措施。

规范航空黑名单的法律制度，关键在于用法律来强化航空黑名单的约束性和可信性。现在我国有关航空黑名单制度只是航空公司的内部规定和民航局部门规章中的零星规定及中国航空运输协会规定。因此，我们今后应该适时修订有关法律，或者通过国家有关机构进一步进行司法解释，或者颁布相关法律实施细则。

2．飞行中对旅客行为的约束

按《公共航空旅客运输飞行中安全保卫规则》规定，对旅客的扰乱行为和非法干扰行为的判定与处置做出了明确的规定。

（1）对下列扰乱行为，应当口头予以制止；制止无效的，应当采取约束性措施予以管束。

① 违反规定使用手机或者其他禁止使用的电子设备的；

② 使用明火或者吸烟的；

③ 强占座位、行李架的；

④ 盗窃、故意损坏、擅自移动航空器设备的；

⑤ 妨碍机组人员履行职责或者煽动旅客妨碍机组人员履行职责的；

⑥ 打架斗殴、寻衅滋事的；

⑦ 危及民用航空安全和扰乱客舱秩序的其他行为。

（2）飞行中的航空器上出现下列严重危害飞行安全的行为时，航空安全员应当按照公共航空运输企业制定的处置程序立即采取措施予以制止。

① 非法干扰行为；

② 强行冲击驾驶舱；

③ 放火、爆炸、杀人等其他严重威胁飞行安全和他人人身安全的行为；

④ 破坏航空器设备，对飞行安全构成严重威胁的行为；

⑤ 以暴力方法抗拒或者阻碍航空安全员执行任务或者暴力袭击航空安全员，危及航空安全员生命安全的行为。

对于旅客触犯法律的行为，《中华人民共和国刑法》和相关民航保卫条例等对不同行为的处罚做出明确的条款。列举如下：

（1）拒绝下机属于强占航空器，霸机者将被强制带离，处以警告或者200元以下罚款，情节较重的，处5日以上10日以下拘留，并处以500元以下罚款。首要分子将处以最高15日的行政拘留。

（2）滞留在机场控制区甚至冲上飞机跑道。除《中华人民共和国民用航空安全保卫条例》外，《中华人民共和国治安管理处罚法》规定扰乱机场或者其他公共场所秩序，影响交通工具正常行驶的处警告、罚款或拘留。

（3）聚众扰乱民用航空站或者其他公共场所秩序，聚众堵塞交通或者破坏交通秩序，抗拒、阻碍国家治安管理工作人员依法执行职务，情节严重的，对首要分子处5年以下有期徒刑、拘役或者管制。

（4）有暴力危及飞行安全罪，即对飞行中的航空器上的人员使用暴力，危及飞行安全，尚未造成严重后果，处5年以下有期徒刑或者拘役；造成严重后果的处5年以上有期徒刑。

（5）《东京公约》规定机长有权力对犯有罪行或做某种行为的人采取必要的看管措施。也就是说，如果机长认为旅客的行为有碍飞行安全，有权力将旅客请下飞机。

复习与思考题

复习题

1. 什么是民航法律？其基本特征包括哪些？

2. 国际民航机构主要包括哪些？

3. 民航领域国际主要公约及基本内容有哪些？

4. 我国民航法律体系的基本构成包括哪几部分？

5.《中华人民共和国民用航空法》的主要内容及作用有哪些？

6. 我国主要的民航法规及基本内容包括哪些？

7. 我国民航主要规章及基本内容包括哪些？

8. 旅客行为约束相关法律法规包括哪些？

思考题

1. 如何理解民航法规规章的特殊作用？

2. 怎么才能成为懂法遵章守规的"民航人"？

参考文献

[1] 刘得一. 民航概论[M]. 3 版. 北京：中国民航出版社，2011.

[2] 段维祥，郝劲松. 飞机系统[M]. 成都：西南交通大学出版社，2002.

[3] 钟长生，阎成鸿. 航空器系统与动力装置[M]. 成都：西南交通大学出版社，2008.

[4] 伊尔曼. 飞行员航空知识手册[M]. 王同乐，杨新湮，译. 北京：航空工业出版社，2006.

[5] 阿什弗德，斯坦顿，摩尔. 机场运行[M]. 高金华，译. 北京：中国民航出版社，2006.

[6] 李永. 中国民航发展史简明教程[M]. 北京：中国民航出版社，2013.

[7] 胡月，邓广山. 航空运输地理[M]. 北京：科学出版社，2018.

[8] 马春婷. 民航法规基础教程[M]. 北京：科学出版社，2017.

[9] 刘岩松. 民航概论[M]. 北京：清华大学出版社，2017.

[10] 陈文华，狄娟，费燕. 民用机场运营与管理[M]. 北京：人民交通出版社，2008.

[11] 吕雄. 民航概论[M]. 北京：科学出版社，2017.

[12] 周慧艳，汪泓. 机场运营管理[M]. 北京：清华大学出版社，2008.

[13] 黄永宁，张晓明. 民航概论[M]. 北京：旅游教育出版社，2009.

[14] 杨俊，杨军利，叶露. 飞行原理[M]. 成都：西南交通大学出版社，2012.

[15] 潘卫军. 空中交通管理基础[M]. 2 版. 成都：西南交通大学出版社，2005.

[16] 刘星，司海青，蔡中长. 飞行原理[M]. 北京：科学出版社，2011.

[17] 叶志坚. 空中导航[M]. 北京：北京交通大学出版社，2020.

[18] 崔祥建，吴菁，成宏峰. 民航法律法规与实务[M]. 北京：旅游教育出版社，2016.

[19] 罗晓. 浅谈智慧机场的发展技术及其应用 [J]. 空运商务，2018（5）：16-19.

[20] 陈肯，何光勤. 航行情报服务[M]. 成都：西南交通大学出版社，2003.

[21] 赵廷渝，朱代武，杨俊. 飞行员航空理论教程[M]. 2 版. 成都：西南交通大学出版社，2012.

[22] 章健. 航空概论[M]. 北京：国防工业出版社，2010.

[23] 耿建华，等. 通用航空概论[M]. 北京：航空工业出版社，2007.

[24] 董襄宁，赵征，张洪海. 空中交通管理基础 M]. 北京：科学出版社，2011.

[25] 郝勇. 民用飞机与航空运输管理概论[M]. 北京：国防工业出版社，2011.

[26] 周建华. 航空气象业务[M]. 北京：气象出版社，2011.

[27] 黄仪方. 航空气象[M]. 2 版. 成都：西南交通大学出版社，2011.

[28] 陆东. 民航旅客运输[M]. 北京：人民交通出版社，2016.

[29] 谢春讯. 航空货运管理概论[M]. 南京：东南大学出版社，2006.

[30] 顾丽亚. 航空货运业务[M]. 上海：华东师范大学出版社，2007.

反侵权盗版声明

　　电子工业出版社依法对本作品享有专有出版权。任何未经权利人书面许可，复制、销售或通过信息网络传播本作品的行为；歪曲、篡改、剽窃本作品的行为，均违反《中华人民共和国著作权法》，其行为人应承担相应的民事责任和行政责任，构成犯罪的，将被依法追究刑事责任。

　　为了维护市场秩序，保护权利人的合法权益，我社将依法查处和打击侵权盗版的单位和个人。欢迎社会各界人士积极举报侵权盗版行为，本社将奖励举报有功人员，并保证举报人的信息不被泄露。

举报电话：（010）88254396；（010）88258888
传　　真：（010）88254397
E-mail：　dbqq@phei.com.cn
通信地址：北京市万寿路 173 信箱
　　　　　电子工业出版社总编办公室
邮　　编：100036